走向可持续城市

——APEC案例与中国实践

朱　丽　严哲星　著

中国建筑工业出版社

图书在版编目（CIP）数据

走向可持续城市：APEC案例与中国实践 / 朱丽，严哲星著. — 北京：中国建筑工业出版社，2019.7

ISBN 978-7-112-23799-9

Ⅰ. ①走… Ⅱ. ①朱… ②严… Ⅲ. ①城市规划 — 建筑设计 — 研究 — 中国 Ⅳ. ① TU984.2

中国版本图书馆CIP数据核字（2019）第103351号

本书在结合联合国、欧盟和中国可持续发展目标基础上，对可持续城市的缘起、理论以及评价工具进行全面论述；分享APEC可持续城市发展案例的同时，以城镇化发展为叙述脉络，梳理中国在可持续城市发展道路上的探索和实践。探讨全球可持续城市的理念，总结APEC可持续城市的成果经验，为中国可持续城市发展提供重要依据。本书面向APEC能源与城市领域科研工作者、在校学生以及对可持续发展感兴趣的读者。

责任编辑：曹丹丹
责任校对：姜小莲

走向可持续城市——APEC案例与中国实践
朱　丽　严哲星　著
*
中国建筑工业出版社出版、发行（北京海淀三里河路9号）
各地新华书店、建筑书店经销
北京点击世代文化传媒有限公司制版
北京富诚彩色印刷有限公司印刷
*
开本：880×1230毫米　1/16　印张：13½　字数：368千字
2019年9月第一版　2019年9月第一次印刷
定价：178.00元
ISBN 978-7-112-23799-9
（34110）

○ ● FOREWORD ‖ 序

2001 年诺贝尔经济学奖得主，美国哥伦比亚大学教授斯蒂格利茨认为，影响 21 世纪进程的有两件大事：一是美国的高科技；二是中国的城镇化。可见中国城镇化在世界发展进程中的重要位置。中国城镇化的起步比世界平均水平至少晚半个世纪，然而，中国的城镇化进程虽然起步较晚但发展速度很快，在时空上呈现出一种“浓缩式”的发展模式。1996 年中国城镇化率达到 30.48%，2011 年超越 50%，进入以城市为主导的社会经济发展阶段，2014 年已达到 54% 的世界平均水平，2017 年城镇化率增至 57%，预计 2030 年中国的城镇化率将升至 70%。未来 10 ~ 20 年中国城镇化仍然处于快速发展期，城镇化带来的需求是支撑未来中国经济平稳较快发展的最大潜力所在。

伴随着经济 30 多年的高速增长，中国在庞大人口基数的国情之下，勾勒出世界上前所未有的、发展迅猛、波澜壮阔的巨幅城镇化画面。这种以城镇土地扩张为导向的粗放型城镇化超速发展同时也带来了中国特色的城镇化进程的问题，如人口问题、资源问题、生态问题以及功能布局定位不当问题等，导致了经济社会发展与资源环境消耗之间的尖锐矛盾。党中央在有关新常态的经济工作会议上指出，中国的发展已经接近甚至到达环境的上限。党的十八大提出经济建设、政治建设、文化建设、社会建设、生态文明建设“五位一体”的战略构想为中国城市可持续发展提出了新的发展方向。习近平总书记曾生动地论述过经济发展与生态保护的关系：“我们既要绿水青山，也要金山银山。宁要绿水青山，不要金山银山，而且绿水青山就是金山银山。”这是指导城镇化发展的纲领，也指明了生态文明发展为人民带来的利益福祉。对城市生态的大保护，就是新常态下的城市大建设。生态优先、绿色发展，将使城市的绿水青山产生更多的效益。这是新型城镇化的一大要义，符合中华民族生生不息的长远利益。

发展新纪元伊始，中国国内发展规划与全球发展议程完全接轨。2013 年中央城镇化工作会议，分析了城镇化发展形势，强调走中国特色、科学发展的新型城镇化道路，核心是以人为本。2014 年《国家新型城镇化规划（2014—2020 年）》正式出台，标志着新型城镇化将进入全面科学的发展建设阶段。这一规划不仅令人鼓舞，更充满启示。“以人为本、四化同步、优化布局、生态文明、文化传承”，是中国特色新型城镇化道路的基本原则。这昭示了中国的新型城镇化目标，不应仅是冷冰冰的数字增长，在规划、设计、建设时，更需要有正确的价值判断和价值追求。新型城镇化的核心是人，城市价值的选择，必须重视和凸显新型城镇化对人的全面发展的价值。城市发展要靠人的理解和接受，要靠人的参与和推动，要靠人的创新和创造。城市价值选择应当特别重视如何体现对人的发展需求的深度关切，体现对人的生存、生活、工作及发展的关怀。这是关系“可持续”的核心要素，也反映出以人为本、绿色发展的思路。

中国必须走一条可持续发展道路。由于城市化的重要性，中国的可持续发展在很大程度上主要是城市的可持续发展，贯彻和落实可持续发展战略关键在城市可持续发展战略的选择，因此研究城市可持续发展理论与实践具有重大意义。在探索中国特色的可持续城市发展之路上，必须做到依托中国，立足亚太，放眼全世界。目前全球有超过一半的人口居住在城市，人口在城市地区的集聚和城市的扩张与日俱增，同时人们生活水平的提高和消费升级，都给原本趋紧的城市资源带来更大的环境供给压力。2015 年世界各国通过了《2030 年可持续发展议程》及其 17 项可持续发展目标即 SDGs，其中的目标

11 为“建设具有包容性、安全、有复原力和可持续的城市和人类住区”。这意味着有关城市可持续的研究有着日益增长的需求和重要性。近年来，探索城市可持续发展已经成为世界发展的趋势，APEC区域可持续城市的推广与研究也是关注的焦点。2014 年亚太经合组织（APEC）第 22 次领导人非正式会议《领导人宣言》中批准了《亚太经合组织城镇化伙伴关系合作倡议》，“面对城镇化挑战和机遇，承诺共同推进合作项目，深入探讨建设绿色、高效能源、低碳、以人为本的新型城镇化和可持续城市发展路径”。

根据前期的对城镇化发展研究的调研，联合国亚太经济与社会委员会（UN-ESCAP）、联合国人民署（UN-HABITAT）、联合国开发计划署（UNDP）等国际组织都已对城镇化发展进行了不同层面的研究并发布了政策建议类报告。亚洲开发银行（ADB）和国际能源署（IEA）分别针对亚太和世界进行能源研究并编有年度能源展望报告，其中国际能源署对能源技术远景开展过研究并发布研究报告。在低碳城镇领域，亚太能源研究中心（APERC）和其他机构也进行了大量指标体系和评价体系的研究。虽然各国际组织在城市及可持续发展领域开展了大量研究，但是在可持续城市方面的研究还有空缺。APEC可持续能源中心（APSEC）作为第一个也是唯一一个中方主导的在能源领域的国际组织，正在进行着APEC 可持续城市的研究并计划推出旗舰出版物《APEC 可持续城市发展年度报告》。本书扣住这个主题，顺应了世界可持续发展的需要。本书旨在介绍可持续城市的缘起、理论、评价工具以及实践案例的同时，探讨全球可持续城市的理念和总结 APEC 可持续城市的成果经验，为中国可持续城市发展提供重要依据。

APEC 案例

从可持续城市理论到实践是一个复杂而艰难的过程。本书将以 APEC 区域为背景，介绍 APEC 的城镇化工作案例与成果。APEC 区域城市化进程呈现出发达经济体城市化水平高、新兴经济体城市化发展快的显著特点，并面临着经济、环境、社会和城市治理等多方面的挑战。截至 2015 年，APEC的 21 个经济体成员，占世界总人口的 40%，世界 GDP 总量的 56%，世界贸易额总量的 48%。全球特大城市有超过半数坐落在 APEC 区域，该区域的城市产出占 GDP 总量的 70% 以上。截至 2013 年，APEC 区域的城市人口占其人口总数的 60%，预计到 2050 年增加至 24 亿，占该区域总人口的 77%。2014 年 APEC 第 22 次领导人非正式会议《领导人宣言》中批准了《亚太经合组织城镇化伙伴关系合作倡议》，该倡议的提出开启了 APEC 区域城镇化合作的先河。在上层机制的推动下，APEC 区域开展了大量的城镇化工作，成果颇丰。高官会主席之友（SOM FOTC）是 APEC 的上层机制，其中城镇化是主席之友的重要工作之一。能源智慧社区倡议（ESCI）、APEC 低碳示范城镇（LCMT）以及 APEC可持续城市合作网络（CNSC）是 APEC 机制下的三个重要城镇化工作支柱。

能源智慧社区倡议提供在智慧交通、智慧建筑、智能电网、智慧工作和消费、低碳示范城镇方面的案例研究、政策简讯、研究发现和统计数据。建立了智慧分享平台（ESCI-KSP），到目前为止，平台上共收录各类项目 500 余个。APEC 低碳示范城镇在城市规划中引入低碳技术，以提高能源效率，并减少化石能源的使用，以示范先进低碳技术的最佳实践和成功模式。在 APEC 能源工作组内，针对该项目（一期）评选出的 7 例低碳示范城镇（中国天津于家堡、泰国苏梅岛、越南岘港、秘鲁利马、印度尼西亚比通、菲律宾宿务岛和俄罗斯克拉斯诺亚尔斯克），进行了概念、导则、指标体系和政策方面的梳理与分析。APEC 可持续城市合作网络是响应 2014 年 APEC 峰会《北京宣言》中“我们支持亚太经合组织城镇化伙伴关系倡议，承诺建立亚太经合组织可持续城市合作网络”的重要内容，于2014年APEC领导人非正式会议上获得通过。在外交部和国家能源局的支持下，将原有“APEC低碳示范城镇推广活动”升级为“APEC可持续城市合作网络项目”，并持续推进落实。CNSC着眼于通过城镇化和可持续城市发展，为经济增长寻求新的驱动力。通过举行论坛和政策对话会，发挥国际友城等项目作用，推进城镇化和可持续城市发展的合作与经验交流。充分利用现有资源，推进城镇化研究和能力建设，强调生态城市和智能城市合作项目的重要性，探讨实现绿色城镇化和可持续城市发展的途径。包括两个网络和一个论坛，即APEC低碳能效城市合作网络和APEC可持续城市服务网络以及APEC可持续城市研讨会。

中国实践

中国在探索可持续城市发展之路上，进行了大量的实践工作。面对诸多城市病问题，全国城镇发展改革试点工作已进行了十余年，其中针对中国城镇化发展初期所面临的农业转移人口市民化、户籍制度改革、土地制度改革、特大镇行政体制改革等方面，进行了有益的探索。随着中国城镇化的发展，绿色低碳城镇的理念得到广泛传播，基于可持续城市发展经济、社会、环境三要素来达成绿色和低碳的目标，在强化基础设施建设、宜居生态环境构建、环境污染治理、政府配套政策制度支持等方面因地制宜开展探索与实践。城镇化高度发展需要消耗大量能源，带来不容忽视的资源短缺、气候变化等问题。为了缓解压力，中国以人为本，从绿色低碳的城市建设和资源集约的能源转型两个角度，在城市建设过程中树立低碳发展理念，探索未来城市发展方向。通过绿色低碳重点小城镇、低碳生态试点城市、新能源示范城市、达峰城市等试点建设，在政策、产业、交通、建筑、能源等实践中探索适合国情的中国特色可持续城市发展道路。

可持续发展是中国城镇化的必然选择。传统的城镇化模式难以持续，中国的城镇化已到了必须转型的阶段，必须要走一条符合国情的“可持续城市”道路，这是关乎中国城市乃至全国的国家发展战略。这条道路就是中国特色可持续城市发展道路，即“以人为本”的新型城镇化道路。2014年发布的《国家新型城镇化规划（2014—2020年）》中第十八章明确指出推动新型城市建设，包括加快绿色城市建设，推进智慧城市建设以及注重人文城市建设；在规划的指导下进行了大量的具体实践，包括特色小（城）镇、智慧城市、海绵城市。同时规划第二十二章明确指出建设社会主义新农村，坚持遵循自然规律和城乡空间差异化发展原则，科学规划县域村镇体系，统筹安排农村基础设施建设和社会事业发展，建设农民幸福生活的美好家园；建设田园综合体就是其中的具体实践之一。一方面推动城镇化建设，另一方面党的十九大提出了“乡村振兴战略”，从城镇化与逆城镇化两个方面共同推动城镇和农村建设。经过多年的城镇化建设的探索，从试点城市为新型城镇化建设铺平道路，打牢基础，在建设经验中提炼出生态、低碳、绿色、能源、改革发展这些关键点，让试点经验可以很好地促进并融入新型城镇化建设和中国可持续城市的发展。

结语

20世纪中期以来，人类逐渐认识到人类与环境，人类与资源之间的相互关系，环境问题成为全球性的问题，现代生态意识和可持续发展意识开始觉醒。人们已经感觉到思想先驱者们对工业文明的种种无奈和对可持续发展的渴望，感觉到人类生存所面临的空前危机和挑战。历史在昭示我们：人类社会的发展到了紧要关头，未来城市必须接受生态革命的洗礼，进而建立起一种新的以可持续发展为理念的生态文明，惟其如此，人类社会才能迎来新的曙光。可以说，寻求城市的可持续发展是在人类生存和发展受到严重威胁，使得人们不得不回过头来认真审视人类过去的行为和关于发展观念的情况下提出来的，是人类对发展模式进行反思的结果。

可持续城市建设是一项系统性的艰巨任务，需要与城市经济、社会、资源、环境、文化各方面工作更紧密地结合起来。总结全球框架下可持续城市发展历程和理念，结合 APEC 可持续城市建设案例，将优秀的理论与经验注入到中国可持续城市建设当中。在已有试点工作基础上进一步强化、提炼和升华，顺应中国国情的发展、制定更完善的政策、动员更丰富的资源、采取更有效的行动进行新型城镇化的建设。新型城镇化应该坚持“以人为本”，立足现阶段中国发展的基本国情，在科学发展观的指导下通过对传统城镇化道路的反思，总结中国城镇化发展实践，汲取国内外城镇化的经验要求，将中国可持续城市建设与发展推向一个新的高峰，将可持续城市建设中优秀“中国故事”推向整个 APEC 区域，推向全世界。

PREFACE 前言

APEC可持续能源中心（APSEC）成立于2014年9月召开的第11届亚太经合组织（APEC）能源部长会议期间，由国家能源局对外正式宣布成立，是我国在能源领域主导建立运营的第一个国际合作机构。它的成立是中国政府积极响应APEC领导人倡议的重要成果，被写入2014年《第11届APEC能源部长会议声明》和《第22届APEC领导人宣言》。APSEC的宗旨是为我国参与APEC框架下能源合作提供智力支持和保障，为APEC各经济体提供可持续能源技术合作平台、整体解决方案与专业化服务，为APEC区域能源和环境协调可持续发展积极贡献力量。APEC可持续城市合作项目是我国落实2014年APEC领导人会议文件中《亚太经合组织城镇化伙伴关系合作倡议》的重要工作，也是国家能源局于2013年7月开展的APEC低碳示范城镇推广活动在更高层级上的延续。2016年，在宁波举行的亚太经合组织城镇化高层论坛上，各成员经济体再次确认了推动亚太经济体健康、可持续发展和以人为本的城镇化具有重要意义。APSEC自筹建之初，全面参与了APEC低碳示范城镇推广活动的组织实施，后期以APEC可持续城市合作网络（CNSC）项目为支柱项目致力于APEC领导人倡议的推动落实。

本书是APSEC成立四年多以来推出的首份重要研究成果。本书以全球范围内的城市可持续发展为议题，响应并落实APEC领导人倡议，聚焦APEC地区城市化过程中的能源资源约束、生态环境保护、经济社会发展与气候变化应对等热点、难点问题，总结梳理改革开放以来中国在新型城镇化和2030年可持续发展议程落实方面的工作与成就，很好地实现了APSEC作为中国面向亚太地区乃至世界的信息窗口和智力桥梁作用。本书阐述了可持续城市概念、理念和研究方法；介绍了APEC各层组织，尤其是能源工作组在可持续城市与能源低碳转型方面的背景信息、成果介绍和优秀案例；汇总、梳理并分析了中国近年来在可持续城镇化方面做的各种努力，取得的显著成果。本书对于可持续城市与低碳能源领域的政策制定者、规划设计师、技术开发人员和科学研究人员都有很好的学习参考价值。

特别感谢国家能源局和天津大学对APSEC科研工作的支持。APEC各经济体专家对本书提供了大量智力支持，感谢国内外专家：Jian Zuo（澳大利亚）、James Prest（澳大利亚）、Henriette Jacoba Roeroe（印度尼西亚）、Khee Poh Lam（新加坡）、Charuwan Phipatana-phuttapanta（泰国）、Nan Zhou（美国）、P · Marc LaFrance（美国）、李俊峰、郭志强、祝捷、任军、张时聪、陈天、刘刚、孙鹏程、周辉、郝斌。他们都是各自领域的专家，都关注可持续城市的发展。本书在写作过程中，得到了许多同事和学生的帮助，感谢我们的同事：Steivan Defilla（瑞士）、Jinlong Ma（澳大利亚）、黄炜、秦冬、刘杉、刘英、马秋辰，学生：王辰、胡宇、王冰华、马倩、吴琼、张吉强、陈萨如拉、王勤文、张琮、刘畅、赵爽、李双双、李庆祥、陈孟栋、曹恺悦、王迪、王飞雪等提供的帮助！在此谨向他们致以谢意！本书难免存在不足之处，需要在今后的研究工作中加以改进，欢迎广大读者提出批评和建议。

目 录 CONTENTS

1

可持续城市发展议题

可持续发展目标

——17 个目标改变我们的世界

随着当今经济的高速发展以及社会状况的不断变化，城市——一个通过利用集聚和工业化的力量创造财富、创造就业并推动人类进步的载体，面临着前所未有的巨大挑战。城市人口的集聚和城市的扩张与日俱增，人们生活水平的提高和消费的升级，都给原本趋紧的城市资源带来更大的环境供给压力。世界人口在城市地区的集聚日益显著，1976 年联合国举行“人居一”会议时，37.9%的世界人口居住在城市地区；到 1996 年“人居二”会议时，增长到 45.1%；再到 2016 年“人居三”会议时，已经增长至 54.5%（约 40 亿）[①]。到 2030 年，全球城市人口预计将上升至约 50 亿。在全球环境下，城市仅占用约为 2% 的土地面积，但是却承载着 70% 的 GDP，超过 60% 的全球能源消耗，70% 的温室气体排放以及 70% 全球垃圾产出[②]。面对当今城市化的巨大压力以及自然环境的不断恶化，人们开始总结前人的经验教训，反思自己过去的行为，并积极改变人类固有的生活方式，使其变得有利于自然环境以及人类社会的可持续发展。可见，实现城市的可持续发展迫在眉睫。

当今世界，城市具有人口集中、财富聚集、运行高效、环境污染、社会问题突出等特点，从而成为地方可持续发展中最具综合性的区域。联合国环境与发展大会秘书长莫里斯·斯特朗（Maurice Strong）指出，城市是全球可持续发展成功与否的关键。“可持续发展”的概念从提出到取得共识经历了一个曲折的过程。1987 年，世界环境与发展委员会（WCED）发表了布伦特兰委员会的报告《我们共同的未来》（Our Common Future），第一次科学地论述了可持续发展的概念，即“可持续发展是在满足当代人需求的同时，不损害后代人满足其自身需求的能力”；1992 年，联合国在巴西里约热内卢举行第一届地球首脑会议（Earth Summit）——环境与发展大会，会议通过了包括《21 世纪议程》（Agenda 21）在内的 5 项文件和条约，并提出了可持续发展的基本框架，这标志着“可持续发展”在世界范围内形成广泛的共识；2002 年，联合国在南非约翰内斯堡举行了第二届地球首脑会议——可持续发展世界首脑会议，会议通过了著名的《约翰内斯堡可持续发展声明》，它对人与自然的关系给予了高度的关注，并敦促各经济体政府在环境与发展上采取实质性的行动。城市作为可持续发展中最具综合性的区域，同时也是全球可持续发展成功与否的关键。联合国和欧盟都制定了相应的可持续城市发展目标，并在各自目标的指引下在城市可持续发展方面做了大量的推动工作。第一届地球首脑会议——环境与发展大会，2000 年在联合国千年首脑会议上签署的千年发展目标（MDGs），以及 2015 年采用的三个全球框架（《2015—2030 年仙台减少灾害风险框架》《2030 年可持续发展议程》及其 17 项可持续发展目标、《联合国气候变化框架公约》的《巴黎协议》），可视为“可持续发展”的三个里程碑。随后，联合国于 2016 年 10 月举行“人居三”会议，通过面向城市可持续发展的新城市议程（New Urban Agenda）。在联合国可持续城市发展工作的推动下，欧盟国家是可持续发展的先行者。欧洲实施《地方 21 世纪议程》、“20-20-20 战略”和《欧洲市长公约》以及欧洲 2030 年目标，这对欧洲可持续城市化的推进做出了巨大贡献。中国始终坚持发展是第一要务，并将可持续发展作为基本国策。中国提出了“五位一体”总体布局、“四个全面”战略布局以及创新、协调、绿色、开放、共享五大发展理念，这是对可持续发展内涵的丰富和完善，代表中国已经走在全球可持续发展理念创新的前沿。从 2014 年至今，中国高度重视《2030 年可持续发展议程》的落实，并将可持续发展目标融入到了《国民经济与社会发展十三五规划纲要》中，已经全面启动可持续发展议程落实工作。

---

① http://habitat3.org/the-conference/about-habitat-3/#habitat1

② http://habitat3.org/the-new-urban-agenda

1.1 城市发展的现状

1.1.1 世界城市发展状况

城市通过利用集聚和工业化的力量创造财富、创造就业并推动人类进步。自1990年以来，世界人口在城市地区的集聚日益增多，并且城市居民的绝对数量显著增加，这一趋势并不是新鲜事物。从1990—2000年的平均5700万增加到2010—2015年的7700万。1990年，世界人口的43%（23亿）居住在城市地区；到2015年，这已经增长到54%（40亿）；到2030年，这一数字预计将上升至约50亿。城市人口的增长并非在全世界均匀分布。有的地区的城市人口增长更快，有的增长平缓，然而世界上几乎没有地区的城市化是降低的。

发展中经济体的城市人口中，生活在贫民窟的人口比例从2000年的39%下降到2014年的30%。尽管取得一些成绩，但生活在贫民窟的城市居民的绝对人数仍在上升，部分原因是城市化加速、人口增长和缺乏适当的土地和住房政策。2014年，估计有8.80亿城市居民生活在贫民窟条件中，相比之下，2000年的这一数字是7.92亿。

随着越来越多的人迁往城市地区，城市往往会扩大其地域界限以容纳新居民。从2000年到2015年，在世界上所有区域，市区土地的扩张速度都高于城市人口的增长速度。因此，随着城市规模的不断扩大，城市的人口密度越来越低，城市的无序扩张正在提出挑战，然而需要更加可持续的城市发展模式。

1995—2015城市变化率[①]

表1-1

	年均城市人口变化率				整个时期
地区	1995—2000年	2000—2005年	2005—2010年	2010—2015年	1995—2015年
全球	2.13%	2.27%	2.20%	2.05%	2.16%
高收入经济体	0.78%	1.00%	1.00%	0.76%	0.88%
中等收入经济体	2.74%	2.77%	2.61%	2.42%	2.63%
低收入经济体	3.54%	3.70%	3.70%	3.77%	3.68%
非洲	3.25%	3.42%	3.55%	3.55%	3.44%
亚洲	2.79%	3.05%	2.79%	2.50%	2.78%
拉丁美洲和加勒比地区	2.19%	1.76%	1.55%	1.45%	1.74%
欧洲	0.10%	0.34%	0.34%	0.33%	0.31%
北美洲	1.63%	1.15%	1.15%	1.04%	1.24%
大洋洲	1.43%	1.49%	1.78%	1.44%	1.53%

一些地区的城市增长速度比其他地区快得多（表1-1）。1995—2015年的最高增长率显然在世界上最不发达的地区，非洲是城市化进程最迅速的地区，以欧洲为首的世界最发达地区的城市增长率最低。非洲的城市增长率几乎是欧洲增长率的11倍。

① 数据来源：World Cities Report 2016-Urbanization and Development Emerging Futures

UN-HABITAT 发布了最新的全球可持续城市发展旗舰报告《2016 世界城市状况报告》，其主题是“城市化与发展：新兴未来”。报告指出排名前 600 位的城市拥有全球 1/5 的人口，制造的国内生产总值占全球国内生产总值的 60%。然而，如果不对城市化加以规划和管理，必将导致不平等现象加剧，贫民窟增多，给气候变化带来灾难性的影响，需要制定《新城市议程》来释放城市的变革力量。

UN-HABITAT 执行主任霍安· 克洛斯博士指出：“‘人居二’大会召开以来的二十年里，全球人口向城市地区聚集。很多时候，随之发生的是社会经济增长。但是现在城市景观正在转变，迫切需要用具有连贯性的务实举措解决城市化问题。《新城市议程》要有效地应对城市化的挑战，利用城市化提供的机遇。”随着城市人口的增加，城市占据的土地面积也在以更高的速度扩张。预计到 2030 年，发展中经济体城市人口将增加 1 倍，而城市占据的面积将增加 2 倍。

此类城市扩张浪费土地、消耗能源、增加温室气体排放量。重要城市，至少是超大城市已经在向发展中地区过渡。1995 年全球有 22 个特大城市、14 个超大城市，到 2015 年两者数量已各增加 1 倍。全球 79% 的超大城市将位于拉丁美洲、亚洲和非洲。目前，增长最快的城市是人口不足百万的中小城市，其人口数占全球城市总人口的 59%。

迅速的城市化带来了巨大的挑战，包括贫民窟居住人数不断增加、空气污染加剧、基本服务和基础设施不足以及城市无序扩张，这也使城市更加易受灾害影响，需要进行更好的城市规划和管理，以使城市空间更加包容、安全、有抵御灾害的能力和可持续性。截至 2017 年 5 月，有 149 个经济体正在制定国家级城市政策。

第三届联合国住房和可持续城市发展大会（“人居三”）于 2016 年 10 月在厄瓜多尔基多举行，全球各地城市面对的挑战比 20 年前“人居二”大会召开时更加艰巨。除了持续存在的城市问题外，新出现的城市问题包括气候变化、垃圾处理、空气污染等。1950—2005 年期间，城市化水平从 29% 增至 49%，全球化石燃料燃烧产生的碳排放增长了近 500%。如今城市消耗的能源占全球总量的 60% ~ 80%，产生的温室气体排放量多达人类排放总量的 70%，以能源供应和交通领域消耗的化石燃料为主要排放来源。固体废物的安全清除和管理是最重要的城市环境服务之一。根据 2009—2013 年来自 101 个经济体的城市数据，仅 65% 的城市人口接受城市废物收集服务。未收集的固体废物堵塞排水沟，导致洪水并可能造成水传播疾病的蔓延。空气污染也是一项严重城市环境问题。2014 年，90% 的城市居民呼吸着不符合世卫组织安全标准的空气。

1.1.2 亚太地区城市发展现状

根据 2017 年世界统计年鉴可看出亚太地区各经济体城市人口比例及城市化率，如图 1-1 所示。世界城市化率增长迅速，截至 2017 年，城市人口占世界人口比例为 54.9%，城市化率以每年 1.84% 的速率在增长。

目前亚洲城市人口占世界城市人口的 40%，预计到 2030 年，这一比例会增长至 56%。1950 年，亚洲只有 1 个超大城市，到 2015 年时亚洲超大城市增长至 12 个，平均每天有 12 万人迁入城市。亚太地区则有 17 个超大城市。根据目前城市人口的增长速度，预计到 2025 年仅亚洲就会有 25 个超大城市。联合国公布的研究报告显示，到 2050 年，亚太地区城市人口将会增长至 20 亿，如图 1-2 所示，亚太地区将是世界城市化率增长最快的地区。随着城镇化的快速发展和超大城市的迅速扩大而增长的需求，加大了环境、资源、政策等方面的挑战。面对此挑战，要求不依赖于城市和人口增长的经济社会可持续性模式下的可持续城市的发展已成为必然。

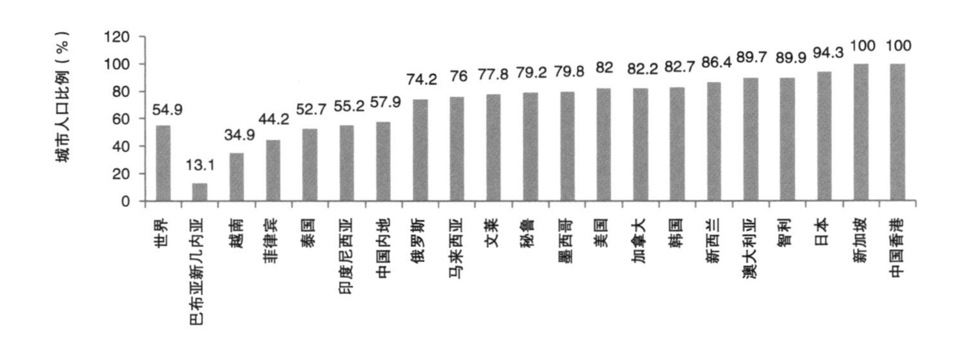

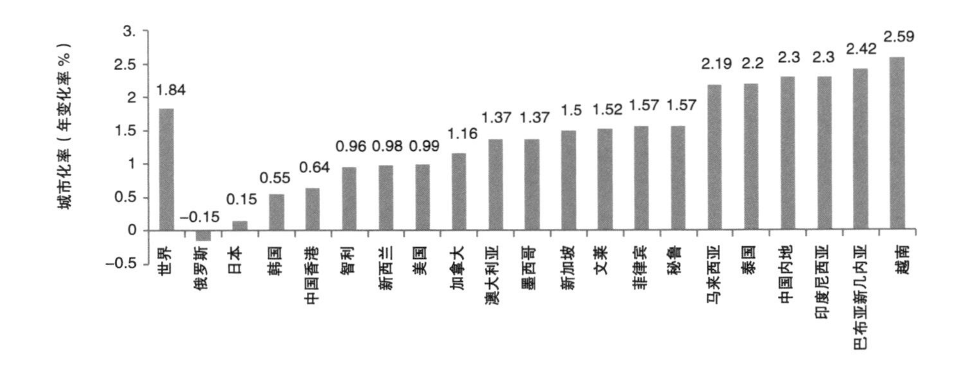

图 1–1　2017 年亚太地区各经济体城市人口比例及城市化率[①]

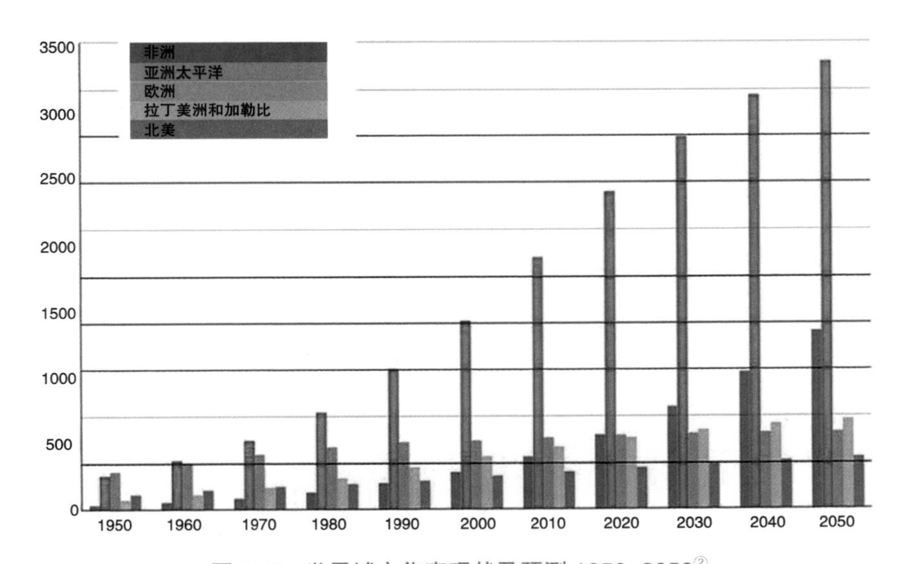

图 1–2　世界城市化率现状及预测 1950–2050[②]

① 数据来源：https：//www.cia.gov/library/publications/the-world-factbook/fields/2212.html?countryName=World&countryCode=xx®ionCode=oc&#xx

② 图片来源：https：//www.inverse.com/article/7198-megacities-set-to-transform-asia-pacific-region-by-2050

UN-HABITAT 和 UNEP，以确保地方环境可持续发展、充分认识城市地区对整个社会和经济发展的重要贡献为目标，自 1990 年起建立并实施了可持续城市计划（SCP）。其中亚洲作为此现象最突出的地区，也确立了亚洲可持续城市计划（SCP-Asia）。SCP-Asia 提供成熟的环境规划与过程管理（EPM）来帮助城市应对这些挑战。此计划自成立以来，一直致力于将环境问题纳入到城市发展的决策中。现在 UN-HABITAT 已成立基于 SCP-Asia 的亚太区域办事处，目前向 10 个经济体的 66 个示范城市提供能力建设和体制加强支持。

1.1.3 中国城市发展现状

“十二五”期间，中国的城镇化率实现了两大重要突破：2010—2011 年中国城镇化率达到并超过 50.0%，中国整体进入城市型社会阶段；2012 年中国城镇化率达到 52.6%，超过世界总体水平（52.5%），并以高于世界平均水平的速度（年均 0.5 个百分点）快速推进。与此同时，中国城镇化与城市发展还取得了很多实质性进展，城镇化的区域差距逐步缩小，城市群的载体功能日益显著，城市经济实力、社会事业、创新创业等领域的水平均不断提升，城乡收入差距逐年缩小。但是，中国城市在规划管理、经济增长方式、空间布局、科技创新、社会矛盾、安全管理、环境污染等方面依然问题突出，有待改善。

《中国城市发展报告》指出，全国人口城镇化的速度将有所放缓。自 20 世纪 90 年代中期中国城镇化率超过 30%，进入城镇化中期发展阶段后，人口城镇化水平一直处于快速提高的过程中。“九五”“十五”“十一五”时期，全国城镇化水平年均分别提高了 1.44、1.35 和 1.39 个百分点。在“十二五”期间，全国城镇化水平超过 50%，城镇化速度明显放缓，年均提高幅度降至 1.21 个百分点。2011—2014 年，城镇化水平的提高幅度逐年降低，分别为 1.32、1.30、1.16 和 1.04 百分点。

目前，中国城镇化整体上已进入中后期发展阶段。根据城镇化发展的阶段规律，中国人口城镇化速度将趋于降低。在“十三五”期间，尽管城镇化的速度不再可能会到达城镇化中前期（即“九五”“十五”“十一五”时期）的年均增幅，但仍会维持在较高的水平，全国整体上仍处于城镇化中期 30%~70% 的快速发展区间。预计“十三五”时期全国人口城镇化的速度将略低于 1 个百分点，到 2020 年城镇化率将在 60% 左右。

当前，中国经济发展进入了提质减速的新常态，提升城市发展质量、创新城市发展模式成为我国城市主动适应新常态的必然选择。然而，随着城镇化的快速推进，部分城市过度扩张或超载扩张，资源紧缺、环境污染、供给不足、交通拥堵等“城市病”或“亚健康”现象依然普遍。

1.1.4 气候变化与城市能源

随着科学技术的发展和城市化进程的加快、城市人口的迅速增长、人们生活水平的提高和消费升级，都给原本趋紧的城市资源带来更大的环境供给压力，并逐渐超出了环境承载力。已有的研究表明，从 20 世纪 80 年代起，城市的自然环境急剧恶化。城市环境面临的关键问题有气候变化问题、大气环境问题、水生环境问题和土壤问题。

1. 气候变化与城市化

气候变化与城市化同时成为紧迫的国际发展议程并非偶然。从1950年到2005年，城市化水平从29%上升到49%，而化石燃料燃烧造成的全球碳排放量增加了近500%。事实上，科学家们报道2015年是历史上最热的一年，那年的平均温度比全球平均水平高出0.75℃，大幅度增长。这主要归因于化石燃料燃烧导致的温室气体排放量增加，以及厄尔尼诺天气事件。此时，敦促各经济体采取紧急行动应对气候变化及其影响的可持续发展议程目标是最合适的时候。

认识到城市化必须成为气候变化解决方案的一部分至关重要。城市化为制定缓解和适应气候变化战略，特别是通过城市规划和设计提供了许多机会。规模经济、企业集中和城市创新使得降低排放和气候危害的成本更低廉，更容易。通过土地使用规划、建筑规范和标准、风险评估、监测和预警可以更好地应对气候变化。

2. 城市与能源

气候变化是一个全球性问题，也是一个地方性问题。城市在气候变化领域发挥着至关重要的作用。城市地区集中了经济活动、家庭生活、工业活动和基础设施，是能源消耗的热点以及温室气体的主要来源。人们普遍认为，城市化带来关于生产和消费模式的根本性变化，加剧了能源消耗和温室气体排放。城市容纳了世界人口的50%以上，但却占据了60%～80%能源消耗，主要通过消耗化石燃料产生高达70%的温室气体排放量。

建筑环境的设计和使用是缓解气候变化的关键领域；建筑环境消耗了大多数经济体使用的最终能源的1/3，甚至更多。可以说，城市减排具有全球影响，这将对子孙后代有所裨益，因此在地方和地区层面减缓政策为当前的发展提供了条件。虽然城市有条件通过适当的城市规划和设计来适应气候变化，但这通常需要新的和改进的基础设施和基本服务。因此，世界各地的城市需要重新调整既有住房以及城市基础设施和服务中存在的先前缺陷，同时创造就业和刺激城市经济。

1.1.5 可持续的生活方式

可持续城市的对象其实还是针对人，虽然指的是城市，但最终指向人生活方式的可持续，而并不仅是一个城市自身发展的可持续。需要从人在其中保持可持续的生活方式这个方面来理解，这就会涉及人在城市生活中相关资源的循环，包括人在其中的交通，人居住的社区等。可持续城市并不是让城市如何，而是要让城市所服务的人形成一种可持续的生活方式。

——任军，天津市天友建筑设计股份有限公司首席建筑师

在人类发展的长河中，不论是生活方式还是生产方式，人类更习惯于将自己放在自然界的对立面，认为自然界只是人类利用和开采的对象，通过对自然资源进行掠夺和破坏来发展和提高人类的经济和物质水平。伴随着自然环境的不断恶化，人们开始不断总结前人的经验教训，反思自己过去的行为，并积极改变人类固有的生活方式，使其变得有利于自然环境以及人类社会的可持续发展。

2000多年前，亚里士多德就指出“人来到城市里，为了更美好的生活”。今天全球人口和中国人口都超过一半进入城市，城市成为人类栖居的主要场所和空间。但无论是中国还是世界，城市作为人类栖居的空间拥有美好的想象空间，也面临巨大的发展挑战。

可持续发展是一个综合性的概念。因为中心点是人和自然，二者都是现实存在、活生生的实体。正由于都是活生生的，不是抽象逻辑的产物，它的存在决定于具体的生活形态，不是由人为的概念和标准（以及其背后表达或隐藏的价值观念和取向）可随意分割、剖析和扭曲的。自 1987 年布伦特兰夫人在《我们共同的未来》一书中提出“可持续发展”（Sustainable Development）一词以来，可持续发展受到了广泛的重视。1992 年 6 月在巴西里约热内卢举行的环境与发展大会上，各经济体首脑更是一致通过了一系列文件，确立了人类必须转变传统发展模式和生活方式，走可持续发展道路。自此，可持续发展的实践活动也正式开始在全球范围内普遍展开。然而，当前人们大部分的实践活动主要局限于生产领域，比如：从技术角度出发，认为要采用清洁生产或零污染技术；从资源角度出发，要节约、保护各种资源；从生态角度出发，要保持生态平衡；从环境角度出发，要保护自然环境，治理环境污染等。而另一领域，也即人们的生活领域或者说人类的生活方式，目前却很少有人认真考虑。实际上人类的生活方式对人类社会的可持续发展具有至关重要的影响。一方面，人们生活的具体内容决定了生产的内容，只有符合人们需求的生产才能得以继续和维持；另一方面，人们生活需求的数量，即消费需求量决定了生产的绝对量，特别是当前的以发达经济体为代表的“多生产、多消费、多抛弃”的高消费的生活方式，对人类社会的可持续发展构成了致命的威胁。正如印度圣雄甘地所说：“世界满足人的需求绰绰有余，却不能满足人的贪婪。”因此，只注重生产的可持续只能是治标不治本，必须改变人类现行的生活方式，建立一种可持续的新型生活方式。自然环境的可持续发展是经济、社会可持续发展的前提和基础，人类价值观的转变也就意味着生活方式的转变，人类的生活方式直接对人类社会的可持续发展产生重要作用。

生活方式的内涵包括各个层面，从社会学以及哲学层面上来分析，生活方式定义、联系和区分了生活中的个体，是各种行动和选择的综合反映，并确立人们在社会中的独立地位和社会属性。这些行动和选择多受政治、经济、社会标准及其他自然、社会环境要素的深刻影响。生活方式同时是城市社会文化的深刻反映，展现人们所在社会群体的生活路径，由人们的知识、信仰、艺术、道德、法律、风俗、行为、日常活动及选择等所塑造。

从一个后现代主义的视角看，生活方式可以被定义为另外一个更严格的概念，即在一个消费社会和文化转型的进程中，生活方式聚焦于个体倾向，抽象为“生活计划”或具象为“个体形成”“自我实现”等。生活方式的定义更加贴近生活，概述为象征、价值和信仰、行为和习惯、制度、经济和社会体系。消费在提升人们的生活质量方面扮演着重要角色。但社会行动并不都是由商品和服务的经济消费活动构成，人们也有非物质需求，并形成特定社会群体，所以对生活方式的研究不能只集中于消费。人们如何购买和使用则反映出人们的社会价值观和对他人的期望，同时人们也按照社会期望的方式行动，作为实现自我的方式。

以可持续发展道德价值观为准则，是人们生活观念的一次觉醒、革命，表明人们开始从根本上改变以往仅以开放或封闭、传统或现代等社会结构特征、经济发展水平作为生活方式的评价标准，开始重新审视以往的生活方式，以新的标准，以有利于经济、社会的持续、协调、全面发展为生活准则；不但追求物质生活条件改善，更追求高质量的精神生活，自觉兼顾当代人的需要与后代人的需要，兼顾眼前利益与长远利益、局部利益和整体利益，在生活活动中要对未来发展、整体发展负责，鄙视追求当前物质享受而不顾及未来发展的短视行为；不但把消费个性化、高档化、能力多级化、取向多元化等“现代型”作为评价生活方式的标准，更要以发展的可持续性作为评价的标准来衡量生活方式进步的程度。

1.2 可持续城市发展目标

1.2.1 联合国可持续城市发展目标

可持续城市发展的目标是可持续发展的更普遍目标的一部分。尽管联合国可持续发展框架专门针对城市设定了目标，但只考虑这些具体目标是片面的。众所周知，可持续发展需要整合多个横向甚至有时相互冲突的目标。这些横向目标对城市的影响与特定的城市目标一样多，甚至更多。为此，本节根据联合国可持续发展框架的背景分析了可持续城市发展，以及全球和地方的影响。

1992 年，联合国在巴西里约热内卢举行第一届地球首脑会议（Earth Summit）——环境与发展大会，通过了包括《21 世纪议程》（Agenda 21）在内的 5 项文件和条约，提出了可持续发展的基本框架，标志着“可持续发展”在世界范围内形成广泛的共识。2002 年，联合国在南非约翰内斯堡举行第二届地球首脑会议——可持续发展世界首脑会议，会议通过了著名的《约翰内斯堡可持续发展声明》，对人与自然的关系问题给予高度的关注，并敦促各经济体政府在环境与发展上采取实质性行动。城市作为可持续发展中最具综合性的区域，同时是全球可持续发展成功与否的关键。无论是联合国还是欧盟都制定了相应的可持续城市发展目标，并在各自目标的指引下在城市可持续发展方面做了大量的推动工作。第一届地球首脑会议——环境与发展大会无疑是“可持续发展”的第一个里程碑，它引入了包括经济、社会和环境在内的今天“可持续发展”的主流三支柱定义。在地方一级，它为“地方 21 世纪议程”进程奠定了基础，该进程影响了全世界数千个当地社区。2000 年，在联合国千年首脑会议上，189 个经济体正式签署《千年宣言》，并商定了一套到 2015 年基本上达成的目标和指标，被称为千年发展目标（MDGs）。主要涉及八个目标的重点是最不发达经济体和社会最贫穷阶层的发展；对于城市发展，它具体确定了改善城市贫民窟居民条件以及确保环境可持续能力的目标。千年发展目标可视为“可持续发展”的第二个里程碑。第三个里程碑是 2015 年采用的三个全球框架，即《2015—2030 年仙台减少灾害风险框架》、《2030 年可持续发展议程》及其 17 项可持续发展目标、《联合国气候变化框架公约》的《巴黎协议》。根据各国国别方案和实施这三个框架，可以有效地指导可持续城市发展。这里要着重提及的是可持续发展目标，考虑到千年发展目标于 2015 年完成历史使命，2015 年 9 月，世界各经济体领导人通过了《2030 年可持续发展议程》，该议程涵盖 17 项可持续发展目标，其中目标 11 涉及建设可持续城市与社区的目标为：建设包容、安全、有抵御灾害能力和可持续的城市和人类住区。继联合国通过《2030 年全球可持续发展议程》后，联合国又于 2016 年 10 月举行“人居三”会议通过面向城市可持续发展的《新城市议程》（New Urban Agenda）。

1. 联合国环境与发展会议（UNCED）（或地球峰会）

早在 20 世纪 70 年代，人们就认识到可持续城市发展既需要全球概念，也需要地方行动。最好的描述出自美国环境保护主义者地球日创始人戴维· 罗斯· 布劳（David Ross Browe）的《全球思考，本地行动》[①]。可持续发展的全球概念于 1992 年在联合国环境与发展会议上制定，也称为地球首脑会

① https://www.reference.com/world-view/think-globally-act-locally-mean-e16396873cfddcdf

议。根据 1987 年布伦特兰报告[①]中提出的想法，环发会议形成了可持续发展的三大支柱经济，社会和环境定义，这是迄今为止可持续发展的主流定义。环发会议正式通过了六项重要文本:《联合国气候变化框架公约》(UNFCCC)、《生物多样性公约》(CBD)、《关于环境与发展的里约宣言》《21 世纪议程》《关于森林问题的原则声明》以及成立联合国可持续发展委员会(CSD)。在《21 世纪议程》的框架内提供了地方行动。在《21 世纪议程》[②]的 40 个章节中,有两个章节与市政当局直接相关;分别为第 7 章“促进可持续人类住区发展”概述了应在地方一级实施的可持续发展方案,和第 28 章“地方当局支持 21 世纪议程的倡议”给出了创建数以千计的《地方 21 世纪议程》。它设定了具有相应时间范围的具体目标[③]。

联合国环境与发展会议在地方的影响说明了在此期间和之后可持续发展的市际合作所产生的活力。在可持续发展的早期阶段,建立并巩固了三个城市间合作组织,1996 年在土耳其伊斯坦布尔举行的“人居二”会议都赞成在地方实施。

地方环境倡议国际理事会(ICLEI),作为第一个城市间组织，创建于环发会议前(1989—1991)。该组织参加了环发会议，并且是 LA21[④]概念的推动力。从创建之初起，该组织从最初的 200 个地方政府成员不断扩展到 1500 多个城市、城镇和地区，覆盖了 70 多个经济体的全球网络，专门致力于可持续城市化。2003 年，ICLEI 将其更名为“ICLEI- 倡导地区可持续发展”，其更广泛的任务是解决可持续性问题。目前,ICLEI 相关城镇仅占全球城市人口的 25%以上。2009 年,ICLEI 将其总部从多伦多(加拿大)迁至波恩(德国)。

C40 城市气候领导小组是第二个城市间组织，于 2005 年 10 月由伦敦前市长肯· 利文斯通(Ken Livingstone)创建，首先是标榜 C20 标签。2006 年，它与克林顿气候倡议 CCI 合并，成为 C40 城市气候领导小组[⑤]。如今,C40 在全球 50 个经济体拥有 92 个参与成员城市,覆盖 26 种语言和 7 个地理区域。其中 38 个成员城市在 APEC 经济体中:中国有 10 个城市,北美有 15 个,东南亚和大洋洲有 13 个。C40 占全球 GDP 的 25%，占世界人口的 1/12，并且为应对气候变化采取了 10000 项行动。C40 的主题活动对大城市特别有意义，包括交通、适应、城市规划和开发、商业、数据和创新、废物和水以及能源和建筑。

这些城市间组织中的第三个,即世界城市和地方政府联合组织(UCLG)[⑥]是 2004 年终止的合并和合并过程的结果，涉及三个现有组织：地方政府国际联盟(IULA)，于 1913 年在比利时根特成立；联合城镇组织(UTO，也称为世界双子城联合会 WFTC)，于 1957 年在法国艾克斯莱班成立[⑦]；大都会，成立于 1985 年,位于加拿大蒙特利尔[⑧]。UCLG 带领全球地方和区域政府专题组,于 2016 年“人居三”会议期间谈判新城市议程(NUA)[⑨]时，推动城市占据席位。在“人居三”会议之外，UCLG 还主办了

① http://www.un-documents.net/wced-ocf.htm
② https://sustainabledevelopment.un.org/content/documents/Agenda21.pdf
③ http://aries.mq.edu.au/pdf_handbook/6-WhatIsLocalAg.pdf
④ Our Community – our Future: A Guide to Local Agenda21, by the Commonwealth Government of Australia, 1999, p. 13, onlline https://www.parksleisure.com.au/documents/item/1189
⑤ https://en.wikipedia.org/wiki/C40_Cities_Climate_Leadership_Group
⑥ https://www.uclg.org/en/centenary
⑦ https://encyclopedia2.thefreedictionary.com/United+Towns+Organization
⑧ https://www.metropolis.org/timeline
⑨ http://habitat3.org/wp-content/uploads/NUA-English.pdf

“第二届世界地方领导人大会”。UCLG 是迄今为止世界上最大的地方政府组织，拥有超过 24 万名成员（城镇地区和大都市）以及超过 140 个联合国成员国的 175 个地方和地区政府协会，事实上代表 50 亿人口，占世界人口的 70%[①]。

2. 千年发展目标（MDGs）

千年发展目标是联合国大会在可持续发展方面设定的第二个里程碑。2000 年，在联合国千年首脑会议上，189 个经济体正式签署《千年宣言》，并庄重做出承诺，就全世界范围内消除贫困、饥饿、文盲、性别歧视，减少疾病传播，阻止环境恶化，商定了一套到 2015 年基本上达成的目标和指标。MDGs 主要包括涉及八个方面，即消灭极端贫穷和饥饿，实现普及初等教育，促进两性平等并赋予妇女权力，降低儿童死亡率，改善产妇保健，与艾滋病、疟疾和其他疾病作斗争，确保环境的可持续能力，制订促进发展的全球伙伴关系。关于可持续城市化，千年发展目标特别涉及卫生问题以及 1 亿贫民窟居民的改善。这是在目标 7、环境可持续性及其目标 7C（到 2015 年减半，无法持续获得安全饮用水和基本卫生设施的人口比例减半）和 7D（到 2020 年实现重大目标）的标题下完成的，这将改善至少 1 亿贫民窟居民的生活[②]。

在千年发展目标的指导下，全球在发展经济、改善人居、消除饥饿与贫困方面取得了积极的进展。《2014 年联合国千年发展目标报告》指出：全球贫困人口减半的目标已比预定的 2015 年提前完成。发展中地区 90% 的儿童正在享受初等教育，男女童入学率的差距已减小；在与疟疾和肺结核作斗争方面也已取得巨大的成绩，各个健康指标都有所提高；在过去二十年间，儿童 5 岁前死亡的可能性减少了近一半，这意味着每天约有 17000 名儿童得救；无法获得改善水源的人口减半的目标也已实现。但同时，全球所取得的这些积极进展是以资源消耗的持续加大为代价，并正在对地球基本生命支持系统构成严重威胁，尤其是森林消亡、能源枯竭、海洋污染等问题持续加重。

3. 2015 年采用的三个全球框架

2015 年是联合国可持续发展的一个重要里程碑，因为同年通过了三个重要且相互关联的全球框架。与针对特定人群（如极端贫困人口）的千年发展目标相反，2015 年通过的三个全球框架针对每个人，这与 1992 年里约环发会议议程一样。当时可持续发展的定义基于三个支柱，而 2015 年三个框架的范围更广，同时也比里约可持续发展的定义更加精确和实用。

第一个框架是《2015—2030 年仙台减少灾害风险框架》。它回应了有关气候变化的有效缓解措施来得太晚的说法，因此必须通过有效的气候变化影响适应措施予以补充。事实上，“仙台框架”比适应气候变化要广泛得多。这是一个全面的减少灾害风险框架，范围特别广，包括各种风险，以及到 2030 年实施措施的时间表[③]。它有一个双重目标：①通过实施各种综合和包容性措施（经济、结构、法律、社会、卫生、文化、教育、环境、技术、政治和体制）来预防和减少现有的灾害风险；②增加应对和恢复的准备，从而增强抵御能力。“仙台框架”于 2015 年 3 月在日本仙台举行的“世界减少灾害风险大会”上正式通过，后来于 2015 年 6 月获得联合国大会批准。

第二个重要框架是 2015 年联合国大会通过的《2030 年可持续发展议程》及其 17 项可持续发展目标。考虑到千年发展目标于 2015 年完成历史使命，2015 年 9 月，世界各经济体领导人通过了《2030

---

① https://www.uclg.org/sites/default/files/uclg_who_we_are_0.pdf

② https://en.wikipedia.org/wiki/Millennium_Development_Goals

③ https://www.unisdr.org/we/coordinate/sendai-framework

年可持续发展议程》，该议程涵盖了 17 个可持续发展目标，于 2016 年 1 月 1 日正式生效。可持续发展目标旨在制定一套普遍适用于所有经济体而又考虑到各经济体不同的国情、能力和发展水平，同时尊重经济体政策和优先目标，以平衡可持续发展的三大支柱（环境保护、社会发展和经济发展）的新目标。这些新目标适用于所有经济体，因此，在接下来的 15 年内，各经济体将致力于消除一切形式的贫穷，实现平等和应对气候变化，同时确保没有一个人掉队。可持续发展目标必将根本性地改变片面追求经济增长的传统发展观，坚持包容性增长和经济、社会、环境协调发展的可持续发展理念；无论是广度、深度、难度、力度都远远超越了千年发展目标，为全球可持续发展描绘了一幅雄心勃勃的蓝图。可持续发展目标包含 17 个可持续发展目标分类[①]，其中目标 11 涉及建设可持续城市与社区的目标为："建设包容、安全、有抵御灾害能力和可持续的城市和人类住区。"为确保到 2030 能实现目标 11，又为其制定了 10 个具体目标[②]。

第三个重要框架是联合国在 2015 年通过的《联合国气候变化框架公约》下的《巴黎协定》。在通过《联合国气候变化框架公约》的里约峰会之后近 1/4 世纪，《联合国气候变化框架公约》下的《巴黎协定》[③]首次确定了雄心勃勃的目标，即将气候变暖控制在 2℃。它提供了一系列丰富的自愿措施，不仅针对《联合国气候变化框架公约》缔约方，而且针对非缔约方利益攸关方，包括民间社会、私营部门、金融机构、城市、当地社区和原住人民。

尽管现在就 2015 年全球框架在地方层面的影响发表声明还为时过早，但是 2015 年三个可持续发展框架将至少在地方层面实施。为地方一级专门设立了两个框架："气候与能源全球市长公约"和世界银行"全球可持续城市平台（GPSC）"。2016 年"人居三"会议进一步标志着全球在地方一级实施的启动。2016 年"气候与能源全球市长公约"成为解决地方一级可持续发展所有问题的新论坛。这个位于布鲁塞尔的新组织是三个现有可持续城市化组织的合并，被欧洲委员会主席米格尔· 阿里亚斯· 卡内特称为"世界上最大的城市气候和能源倡议"，新成立的"气候与能源全球市长公约"联合了 7500 多个城市，代表着 7 亿多居民或世界 9.5% 的城市居民，来自六大洲的人口共同目标是通过协调的当地气候行动来应对气候变化。这一新契约的签署者承诺到 2030 年将二氧化碳排放量至少减少 40%，并采取综合方法来应对气候变化的减缓和适应。全球可持续城市平台于 2016 年由世界银行创建，并得到了全球环境基金（GEF）的支持。其目的是成为一个知识平台和协作空间。该平台目前拥有 28 个成员城市来自 11 个经济体。加利福尼亚州（美国）和奥胡斯市（丹麦）是知识合作伙伴，具有特殊地位。GPSC 与所有其他相关的联合国机构以及 ICLEI 和 C40 等其他组织密切合作。

在地方一级，2016 年在厄瓜多尔基多举行的"人居三"会议上进一步启动了三个 2015 年框架的实施。会议通过了《新城市议程》，该议程由基多宣言关于"人人享有可持续城市和人类住区"和实施计划组成。

1.2.2 欧盟可持续城市发展目标

欧洲在许多情况下是可持续发展的先行者。在欧洲，社会和经济可持续性方面已经在 1957 年在罗

① http://www.un.org/sustainabledevelopment
② http://www.un.org/sustainabledevelopment
③ http://unfccc.int/resource/docs/2015/cop21/eng/l09r01.pdf

马缔结的《建立欧洲经济共同体条约》(TEEC)等创始官方文件中得到了很好的体现(《罗马条约》)[①]。第三个维度，即环境，于1986年通过《单一欧洲法案》加入到欧洲法律[②]，这是《罗马条约》的第一次重大修订，同时为解决欧盟可持续发展的所有三个方面（社会、经济和环境）铺平了道路。欧洲对可持续城市化的三项贡献，即欧洲实施《地方21世纪议程》，“20-20-20”战略和市长公约以及欧洲2030年目标。

1. 欧洲实施《地方21世纪议程》

为了加强欧洲一体化，欧洲机构支持各种欧盟内部合作，特别是市政当局等民间社会的行动组织。欧盟各经济体市政当局在实施《地方21世纪议程》方面的合作通过一系列关于可持续城镇的会议具体体现。第一次会议于1994年在丹麦北部的奥尔堡市举行，并通过了《奥尔堡宪章》[③]。十年后（2004年）举行的第三次会议批准了由数百个地方当局签署的“奥尔堡承诺”[④]，这些承诺标志着欧洲对《地方21世纪议程》的共同理解。

除了每三到四年举行一次的会议外，欧盟还在2001—2006年期间制定了《城市环境专题战略》[⑤]。这些过程可以解释为什么欧洲一直是比美国等发达经济体或印度等发展中经济体在《地方21世纪议程》更受欢迎和更易实施的区域。在一些欧盟经济体，例如在瑞典所有当地社区都实施了《地方21世纪议程》。由于欧盟经济体对可持续城市化的吸引力，三个重要的全球活跃组织ICLEI、可持续城市——没有贫民窟的城市以及气候和能源市长全球公约在过去十年中分别于2009年、2013年以及2016年将其总部迁至欧洲。此外，欧洲还拥有世界上最大的市政机构UCLG。2007年5月，欧洲理事会通过了《可持续欧洲城市莱比锡宪章》[⑥]，它解决了欧洲城市对基础设施现代化和提高能源效率的需求，特别是既有建筑和新建建筑应该变得更加节能。

2.“20-20-20”战略和市长公约（CoM）

欧盟在2008年发生了一次重大飞跃，当时欧盟讨论并采纳了的“20-20-20”战略及其对联合国气候变化框架公约的谈判授权[⑦]：到2020年，CO_2排放量应减少20%，可再生能源增长20%，能源效率提高20%。欧盟甚至提出减少30%的CO_2排放量，条件是中国和美国等其他大型全球参与者在联合国气候变化框架公约谈判中的同等参与。由于其易于理解的目标，这一战略不仅为正式采纳还为批准它们的欧盟成员国以及市长的气候政策铺平了道路。在欧盟，城市占全部CO_2排放量的近3/4。因此，作为气候政策的支持工具，“市长公约”于2008年创立[⑧]。在该协议中，签署市长反映了欧盟在地方一级的参与。

“市长公约”的实施超出了预期，部分原因是它不仅涉及了欧盟内部的城镇，而且还提出了全世界的城市和城镇都应遵守协议。经过八年的实施，截至2016年9月4日，来自54个经济体的6201个地方当局加入了该倡议，这代表了2.13亿居民，其中15%（约3200万）在欧盟以外。

---

① http://ec.europa.eu/archives/emu_history/documents/treaties/rometreaty2.pdf

② https://www.ecolex.org/details/treaty/single-european-act-tre-000896/

③ http://www.sustainablecities.eu/fileadmin/repository/Aalborg_Charter/Aalborg_Charter_English.pdf

④ http://www.sustainablecities.eu/fileadmin/repository/Aalborg_Commitments/Aalborg_Commitments_English.pdf

⑤ Thematic Strategy on the Urban Environment COM (2005) 718 final http://www.europarl.europa.eu/RegData/docs_autres_institutions/commission_europeenne/com/2005/0718/COM_COM (2005) 0718_EN.pdf

⑥ http://ec.europa.eu/regional_policy/archive/themes/urban/leipzig_charter.pdf

⑦ Directive 2009/28/EC of the European Parliament and of the Council and Joint Decision 406/2009/EC of the European Parliament and of the European Council

⑧ http://www.energie-cites.eu/IMG/pdf/covenant_mayors_may_2008.pdf

3. 2030 年目标和气候与能源市长全球公约

2014 年，欧盟就其 2030 年目标达成了基本协议[①]：重点在于将 CO_2 排放量与 1990 年水平相比减少 40%；对于可再生能源，所讨论的目标是 27% 的约束性目标；而对于节能而言，与常规情景相比，目标是 27% 的非约束性目标。排放交易计划（ETS）需要进行改革并提高效率。在过去，ETS 几乎没有效果，因为市场上流通的免费证书太多，导致 CO_2 价格过低。2016 年 11 月，欧盟委员会发布了"全民清洁能源"一揽子计划[②]，以达到 2030 年的目标。这是一项关于气候能源领域新立法的综合提案，在地域上包括前所未有的广泛范围。新的 2030 年目标已经纳入"气候与能源全球市长公约"[③]，因此它将在全球任何一个签约城市的地方实施。

为了清晰地看出联合国与欧盟在可持续城市发展方面的努力探索，表 1-2 按时间顺序将联合国与欧盟可持续城市发展大事件进行了整理。

联合国与欧盟可持续城市发展大事件概要表　　表 1–2

时间	事件
1913 年	在比利时根特成立地方政府国际联盟（IULA）
1954 年	在法国艾克斯莱班成立联合城镇组织（UTO 或世界双子城联合会 WFTC）
1957 年	建立欧洲经济共同体（TEEC）的罗马条约，允许在欧盟层面解决可持续发展的未来经济和社会支柱
1970 年	第一个地球日，美国环境保护主义者戴维· 罗斯· 布劳提出的"全球思考本地行动"
1972 年	在斯德哥尔摩举办联合国人类环境会议
1972 年	罗马俱乐部："增长的极限"
1976 年	第一届联合国人类住区会议 "人居一"会通过了"温哥华人类住区宣言"和温哥华行动计划
1985 年	在加拿大蒙特利尔创建大都市（城市联合会）
1986 年	单一欧洲法案是罗马条约的第一次重大修订，允许解决欧盟层面的环境问题
1987 年	WCED 的报告：联合国发布的共同未来（布伦特兰报告）
1989 年	ICLEI 成立，加拿大多伦多地方环境倡议国际理事会，2003 年更名为 ICLEI- 倡导地区可持续发展
1992 年	UNCED 在巴西里约热内卢举行
1994 年	在丹麦奥尔堡通过《欧洲城市和可持续发展城市宪章》
1996 年	第二届联合国人类住区会议 伊斯坦布尔人类住区宣言
1999 年	由世界银行建立"城市联盟——没有贫民窟的城市"
2000 年	通过联合国《千年发展目标》
2004 年	合并 IULA、UTO 和 Metropolis 三个组织，建立世界城市和地方政府联合组织（UCLG）
2004 年	通过奥尔堡承诺，这是欧盟对《地方 21 世纪议程》实施的共同理解
2005 年	创建 C20 成为 C40 伦敦气候领导小组
2007 年	莱比锡可持续欧洲城市宪章
2008 年	通过欧洲"20-20-20"战略建立布鲁塞尔市长公约
2014 年	联合国创立市长公约

① http：//www.consilium.europa.eu/uedocs/cms_data/docs/pressdata/en/ec/145397.pdf
② https：//ec.europa.eu/energy/en/news/commission-proposes-new-rules-consumer-centred-clean-energy-transition
③ www.eumayors.eu/IMG/pdf/covenantofmayors_text_en.pdf

续表

时间	事件
2015年	制定气候和能源市长公约
2015年	通过《2015—2030年联合国仙台减少灾害风险框架》
2015年	通过联合国《2030年可持续发展议程》及17项可持续发展目标
2015年	通过《联合国气候变化框架公约》下的《巴黎协定》
2016年	通过将欧洲气候与能源市长公约与联合国市长公约合并，制定布鲁塞尔气候与能源市长全球公约
2016年	由世界银行建立可持续城市全球平台
2016年	“人居三”，第三次联合国人类住区会议在厄瓜多尔基多通过《新城市议程》

1.2.3 中国可持续城市发展目标

党的十八大以来，中国提出了“五位一体”（经济建设、政治建设、文化建设、社会建设、生态文明建设）总体布局、“四个全面”（全面建成小康社会、全面深化改革、全面依法治国、全面从严治党）战略布局以及创新、协调、绿色、开放、共享五大发展理念，是对可持续发展内涵的丰富和完善，中国已经进入全球可持续发展理念创新的前沿。

1. 可持续发展是中国的基本国策

中国是世界上最大的发展中经济体，始终坚持发展是第一要务，并将可持续发展作为基本国策。中国政府全面参与了制定可持续发展议程的政府间谈判，并且在2016年3月发布的“十三五”规划纲要中承诺要积极落实可持续发展议程。

中国已经提出创新、协调、绿色、开放、共享五大发展理念，同可持续发展议程倡导的统筹经济、社会、环境发展，兼顾人类、地球、繁荣、和平、伙伴关系的总体要求相融相通。

为了把落实可持续发展议程与中国的改革发展事业相结合，中国政府制定了一系列的具体发展战略，包括《国家创新驱动发展战略纲要》《全国农业可持续发展规划（2015—2030年）》《“健康中国2030”规划纲要》《中国生物多样性保护战略与行动计划（2015—2030年）》《国家应对气候变化规划（2014—2020年）》等。

中国为执行17项可持续发展目标及其169项具体目标，将任务进行了分解，责任分配到具体部门。此外，中国政府重视未来五年落实可持续发展议程的这一早期关键阶段，并确定了未来五年的一系列发展目标，包括到2020年帮助5500万农村贫困人口全部脱贫；使国内生产总值和城乡居民人均收入比2010年翻一番；新增城镇就业人口超过5000万，改造城镇棚户区住房2000万套，使单位GDP能源消耗降低15%，单位GDP二氧化碳排放量降低18%等。

2.《2030年可持续发展议程》的落实

2014年6月3日，联合国开发计划署驻华代表处与中国外交部合作主办了2015年后发展进程研讨会。研讨会讨论了千年发展目标的实施状况及正在进行中的新议程设定过程。2015年7月24日，中国政府和联合国驻华系统合作撰写的《中国实施千年发展目标报告（2000—2015年）》正式发布。同日，开发署驻华代表处和外交部共同主办了2015年后发展议程国际会议，讨论了新议程的议题，并着重探讨中国将在2015年后发展峰会及可持续发展目标实施中发挥的作用。2015年9月，习近平总书记出席联合国发展峰会，同各经济体领导人一道通过了《2030年可持续发展议程》。

作为世界上最大的发展中经济体，中国坚持发展为第一要务，已经全面启动可持续发展议程落实工作。中国高度重视《2030 年可持续发展议程》的落实，将可持续发展目标融入到《国民经济与社会发展十三五规划纲要》中。2016 年 4 月，中方发布《落实 2030 年可持续议程中方立场文件》，7 月参加了联合国首轮国别自愿陈述。作为 2016 年二十国集团主席国，中方推动二十国集团制定《二十国集团落实 2030 年可持续发展议程行动计划》，得到国际社会高度评价。2016 年 9 月 19 日，李克强总理在纽约联合国总部主持召开“可持续发展目标：共同努力改造我们的世界——中国主张”座谈会，并宣布发布《中国落实 2030 年可持续发展议程国别方案》。该方案包括中国的发展成就和经验、中国落实 2030 年可持续发展议程的机遇和挑战、指导思想及总体原则、落实工作总体路径、17 项可持续发展目标落实方案等五部分，将成为指导中国开展落实工作的行动指南，并为其他经济体尤其是发展中经济体推进落实工作提供借鉴和参考。2016 年 12 月，国务院出台《中国落实 2030 年可持续发展议程创新示范区建设方案》，是中国扎实推进《2030 年可持续发展议程》的务实举措，体现中国作为负责任发展中大国的责任担当。

2017 年 8 月 21 日，中国外交部和国务院发展研究中心在北京联合举办中国国际发展知识中心启动仪式暨《中国落实 2030 年可持续发展议程进展报告》发布会。习近平总书记和联合国秘书长古特雷斯向此次活动致贺信。报告通过丰富的实例和数据，全面回顾了 2015 年 9 月以来中国全面落实可持续发展议程取得的进展和重要早期收获，并对下一步工作提出明确规划和目标。发布报告是 2016 年李克强总理在联合国总部宣布发布《中国落实 2030 年可持续发展议程国别方案》的后续行动，将为各经济体落实可持续发展议程提供有益借鉴，为国际发展合作注入动力。

3. 中国面临的机遇与挑战

可持续发展目标对中国推进可持续发展既是机遇也是挑战。中国应在坚持里约原则和在力所能及的前提下，强化参与可持续发展议程的能力建设，争取对发展中经济体尤其是中国有利的议程设定。

从机遇来看，清晰、明确的全球可持续发展目标对于中国制定中长期的可持续发展战略将具有重要的借鉴意义。在实现目标的过程中，国际合作尤其是绿色技术领域的合作将更加广泛和深入，这将为中国加快绿色转型、实现生态文明提供更多的机会。

从挑战来看，中国将承受更多的国际压力，转型空间可能会被迫压缩。中国已经具有世界第二位的经济总量，每年近 7% 的经济增速，居于世界首位的能源消耗总量，这使可持续发展目标实现进程中的中国角色备受关注，承受的来自发达经济体和发展中经济体内部的“双重压力”趋于加大。此外，中国将于 2030 年基本完成工业化和城镇化，如果实现可持续发展目标的时间节点定在 2030 年，中国就需要实施一系列强化转型战略，转型空间受到压缩，转型成本可能会有所加大。

本章参考文献

[1] UN-Habitat. World Cities Report 2016：Urbanization and Development Emerging Futures[R].2016.

[2] UN.The World’s Cities in 2016 Data Booklet[R].2016.

[3] UN. World Urbanization Prospects 2014[R].2014.

[4] APEC Policy Support Unit. Partnerships for the Sustainable Development of Cities in the APEC Region[R].2017.

[5] Smardon R C. A comparison of Local Agenda 21 implementation in North American, European and Indian cities [J]. Management of Environmental Quality: An International Journal, 2008, 19 (1): 118-137.

[6] Jörby A S. Local Agenda 21 in four Swedish Municipalities: a tool towards sus-tainability [J]. Journal of Environmental Planning and Management, 2002, 45 (2): 219-244.

[7] 潘家华 . 中国城市发展报告 [M]. 北京：社会科学文献出版社，2010.

[8] 陈文鸿 . 生活方式与城市可持续发展浅析 [J]. 人民论坛，2010（17）：182-183.

[9] 马永俊 . 人类的生活方式和可持续发展 [J]. 浙江师大学报（自然科学版），2001（1）：84-87.

[10] 李健，童宇飞，江滢 . 城市可持续生活方式的场景分析与路径重塑 [J]. 上海城市管理，2012，21（3）：32-36.

[11] 宣兆凯 . 可持续发展社会的生活理念与模式建立的探索 [J]. 中国人口·资源与环境，2003（4）：8-11.

[12] 中国落实 2030 年可持续发展议程国别方案 [EB/OL].2016. https://www.fmprc.gov.cn/web/zyxw/W020161012709956344295.pdf.

[13] 中国落实 2030 年可持续发展议程创新示范区建设方案 [EB/OL].2016. http://www.gov.cn/zhengce/content/2016-12/13/content_5147412.htm.

[14] 中国落实 2030 年可持续发展议程进展报告 [EB/OL].2017. https://www.fmprc.gov.cn/web/ziliao_674904/zt_674979/dnzt_674981/qtzt/2030kcxfzyc_686343/P020170824649973281209.pdf.

2

可持续城市理论

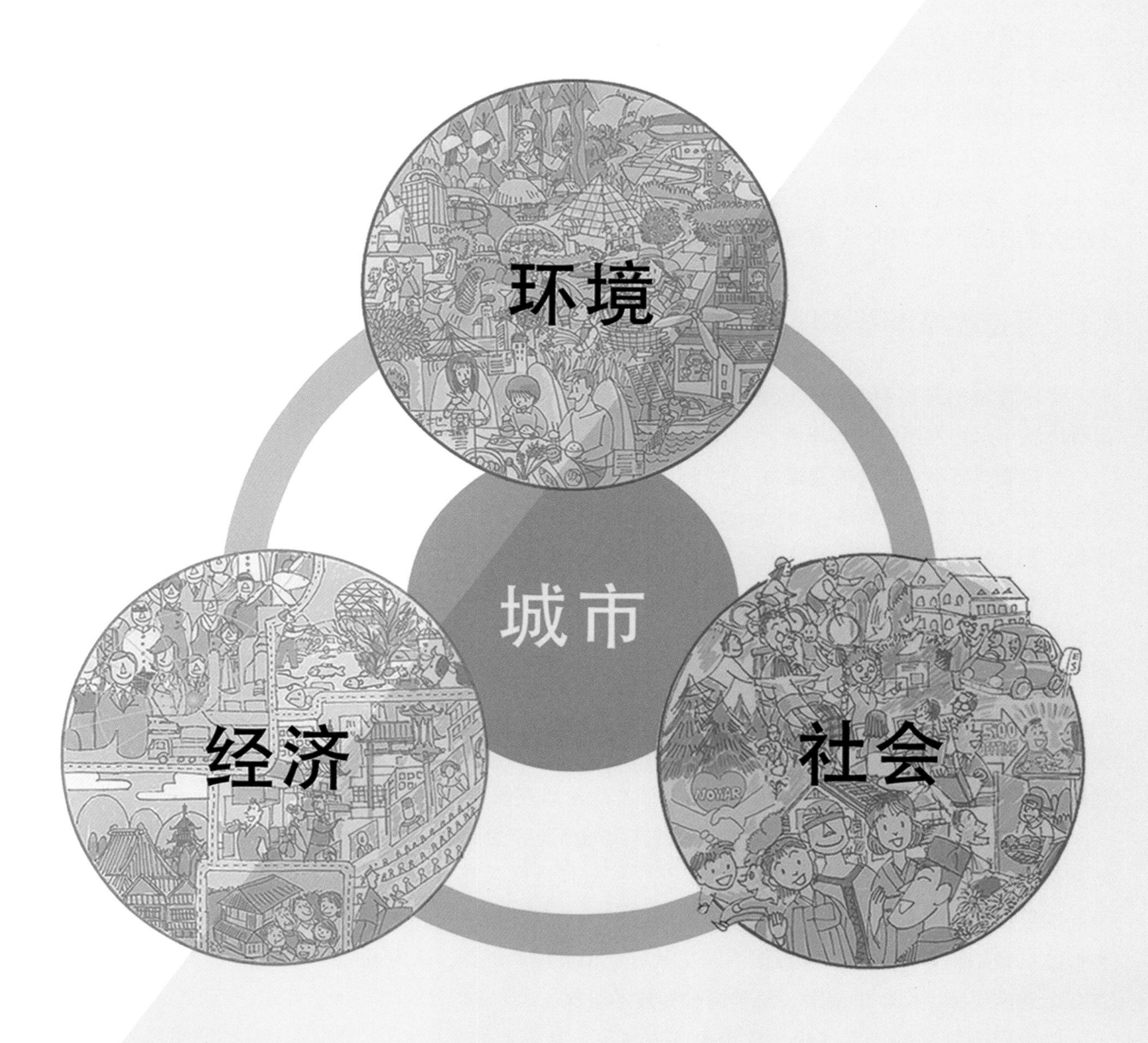

“可持续城市”（Sustainable City），又称为“可持续发展城市”，霍顿和亨特把它定义为：居民和各种事务采用永远支持“全球可持续发展”目标的方式，在邻里和区域水平上不断努力以改善城市的自然、人工和文化环境的城市。迄今为止，“可持续城市”尚无一个统一的定义。通过对可持续城市基本理论的研究，探索可持续城市发展模式。多种基本理论支撑了模式的演变和发展，同时理论与模式的复杂程度也使可持续城市成为一个多学科研究的载体。

可持续城市发展的议题已经在世界范围内传播，然而如何去实现可持续城市？本章将分为两个部分，分别介绍可持续城市发展的基本理论和目前较有影响力的发展模式，帮助读者理解可持续城市发展的理论层次内容和技术层次的内容，建立起对可持续城市发展理论的认识。

基于目前可持续城市发展的研究情况，为了能够相对全面地展示可持续城市相关的理论，结合可持续城市研究的相关方法，选择并介绍相关的基本理论——城市多目标协同论、城市 PRED 系统理论、城市生态学理论、城市发展控制理论、城市代谢理论、城市形态理论。另外，结合城市规划学科的发展，选择了生态城市、紧凑城市、新城市主义，这三种 20 世纪 90 年代以后较有影响力的可持续城市发展模式，从技术层次理论方面为读者介绍。在可持续城市研究方法比较的基础上，探索出可持续城市发展理论与学科关系。

2.1 可持续城市基本理论

可持续城市及其发展理论是随着人类文明不断发展而逐步出现的，是人类拥有城市文明后，对如何解决城市永续发展问题的思考。

可持续城市不应被简单理解为一种静态的城市发展类型，而是一种不断变化和丰富自身内涵的过程。因为城市作为人类居住聚落（Settlement）和社会发展的重要产物，也是随着人类社会的发展而不断演进的，因此，关于城市能否可持续发展作为一种关注点的出现，也是随着城市的不断发展变化而出现的。

一般地，城市生命历程会经历启动时期、发展时期、成熟时期和衰退时期（图 2-1）。在城市不断发展的过程中，随着城市的发展进入不同阶段，其发展的重心也随之变化，城市发展过程中的主要矛盾也跟随改变。例如：在城市发展的初期，城市规模的扩张是发展主要着眼点，而伴随这一过程的人类发展行为是否可持续并不是主要矛盾。但是，当城市发展进入成熟期后，城市便会逐步开始逐步走向衰退，人口、社会、环境、资源等问题开始出现，矛盾开始上升，这一时期里，城市可持续发展的问题才会引发关注，随之，对可持续城市发展的理论研究便开始出现。

作为未来城市发展的重要方向之一，可持续城市正在受到越来越多的关注。而可持续城市发展领域和过程中，指导理论则是其中重要的一环。任何理论体系都有一定的层级结构。每一个理论都处于不同的层次上，它们在不同层次上针对不同范围的对象发挥作用。可持续城市发展的相关理论也存在类似的层级结构，本章的内容根据不同文献对于相关理论阐释，认为可持续城市发展的相关理论也存在三个理论层级，即哲学层次、科学层次和技术层次。

哲学层面则是基于本体论、认识论和方法论，从界定知识的范围、如何认识知识到怎么认识的层面；可持续城市发展理论层次的理论则主要是基于不同学科概念、原理、方法、技术手段、问题等形成的理论基础，构建自身的基本理论。技术层次的理论主要有两个来源，其一为对理论层次理论进行推理和演绎而形成的理论或发展模式；其二是基于对实践问题的思考与解决方法的研究而形成的理论（图 2-2）。

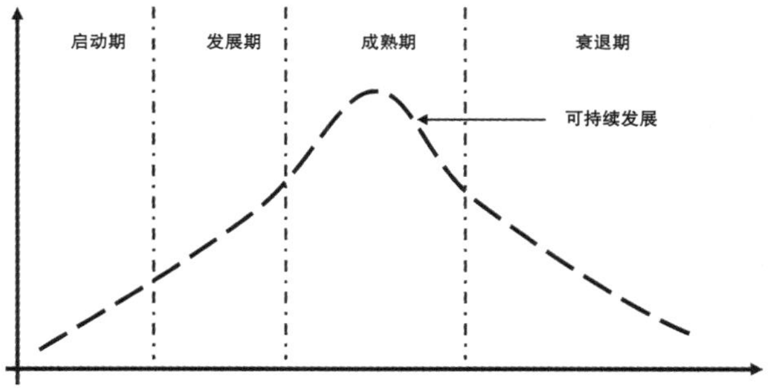

图 2-1 城市生命周期示意图[①]

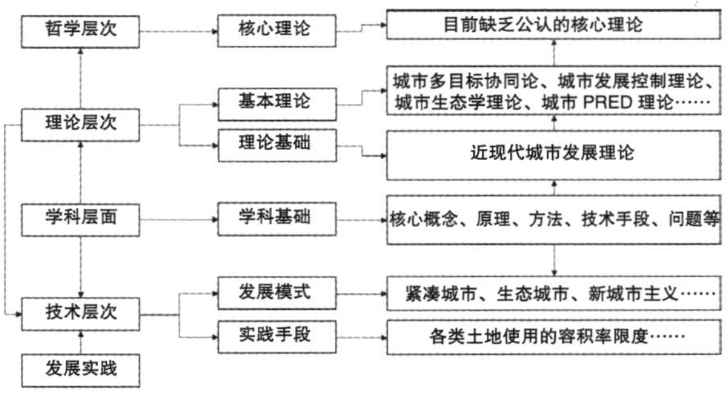

图 2-2 可持续城市发展理论体系图

可持续城市的发展属于规范理论范畴，不同学者基于不同的时代特征、观点和研究范式，至今尚未形成一种十分确定的概念，其相关的基本理论也在不断完善，本章将抽提其中具有代表性的理论进行介绍。同样地，关于可持续城市发展的核心理论，也尚未有明确的结论，学者们也在不懈探索当中，如有学者提出“以人为本”可以作为城市可持续发展的核心理论之一。

在可持续城市研究方法比较（表 2-1）的基础上，探索出可持续城市发展理论与学科关系，如图 2-3 所示。

可持续城市研究方法比较[②] 表 2-1

	学科基础	概念	关键要素
自然资本理论	经济学、会计学、环境经济学、生态经济学	运用生态系统服务、能值、生态足迹、碳足迹等对自然资本进行赋值	自然收入计量、能量、物质、服务
地理学方法	城市地理学、经济地理学、人文地理学、人居环境科学	用地理学方法如 GIS 等手段分析城市区域、城市群、城市分类、城市形态、城市化效应等对可持续城市的影响	人居、土地利用、职住平衡、城市住区形态等
城市规划与设计	城市规划学、建筑学、生态规划学	与生态和谐的设计，规划与市场之间的关系	密度、能耗、开放空间、交通等
生态系统管理	生态学、系统学	复杂系统方法认识城市生态系统，对生态系统合理的管理保证其持续性	城市生态系统组成、结构与功能；不可渗透地表面范围；生态足迹、生态效率、碳足迹等
系统学	协同论、系统论、控制论	城市系统的可持续发展具有多目标、多层次的特征，其发展过程是一个动态可控过程，而人则是控制这个过程的主体	复杂巨系统、信息反馈；城市物流、能量流；城市代谢和效率；系统动态平衡；多目标
政策分析	公共政策学、城市学	对可持续城市政策的调研、制订、分析、筛选、实施和评估的全过程进行定量或定性的研究分析	政策模型、综合分析

可持续城市基本理论是学者们通过跨学科研究的方式提出的，因而带有着不同研究背景的“色彩”，也给了我们关于这个领域多角度的认识和指导。

① 图片来源：《城市可持续发展理论及其对规划实践的指导》
② 图片来源：《关于可持续城市研究的认识》

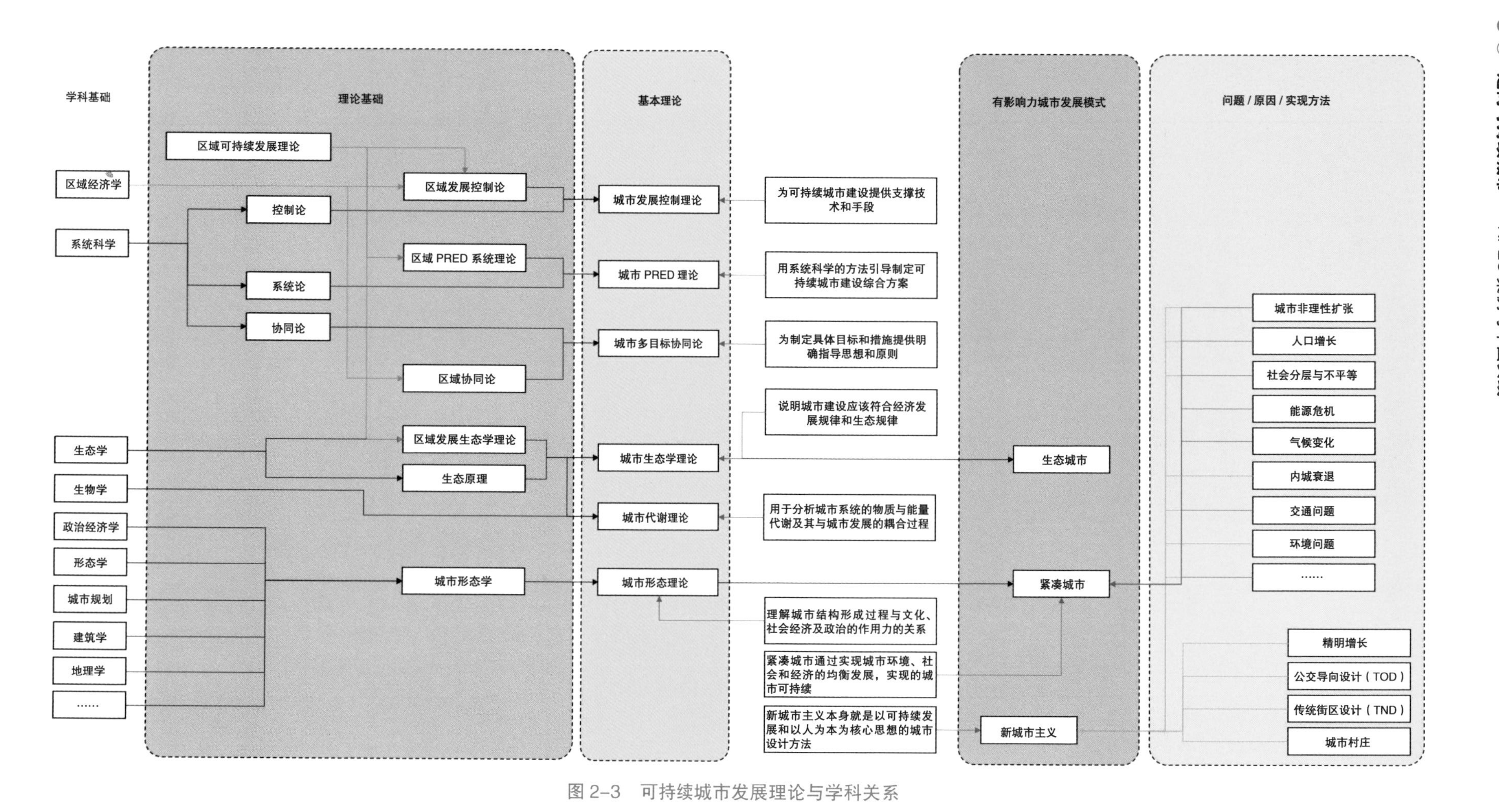

图 2-3 可持续城市发展理论与学科关系

2.1.1 城市多目标协同论

城市多目标协同论主要以系统学中的协同论（Synergetics）为基础，并受到区域经济学的影响而提出的。协同论本身是1970年代以来，在多学科研究基础上形成发展的新兴领域。其最早由德国著名物理学家赫尔曼·哈肯（Hermann Haken）提出，于1971年提出协同的基本概念，并于1976年得到系统的阐述。相关著作有《协同学导论》《高等协同学》等有关专著。

城市多目标协同理论通过利用协同论的协同效应、支配原理、自组织原理来阐述和指导城市可持续发展。协同效应主要指在开放的复杂系统中，子系统通过相互作用而形成的整体效应或集体效应。协同效应被认为是存在于不同的自然系统或社会系统中的，是系统有序结构形成的内在驱动力，使系统产生某种稳定结构，并变得有序。支配原理（或称伺服原理、役使原理），主要描述的是子系统演化过程受到序参量支配，表明系统最终结构和有序程度受到少数变量所决定；自组织原理是相对于他组织而言的。系统没有得到外部指令的情况下，内部子系统之间能够遵循某种规律自主形成一定的结构或功能，该原理很好地描述了协同效应。

城市多目标协同理论的主要观点包括：城市可持续发展是一个由多层级、多目标组成的有机体系，是以追求社会进步、经济发展和环境资源的持续支持，并以培养可持续发展能力协调并进的多目标模式；城市多目标协同理论认为多个目标直接是相互影响、相互制约、相互依赖的关系，要注重合理地利用多目标之间的交互作用；城市多目标协同理论是以生态可持续发展目标为基础，以经济可持续发展为主导，以社会可持续发展为根本目的的城市可持续发展。

城市可持续发展作为一个多目标、多层次的命题，其通过城市多目标协同论，关注内部各目标的相互作用，最终为经济发展、社会进步和资源环境可持续找寻持续性的支持。并且在这一过程中探索适应多目标的发展模式，实现各个要素间的相互协调和可持续。城市多目标协同论在可持续性问题上，以生态和资源为基础，经济为主导，最终以社会发展作为目标。该理论试图通过探索多目标协同发展的模式，使多个目标相互作用，从而共同实现区域的可持续发展。城市多目标协同理论阐明了系统的复杂性和多目标协调的内涵，在规划城市整体发展战略、协调资源分配、投资、节能减排、提升城市弹性等方面起到关键的指导作用。为制定可持续城市建设的具体目标及措施提供了明确的指导思想和原则。

2.1.2 城市 PRED 系统理论

PRED是人口（Population）、资源（Resource）、环境（Environment）和发展（Development）的首字母缩写。城市PRED系统理论以系统学中的系统论（Systems Theory）为基础，受到区域PRED可持续发展理论的影响而提出的。区域PRED系统理论是在20世纪70年代初期，国际社会以协调人与地关系、优化资源环境为目标，为了回应区域人口、资源、环境、发展协调发展的问题而提出的。PRED系统的结构关系图，该系统由四大子系统构成，每个子系统由数量不等的要素构成。整个系统具有多层次性、动态性和整体性的特征（图2-4）。

PRED系统体现了确定性与非确定性的统一，其发展的方向取决于有序（系统）和无序（环境）的相互作用，以及系统内子系统和要素之间的相互作用和影响。分析这些可以找出调控系统的主要变量及人类调控PRED系统的途径。按照控制论中对信息系统的观点，信息流可以是物质流、能量流、信息流的统一体，任何系统均可被认为是信息系统。所以虽然 PRED 系统是人类社会和地理环境复合而成的系统，但它依然可被视作信息系统的一种，会有信息反馈现象，即存在信息的输入、输出，且互为因果循环，这是这类系统的基本特征。PRED 系统有两条主要的信息反馈回路，如图 2-5 所示。

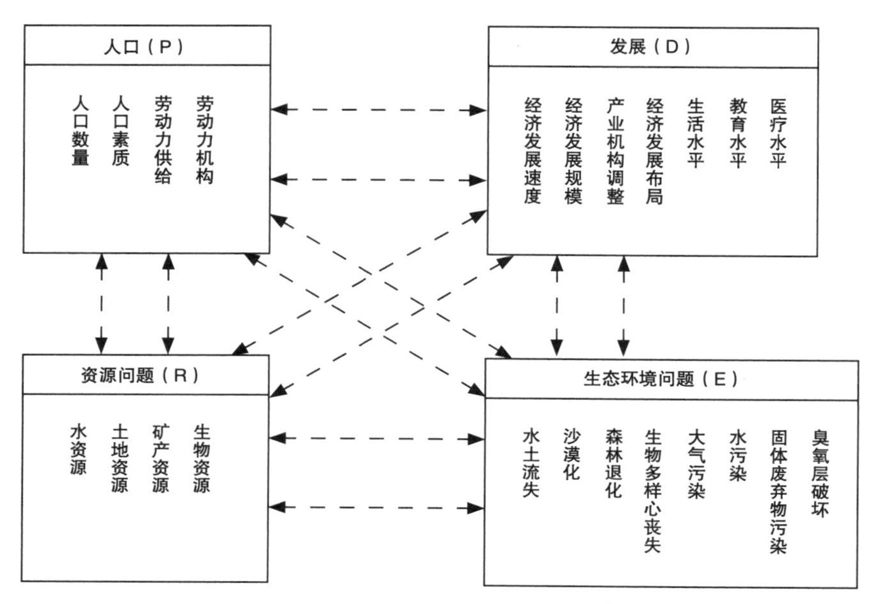

图 2-4　PRED 系统的结构图示[①]

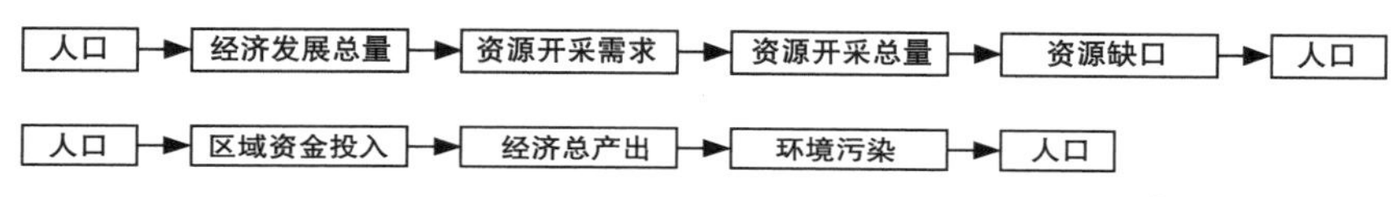

图 2-5　PRED 系统的两条主要的信息反馈控制回路[②]

随着经济的发展，各经济体城市化进程加快，尤其是发展中经济体城市化进程的快速推进，人口、资源、环境和发展等方面不相容、不协调导致的发展问题逐渐暴露，并成为人们关注的焦点。从全球、全国、地区和城市这些不同的尺度来看，可持续发展都追求协调人口、资源、环境与社会经济发展的关系：人口规模应该被适度控制，基于环境和资源潜力，使之与所处地区的自然承载力相匹配，以确保社会经济长期可持续健康发展；面对某些地区自然环境的逐渐恶化，应采取保护和改善环境质量的措施试图扭转这一趋势；促进不同类型地区的协调均衡发展，缩小不同区域发展水平的差距。

城市 PRED 系统论主张，城市是一个复杂巨系统，由人口、资源、环境和发展构成自然、社会和经济复合体，人口处于系统中的中心地位，其可持续发展是一个相对宏观的概念。区域 PRED 系统的协调发展是可持续发展的前提条件，也是可持续发展的最终目标；这个巨系统与其环境之间进行的互动作用，是维持城市 PRED 系统耗散结构的外在条件；协同作用是城市 PRED 系统形成有序结构的内在动力，深刻影响着系统相关变化的特征和规律，从而实现系统的自组织过程。

① 图片来源：《可持续发展与 PRED 系统及人地关系》
② 图片来源：《可持续发展与 PRED 系统及人地关系》

只有正确处理好发展与人口、资源和环境的关系，才有可能做到经济、社会的持续稳定协调发展，使城市 PRED 系统论的观点变为现实。因此，城市的可持续发展是建立在对各要素适度的管理与干预的基础上的，这种管理和干预即对 PRED 系统的优化与完善。城市 PRED 系统理论通过剖析 PRED 的协调机理，引导人们采用系统科学的方法制定可持续城市建设的综合方案。

2.1.3 城市生态学理论

城市生态学以生态学为基础，涉及包括区域可持续发展等多个学科和领域，并形成了城市生态学理论。在 20 世纪 20 年代，麦肯齐（R. D. Mckenzie）率先提出城市生态学理论，他指出城市生态学主要研究城市人类活动与其所处的周边环境的关系。城市生态学以生态学的概念、理论和方法来研究城市结构、功能和动态调节，其主要研究分支城市自然生态、城市景观生态、城市经济生态和城市社会生态。

城市生态学理论的研究内容主要包括：城市物质和能量代谢功能及其与城市环境质量之间的关系，城市居民的变动及空间分布情况，城市自然系统的变化对城市环境的影响，城市生态的管理方法和问题的处理，城市自然生态的指标及其合理容量等。

城市生态学理论基于生态学的相关内容，将城市看作为一个“生态系统”，该生态系统具有开放的、以人为中心的特征，是一个典型的由社会生态系统、经济生态系统、自然生态系统复合而成的“生态系统”（图 2-6）。城市中的自然生态系统指城市居民生存所需的基本物质环境，分为生命和非生命两部分；经济生态系统包括第一产业、第二产业、第三产业和人类经济活动；社会生态系统涉及文化、政治、科学、法律等。但核心是“人”，表现为人与人之间、个人与集体之间以及集体与集体之间的各种关系；基于生态学系统具有的物质交换和新陈代谢的特征，城市生态学原理认为遵循生态原理和规律是城市可持续发展的重要基础，并认为维持“城市生态系统”的正常运转和新陈代谢也是通过动态及可持续的物流、能量流、信息流来完成的，其中人类的管理和决策起着决定性的调控作用；城市生态学理论通过生态学的基本理论，如：生态系统理论、生态位理论、最小因子理论和生态基区理论等构建城市生态可持续理论体系。

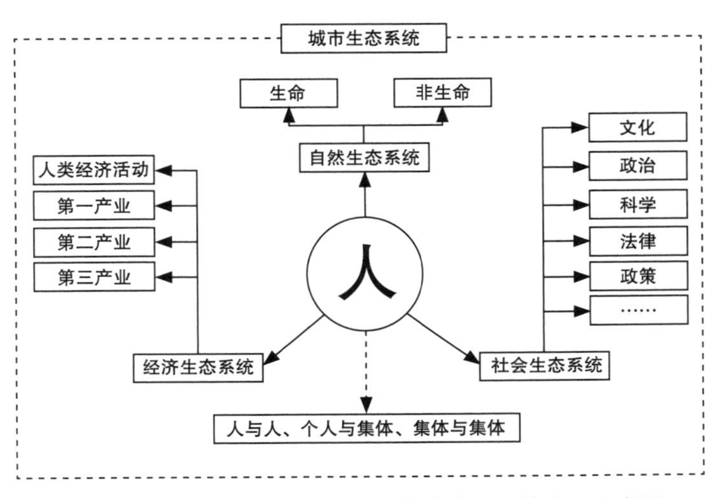

图 2-6 城市社会 - 经济 - 自然复合生态系统关系示意图

生态城市理论借助生态学原理，说明城市的发展既要符合经济规律，又要符合生态规律，并旨在建立起来一种社会、经济、信息、高效率利用且生态良性循环的人类聚居地。也就是把一个城市塑造成为一个人流、物流、能量流、信息流等畅通有序，社会服务设施完备，与自然环境和谐协调的城市生态体系。

2.1.4 城市发展控制理论

城市发展控制理论是以系统科学分支的控制论（Cybernetics）为基础，并结合区域可持续发展的观点而形成的。由于城市发展控制理论的由来与控制论密切相关，其研究的内容也是相近的，即将城市本身视为一个超级复杂的系统，如图 2-7 所示，包含多个子系统，城市发展控制理论就是研究城市各子系统信息的变换、传递和控制的规律。

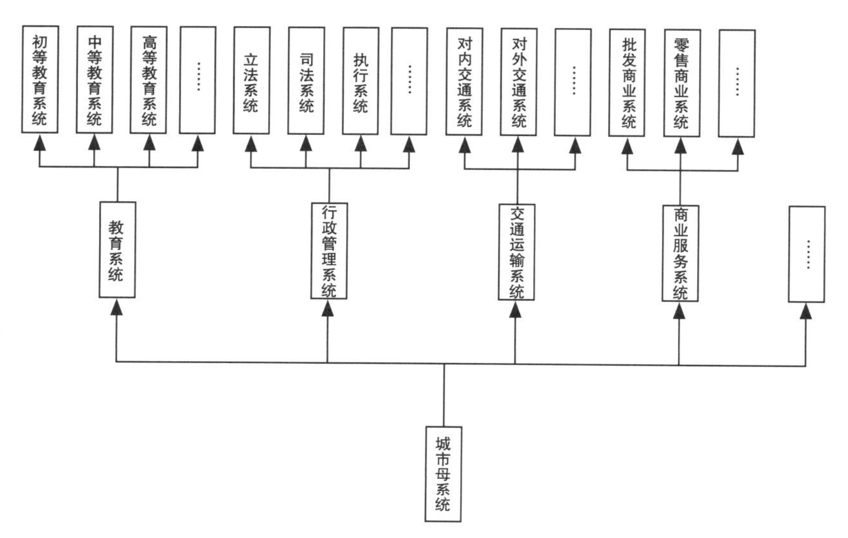

图 2-7 城市母系统与子系统树形结构示意图[①]

城市发展控制理论认为，城市系统作为一个耗散结构，是有规律可循的，是按一定秩序组织起来的；城市系统不是静态，而是一个动态的，城市的信息传递每时每刻都在进行，而动态所带来的发展是可控过程，其中人是控制这个过程的主体；在城市发展过程中，信息构成了最基本、最活跃的要素，因此，借助信息实现城市持续发展的调控可以说是必然选择，而这一过程需要借助不同载体和形式的城市发展信息去指挥各种城市发展的实践活动；城市系统是具有目的性和因果性的，控制的目标是使城市发展向有序、稳定、平衡的可持续发展方向进行，而实现控制目标和检验控制结果，是借助于信息反馈的。

城市发展控制是需要通过一些方式来实现的，而这些方式包括：自然控制、行政控制、法规控制、经济控制和信息控制。自然控制指城市的发展受到其所处的自然条件限制，自然条件对于城市的形态布局、规模尺度、性质等具有较大影响；行政控制指城市受到日常行政管理系统的控制，不管有没有称为“市”的这一行政上的建制，城市这一客观存在的都要受到一定的行政和法律的管辖才能得到承认；法规控制

① 图片来源：《控制与系统：城市系统控制新论》

是城市发展控制的主要手段，且属于间接管理范畴，即指控制城市行政权力的机构和部门，通过颁布一系列的法律和法规，规范直接执行部门的行政行为，已达到对城市发展控制的初衷；经济控制的实质是对城市产业经济的行政管理，并推动完善城市发展的目标方针、提出城市发展的指标、推动改革和利用资源，安排建设工作；信息控制在城市控制中正在发挥越来越重要的作用，城市信息的控制是指通过对信息的反馈，包括对信息的分解和运用，促使城市朝着人、物需要的方向发展。对于整个城市系统而言，信息是基本的管理资源，是管理和决策的必要充分条件，没有信息就没有管理和决策。

城市发展控制理论借助系统科学，利用信息这一要素，从一个角度解释了城市发展控制的原理及提供了城市发展控制的手段，为可持续城市建设提供了一种有力的支撑技术和控制方法。

2.1.5 城市代谢理论

城市代谢理论是在城市发展面对资源与生态问题时，对解决这些问题的一种重要尝试。"代谢"的概念最早源于生物学对生物个体及生态学对生态系统的研究，城市代谢（Urban Metabolism）的概念最早由美国科学家阿贝尔·沃尔曼（Abel Wolman）于1965年提出。狭义的城市代谢将城市同自然界中有机生命体相类比，将其定义为以城市系统整体同外环境间一切代谢质料（物质、能量、产品、废物等）输入输出过程的总和，其系统边界仅限于城市自身，用以指明物质、能量流动的基本方式，揭示城市对外环境的影响。

城市代谢是城市存续的关键过程，它贯穿城市始终，很难从城市这一概念中剥离出来，进而抽象为一个独立存在的个体。因而有学者借助了亚里士多德的四因说，对城市代谢的物质组成、形态结构、驱动力和功能目的进行了分析（图2-8），相对清楚地展示了城市代谢系统。

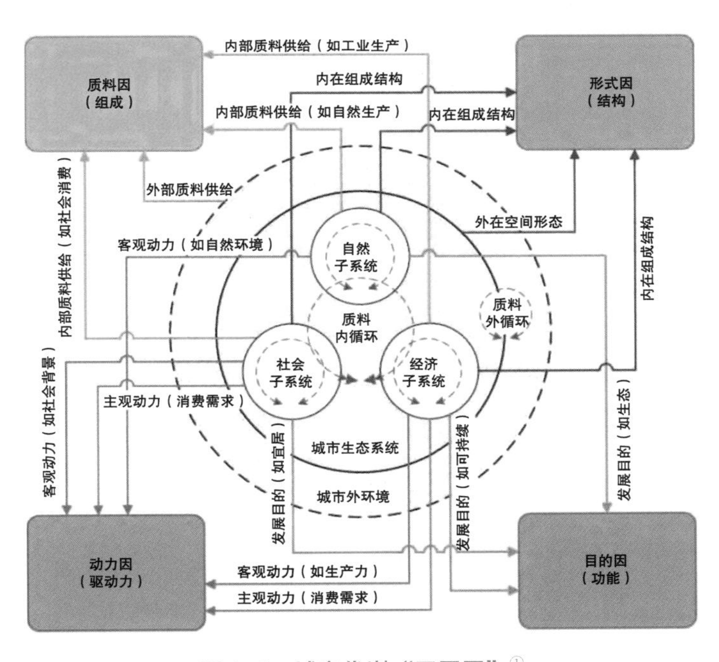

图2-8 城市代谢"四因图"[①]

① 图片来源：《城市代谢研究评述：内涵与方法》

城市代谢理论将城市的代谢视作一个动态的和复杂的综合过程，城市生态系统自身具有社会—经济—自然的复合属性，其从外界输入物质与能量，经系统内部的技术、经济、社会过程将其转换为不同的产品（包括实体产品和虚拟产品），为城市及居民的需要提供必要的支持，转换后输出产品及废弃物同时也对城市系统产生影响；该理论关注的是进出城市系统的物质与能量的数量与质量，并且关注其对城市生态系统产生的影响。因此，物质与能量代谢研究已是城市代谢的主要研究内容；该理论认为可持续城市的特征之一即为城市代谢系统的高效运转。城市代谢效率是指城市物质循环、能量流动和信息传递过程中提供社会服务量的效率。通过考察城市代谢效率及其产生的环境影响，分析城市系统的物质与能量代谢及其与城市发展的耦合过程与机制，不断提高城市代谢效率，是可持续城市的内在要求。

城市代谢理论的提出与发展为城市生态问题的解决提供了新视角，有助于打开城市黑箱，探视其内部的代谢机制与流动过程，为解释和探寻维持城市正常运转的关键部门提供了研究基础。

2.1.6 城市形态理论

19 世纪初，地理、人文和建筑学者开始引入生物和医学领域的“形态”概念，将城市作为有机体，分析其发展机制。1982 年，美国人文地理学家雷利（John Leighly）第一次正式使用“城市形态学”（Urban Morphology），这可以被认为是城市形态学作为一种显在的学术领域的标志。此后，形成了英国康泽恩（Conzen）学派、意大利穆拉托里 – 卡尼贾（Muratori-Caniggia）学派、法国凡尔赛（Versailles）学派三大重要学派。

城市形态理论中的城市形态是指一个城市的全面实体形成，或实体环境以及各类活动的空间结构和形成，是城市集聚地产生、成长、形式、结构、功能和发展的综合反应。根据美国学者保罗·诺克斯（Paul Knox）的“城市化过程”（Urbanization as a Process）理论，城市化是由一系列相互作用因素推动的，包括：社会、经济、人口、政治、文化、生产技术和环境。城市形态是城市化的结果，其使有形的物质城市形态、抽象的政治经济因素与城市规划能够联系起来，从而为分析城市形态变化的动力及过程机制提供了一个有力的且能够被广泛使用的方法。通过分析与城市相关的客观物质、图文资料、环境行为，对城镇居民、专业人员及行政管理人员的主观意愿进行分析，从不同的视角检视研究对象，使城市形态的研究更为理性与客观（图 2-9）。

城市形态取决于城市规模，也受到城市所处的客观环境和城市规划设计的影响，如：城市用地地形、用地地质条件、城市用地的功能组织和道路网络结构等；城市形态理论认为城市形态的紧凑与分散影响到了城市系统的结构与功能，结合可持续城市的理念，城市形态理论提倡相对紧凑合理的交通出行方式以及相对集中的居住模式，提出高密度能效是可持续城市建设的基本要求，这一观点也影响到了紧凑城市模式的提出与发展。

理解城市结构形成过程与文化、社会、经济及政治的作用力关系是城市形态学理论的目的，因为城市形态与设计具有同构关系。因此，城市形态理论研究的成果不仅表现在理论分析中，同时反映在设计实践中，所以系统的城市形态学研究可用于加强和整合城市设计的理论基础及设计实践。

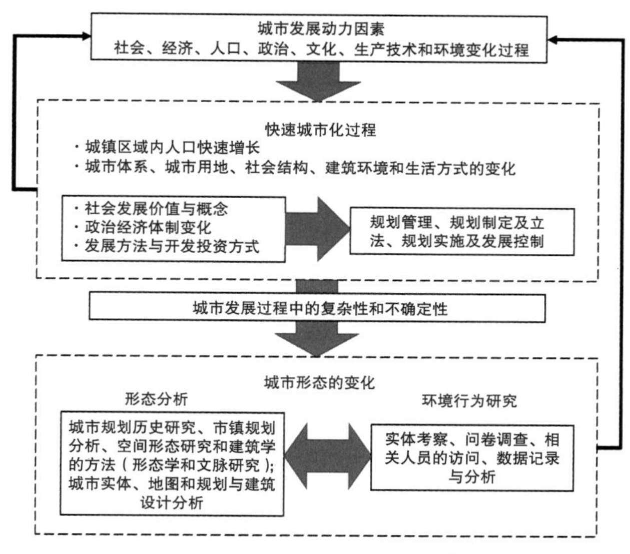

图 2-9 城市形态的变化[①]

2.2 可持续城市发展模式

2.2.1 生态城市

生态城市（Ecological City）基于城市生态学理论，将城市视为有机的生命循环系统，从生态的角度来研究与规划城市，通过运用生态学的原理和方法，指导城市（有时也涉及建筑群或城区尺度），进而实现经济、社会、生态三者的和谐发展，构建人与自然互惠共生的复合生态系统。生态城市的本质是追求人与自然的真正和谐，从而实现人类社会的可持续发展。“生态城市”的概念在 1971 年由联合国教科文组织发起的“人与生物圈（MAB）”计划研究过程中首次提出。苏联生态学家扬诺斯基在 1987 年，首次提出了“生态城”的思想，并将“生态城市”看作是一种理想城发展模式，对这种模式的应用，将可以最大限度地发挥人的创造力和生产力，生态良性循环；同时，能够最大限度地保护居住者的身心健康以及环境质量，且物质、能量、信息等能够被有效地利用。生态城市规划是在 1992 年的联合国世界环境与发展大会生态城市国际会议上，由《21 世纪议程》与《里约宣言》明确规范的。

如图 2-10 所示，生态城市的总体目标主要由经济、社会文化、生态三个维度的内容组成。在不同维度中的“最大限度减少”并不意味着将量降低到零，而是强调在资源使用、决策或政策实施时应当综合考虑其他相关目标的实施，构建相对最优的最低消耗量或实现最优化的最大值。生态城市各维度的总体目标是存在关联的，包括在一定程度上具有相同的指向性，或能够实现两个相反目标的解决方案。因此，生态城市的实施过程也是要充分考虑当地的实际情况和客观条件的。

通过生态城市构建能够受益的群体可分为四大类：自然环境、居民、企业和公共部门。这些有形和无形的收益是通过生态城市自身的优势换来的，这些优势包括：宜居优势、环境优势、成本优势和交通优势。宜居优势和环境优势是相对显性的，建成环境中可以相对容易地得到体现；而成本优

① 图片来源：《形态的理论与方法——探索全面与理性的研究框架》

势和交通优势则可能会因为成本回收的周期长短而形成巨大差异。但总体上看，生态城市是具有内在的前瞻性保护措施的，可以预见，其在修复人类经济和社会活动对环境造成的负面影响上的花费是相对少的。

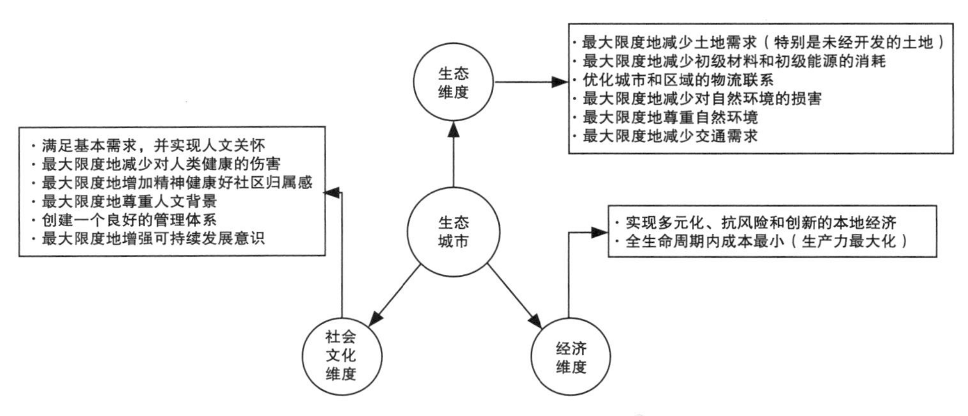

图 2–10　生态城市总体目标[①]

建设生态城市，不仅可以在生态环境和经济效益方面取得收益，还能通过增强社会生态文明意识，提升社会责任感，收到社会效益，从而推动现代城市向可持续的方向发展。

2.2.2　紧凑城市

20 世纪 70 年代，丹齐格（G. B. Dantzig）和托马斯·萨蒂（Thomas L.Satty）在对集中主义规划思潮进行总结的基础上，在其合作出版的专著《紧凑城市：适于居住的城市环境计划》（Compact City：A Plan for a Livable Urban Environment）中首次提出紧凑城市（Compact City）的理念（图 2-11）。

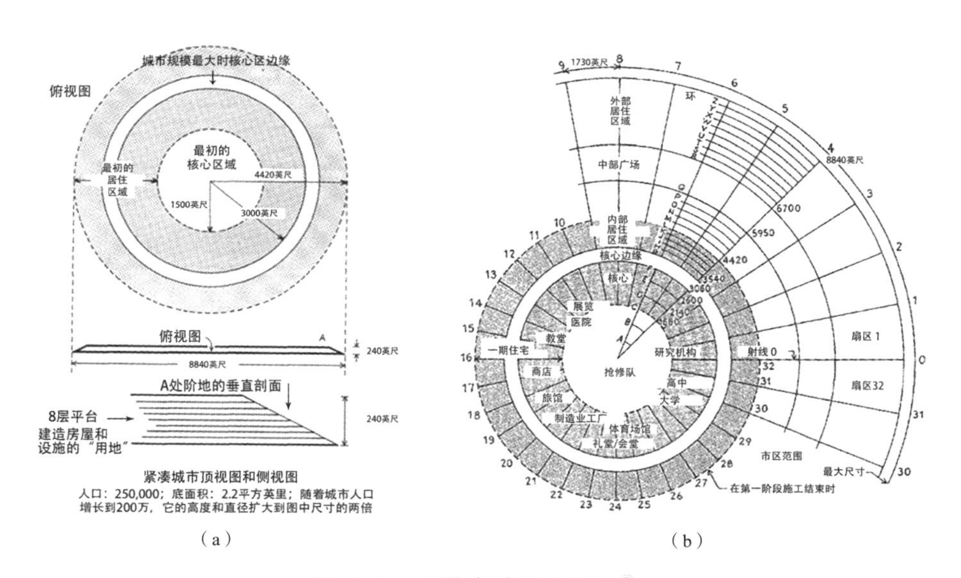

（a）　　　　　　　　　　（b）

图 2–11　早期紧凑城市模型[②]

① 图片来源：《生态城市——人类理想居所及实现途径》

② 图片来源：Compact City：A Plan for a Livable Urban Environment

欧共体委员会（CEC）1990年发布《城市环境绿皮书》将“紧凑城市”作为“一种解决居住和环境问题的途径”，认为它是符合可持续发展要求的。之后，探讨紧缩型城市的专家学者逐渐增多。“紧凑城市”是作为城市蔓延对立面提出的策略，由于各个经济体存在着不同的城市蔓延现象和危害，导致“紧凑城市”在不同经济体所对应的城市问题不同。因而在围绕紧凑城市理念的讨论中，许多组织和学者从不同角度试图给紧凑城市以明确的界定，但是至今没有一个广泛认可的关于紧凑城市的定义。

紧凑城市的核心内容是城市功能紧凑，且土地功能混合。“紧凑”指城市空间功能应突显高效和高质，且非高密度。城市空间功能的紧凑基于土地的混合利用，将不同功能汇集，且要求社区内以及社区间的混合。其目标追求的是用最大化土地使用效率，获得更多、更优质的城市空间，承载更高质量的城市生活。紧凑城市具有多样性、有机复合性和整体性的主要特征。多样性包括：土地功能混合和人口组成（年龄、收入、文化背景、种族等）所带来的多样性。紧凑城市主张通过对城市土地的有机复合型利用，达成各种复杂的城市构成要素的有机组合，而不仅限于功能叠加。通过城市中经济、社会、交通、土地和环境等多种要素的相互作用体现城市的整体状态，注重城市的整体协同。

紧凑城市作为各国应对城市蔓延问题和促进城市可持续发展的主要理念，有效地在目标地区与政策和规划实践结合。为达成可持续城市这一理想目标，紧凑城市理念也应结合可持续性的框架，变得具有动态性和过程性，城市管理者应及时通过各种技术或政策工具，在动态调控中，使城市发展倾向于可持续发展的方向。

2.2.3 新城市主义

新城市主义理论与紧凑城市和生态城市不同，它并不是由城市发展的科学理论层面发展和演绎而来的，而更多是由关注城市发展和建设实践的人提出的，其所要面对问题是“城市蔓延”和城市更新（尤其是城市中心城区）。新城市主义理论也是一种规范理论（Normative Theory），旨在描绘一种理想的城市状态，并提供一些能够直接指导城市发展实践的方法和策略。新城市主义理论起始于20世纪80年代，最初只是小团体对紧凑开发和宜居社区的建设的探索；进入到90年代以后，新城市主义理论才得到以美国为主的西方规划和建筑界的重视。1993年，新城市主义协会（Congress for New Urbanism，CNU）成立。1996年，《新城市主义宪章》（The Charter of the New Urbanism）的签署标志着新城市主义理论的不断成熟。因其在规划和建筑上强调对19世纪美国传统市镇风格的回归，所以也被称为“新传统主义”（New Traditionalism）。

新城市主义从区域、生态、社会、交通和形态维度出发，探索如何建设紧凑和宜居的城市发展模式（图2-12）。该理论认为，城市蔓延是区域现象，所以也要从区域层面探索解决。区域应具备良好的协调机制，能够解决包括新旧城区协调发展、发展边界、交通网络、自然开放空间、区域经济和区域可达性等问题，为区域参与全球竞争及自身和周边的良好发展做出贡献；新城市主义理论主张确定城市增长的边界，分割建成区与周围绿地、农田等，并由生态系统的承载力决定边界。通过传统邻里设计（Traditional Neighborhood Development，TND）模式、公交导向设计（Transit-Oriented Development，TOD）模式、精明增长等，解决城市蔓延问题。该理论通过强调TND模式实现对城市空间尺度的控制，同时在社会维度上创建一个混合型的社区，这种混合强调的是功能上的混合，从而使建筑和公共开放空间多样化，提升了街道使用的效率，便于居民的交流；新城市主义在交通维度上的核心理念之一是公交导向设计模式，严格意义上说，TOD 模式并不是新城市主义首创，但它确实是构建城市生命网络的基础之一，其为这个网络提供了一个清晰连贯的组织系统；新城市主义理论在形态学维度，针对宏观城市形态主张的是一种折中的形态，这种折中指对 1898—1935 年间对城市形态研究形成的城市集中派和城市分散派观念的折中。该理论一方面通过填充式开发（In-fill）和确定城市的边界，控制城市形态无序扩张并建立发展模式。此外，在解决超过填充式开发和城市更新能力的增长需求时，采用 TOD 模式,依靠轨道交通发展多中心且各节点范围适宜步行的城市空间,从而摆脱依赖高速公路发展的模式。

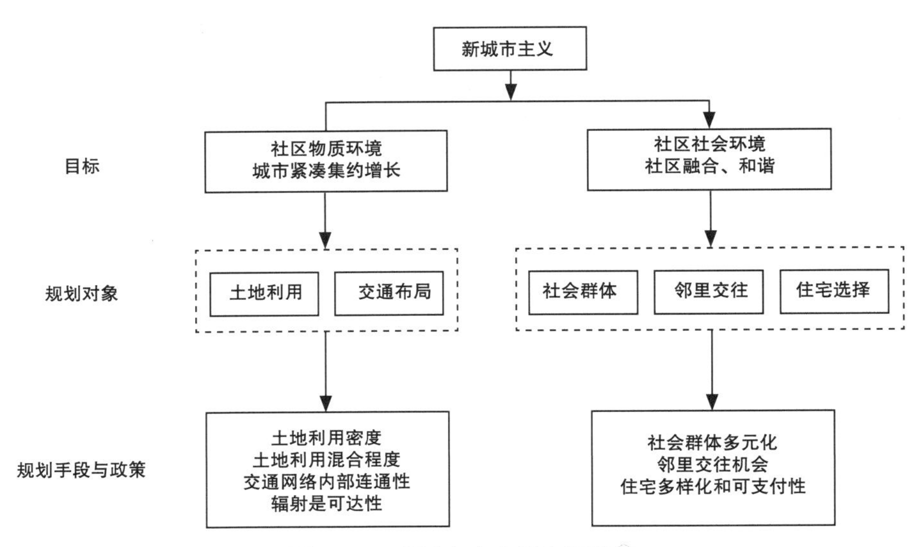

图 2-12　新城市主义概念框架[①]

新城市主义在对现代主义的批判的基础上，希望通过新的理论有效指导城市的发展，它的出现就是对城市蔓延现象的一种反映，旨在通过限制城市边界，建设紧凑型的城市和回归人情味的传统社区，纠正现代主义所带来的问题。其重要的理念就是希望城市文明和自然因素和谐共存，满足人们对自然资源需求的同时，发挥城市的基本作用，协调人与自然和社会的关系。

本章参考文献

[1]　周国艳，于立 . 西方现代城市规划理论概论 [M]. 南京：东南大学出版社，2010.

[2]　孙施文 . 现代城市规划理论 [M]. 北京：中国建筑工业出版社，2007.

[3]　郑锋 . 可持续城市理论与实践 [M]. 北京：人民出版社，2005.

[4]　中国科学院城市环境研究所可持续城市研究组 . 2010 中国可持续城市发展报告 [R]. 北京：科学出版社，2010.

[5]　中国科学院城市环境研究所可持续城市研究组 . 2013 中国可持续城市发展报告 [R]. 北京：中国环

① 图片来源：《美国新城市主义规划运动再审视》

境出版社，2013.
[6] 潘家华．持续发展途径的经济学分析 [M]. 北京：社会科学文献出版社，2007.
[7] 毛志锋．区域可持续发展的理论与对策 [M]. 长春：吉林出版集团有限责任公司，2016.
[8] 朱启贵．区域协调可持续发展 [M]. 上海：上海世纪出版集团，2008.
[9] 中国智能城市建设与推进战略研究项目组．智能城市评价指标体系研究 [M]. 杭州：浙江大学出版社，2016.
[10] 汤明．数字生态城指标体系研究：以中芬共青数字生态城为例 [M]. 北京：经济科学出版社，2015.
[11] 钱金平，马宝信．生态市建设支撑体系研究：以唐山市为例 [M]. 北京：中国环境科学出版社，2012.
[12] 彼得·霍尔，马克·图德 - 琼斯．城市和区域规划 [M]. 北京：中国建筑工业出版社，2014.
[13] 袁晓辉．科技城规划：创新驱动新发展 [M]. 北京：中国建筑工业出版社，2017.
[14] Wheeler S M. 可持续发展规划：创建宜居、平等和生态的城镇社区 [M]. 干靓译．上海：上海科学技术出版社，2016.
[15] 侯景新，李天健．城市战略规划 [M]. 北京：经济管理出版社，2015.
[16] 洪亮平，华翔．应对气候变化的城市规划 [M]. 北京：中国建筑工业出版社 ，2015.
[17] 吴晓军，薛惠锋．城市系统研究中的复杂性理论与应用 [M]. 西安：西北工业大学出版社，2007.
[18] 格雷厄姆·霍顿，戴维·康塞尔．区域、空间战略和可持续性发展 [M]. 南京：江苏凤凰教育出版社，2015.
[19] 李松志，董观志．城市可持续发展理论及其对规划实践的指导 [J]. 城市问题，2006（7）：14-20.
[20] 卢伊，陈彬．城市代谢研究评述：内涵与方法 [J]. 生态学报，2015，35（8）：2438-2451.
[21] 叶骁军，温一慧．控制与系统：城市系统控制新论 [M]. 南京：东南大学出版社，2000.
[22] 刘耕源，杨志峰，陈彬．基于能值分析方法的城市代谢过程——案例研究 [J]. 生态学报，2013(16)：5078-5089.
[23] 卢伊，陈彬．城市代谢研究评述：内涵与方法 [J]. 生态学报，2015，35（8）：2438-2451.
[24] 谷凯．城市形态的理论与方法——探索全面与理性的研究框架 [J]. 城市规划，2001（12）：36-41.
[25] 来洁，欢欢．环境与人群：城市生态学理论概述 [J]. 公共艺术，2012（5）：38-45.
[26] 梁玮男，李忠宏．生态城市理论与实践初探 [J]. 北京规划建设，2011（2）：45-48.
[27] Dantzig，G B，Saaty T L. Compact City：A Plan for a Livable Urban Environment[M]. San Francisco：W. H. Freeman & Co.，1973.
[28] 李顺成．紧凑城市：城市规划的新路径 [J]. 中国建设，2018（4）：16-17.
[29] 李红娟，曹现强．“紧凑城市”的内涵及其对中国城市发展的适应性 [J]. 兰州学刊，2014（6）：110-116.
[30] 贾盈盈．紧凑城市的内涵及其启示 [J]. 合作经济与科技，2016（15）：32-33.
[31] 费林·加弗龙，格·胡伊斯曼，弗朗茨·斯卡拉．生态城市：人类理想居所及实现途径 [M]. 北京：中国建筑工业出版社，2016.
[32] 曹杰勇．新城市主义理论：中国城市设计新视角 [M]. 南京：东南大学出版社，2011.
[33] 张衔春，胡国华．美国新城市主义运动：发展、批判与反思 [J]. 国际城市规划，2016，31（3）：40-48.

[34] 宋彦，张纯 . 美国新城市主义规划运动再审视 [J]. 国际城市规划，2013，28（1）：98-103.
[35] 谭峥 . 新城市主义的三种面孔——规范、方法与参照 [J]. 新建筑，2017（4）：4-10.
[36] 卫郭敏，毛建儒 . 系统科学视域下考察科学家对科学理论的影响 [J]. 系统科学学报，2016，24(1)：24-28.
[37] 刘欢 . 城市规划实施评价的理论及其方法 [J]. 装饰装修天地，2015（z2）：139.
[38] 陈磊，李凯 . 城市规划中现代城市规划理论的应用 [J]. 价值工程，2016，35（30）：37-38.
[39] 杨重光 . 大城市的成长机制及规模控制理论 [J]. 城市问题，1987（4）：8-12，33.
[40] 陈秀山，张可云 . 区域经济理论 [M]. 北京：商务印书馆，2003.
[41] 李奋邈，焦译萱 . 城市规划与城市可持续发展初探 [J]. 建筑工程技术与设计，2016（11）：34.
[42] 张丹 . 可持续发展理论视域下乡村旅游发展路径研究 [J]. 农业经济，2017（8）：138-139.
[43] 方行明，魏静，郭丽丽 . 可持续发展理论的反思与重构 [J]. 经济学家，2017（3）：24-31.
[44] 冷静 . 从控制论角度研究秦皇岛市区域绿色可持续发展 [J]. 黑龙江科技信息，2015（17）：290.
[45] 崔胜辉，李方一，于裕贤，等 . 城市化与可持续城市化的理论探讨 [J]. 城市发展研究，2010（3）：17-21.
[46] 段红涛 . 可持续发展理论的两种借鉴模式 [J]. 武汉交通科技大学学报，2000，13（3）：37-40.
[47] 万瑜 . 以城市可持续发展理论为基点的巴西城市化问题探讨 [J]. 拉丁美洲研究，2008（2）：56-61.
[48] 高莉洁，崔胜辉，郭青海，等 . 关于可持续城市研究的认识 [J]. 地理科学进展，2010，29（10）：1209-1216.
[49] 薛凤旋 . 中国城市与城市发展理论的历史 [J]. 地理学报，2002（6）：723-730.
[50] 吴良镛 . 中国城市发展的科学问题 [J]. 城市发展研究，2004（1）：9-13.
[51] 朱孟珏，周春山 . 国内外城市新区发展理论研究进展 [J]. 热带地理，2013（3）：363-372.
[52] 诸大建 . 重构城市可持续发展理论模型——自然资本新经济与中国发展 C 模式 [J]. 探索与争鸣，2015（6）：18-21.
[53] 杨开忠 . 区域持续发展的基本理论及其实践意义 [J]. 地理科学进展，1997，16（1）：15-23.
[54] 李松志，董观志 . 城市可持续发展理论及其对规划实践的指导 [J]. 城市问题，2006（7）：14-20.
[55] 苑晓霞 . 浅析新城市主义在可持续发展中的作用 [J]. 建筑与文化，2016（5）：184-185.
[56] 崔胜辉，李方一，于裕贤，等，城市化与可持续城市化的理论探讨 [J]. 城市发展研究，2010，17（3）：17-21.

3

可持续城市评价工具

people
planet
building
city
HQE²R
neighbourhood
eco
CITY
U.S. GREEN BUILDING COUNCIL
USGBC
greenstar
COMMUNITIES
Southface
EARTH
CRAFT
Communities
CASBEE
NRDC
Greater
Atlanta
Home Builders
Association
BREEAM

可持续城市发展评价是可持续发展评价的重要部分，是对人类文明发展的审视，也是对可持续发展核算方法和框架的发展和应用。在 2003 年，联合国（UN）、欧洲委员会（European Commission）、国际货币基金组织（IMF）、经济合作与发展组织（OECD）和世界银行（World Bank）根据研究者的研究和观点，联合发布了《综合环境经济核算——SEEA 2003（Integrated Environmental and Economic Accounting 2003）》，总结出最为清晰明确的可持续发展核算方法有以下三种，用以测量可持续发展的状态：三支柱方法、生态方法和资本方法。目前，世界范围内尚没有形成对可持续发展指标体系框架的系统性认识和理解，然而受到可持续发展核算方法的影响，且有大量指标可用于测量可持续发展情况下，需要形成一套指标体系框架来组织和使用各种指标。当今世界，主要的可持续发展评价框架有：单项指标框架、压力-状态-响应框架（PSR）、驱动力-状态-响应框架（DSR）、驱动力-压力-状态-影响-响应框架（DPSIR）、三维底线框架（或四维底线框架）、21 世纪议程框架、目标-指数-联系框架等。

可持续发展评价工具作为指导可持续城市建设发展实践的重要辅助决策和指导评价工具，不断拓展人类的认知视野，也为可持续城市的发展提供保障。随着全球范围内对可持续城市研究工作的关注度不断增加和建设实践的不断深入，人们对可持续城市规划、建设过程中的指导和建设后评价或进一步提升的需求指导也在不断增加。所以，大量各种各样的可持续城市评价指标或评价工具应运而生，国际标准化组织（ISO）在 2017 年发布的关于全球可持续社区开发的报告（PD ISO/TR 37121：2017）显示：据不完全统计，目前全球范围内的可持续城市评价指标和工具已经超过了 120 种。全球范围内，具备一定影响力、已经较为成熟或实施较为成功的可持续城市评价工具中，大致可以被分为两种类型，本章重点介绍规划嵌入式工具（HQE^{2}R、Ecocity、SCR）和第三方工具/衍生工具（LEED ND、ECC、BREEAM Communities、CASBEE UD、Green Star Communities、Green Mark for Districts），作为相对快速了解可持续城市评价工具的一种方式，这种分类是其中一种较为直观的类型。在这些可持续城市评价工具中，相当一部分是由 APEC 区域经济体的政府或研究机构开发的，但主要是由发达经济体开发的，这或许是由于绿色、可持续发展理念及可持续城市的概念发起于后工业时代的主要发达经济体。

3.1 城市可持续发展评价

可持续城市发展评价是可持续发展评价的重要部分，是对人类文明发展的审视，也是对可持续发展核算方法和框架的发展和应用。

3.1.1 可持续城市发展评价

1. 可持续发展核算方法

可持续发展这一概念直到 1987 年，才在 WCED 的报告《我们共同的未来》（Our Common Future），即《布伦兰特报告》中，被初步勾画出来：可持续发展是既满足当代人的需求，又不对后代人满足其自身需求的能力构成危害的发展。（Sustainable development is development that meets the needs of the present without compromising the ability of future generations to meet their own needs.）

然而即使是这个狭义上的概念，也没能够满足任何特定类别的需求，或者没有能够为实现可持续发展的可测量目标提供什么帮助。在 1987 年 WCED 发布的《我们共同的未来》报告中就提出了应该“开发用于测定和评估发展进程的方法”（Developing，testing，and helping to apply practical and simple methodologies for environmental assessment at project and national levels），继而分别在 1992 年和 2002 年联合国发布的《21 世纪议程》（Agenda 21）和《约翰内斯堡执行计划》（Johannesburg Plan of Implementation）中也都言及应该结合各国发展实际情况和侧重的发展领域开展测定和评估发展进程的方法方面的工作。于是，在 2003 年，联合国、欧洲委员会、国际货币基金组织、经济合作与发展组织和世界银行，根据研究者的研究和观点，联合发布了《综合环境经济核算——SEEA 2003》（Integrated Environmental and Economic Accounting 2003），总结出最为清晰明确的可持续发展核算方法是以下三种，用以测量可持续发展的状态：

1）三支柱方法（the Three-pillar Approach to Sustainable Development）

该方法认为，可持续发展应该包含经济、社会和环境的需求。根据这一观点，可持续发展没有单一的重点（或目标），而是所有的经济、社会和环境系统必须同时具有可持续性。满足这三个可持续性的任何一个方面，而不满足其他方面，则被认为是不够的，原因如下：首先，它们都是独立且具有关键意义的；其次，它们都具有紧迫性，不能决定哪一个应该优先被考虑；最后，它们是相互联系的。在纠正一个系统中的问题时，存在无意中导致（或恶化）问题的风险。因此，要避免这种情况，唯一可靠的方法是在采取行动之前对所有三个系统的影响进行整合。

2）生态方法（the Ecological Approach to Sustainable Development）

生态方法的核心观点是经济系统和社会系统，是全球环境的子系统，经济和社会领域的可持续性要服从环境的可持续性。“发展”是指一个生态系统对变化做出反应的能力或者适应能力。因此，要维持生态系统应对外部干扰和变化的能力。生态方法旨在对两个宽泛定义的类别进行测量：第一个主要指“压力”，即人类活动（物质和能源开采、污染物排放、人类占用空间和生态系统生产力等），这些“压力”往往是导致生态系统“健康”水平下降的原因；第二类主要指生态系统对这些人类活动造成的“压力”的“反应”，包括：生态系统状态；生态系统状态变化原因；在已知“压力”面前描述生态系统可能发生的变化；衡量生态系统应对“压力”的能力。

3）资本方法（the Capital Approach to Sustainable Development）

可持续发展的资本方法与经济学家在这个问题上的研究密切相关，尽管这种方法远远超出了通常的经济学领域。它借鉴了经济学的“资本”概念，但以各种方式拓宽了它的范围，将更多与人类发展可持续性相关的要素纳入其中。在这样做的过程中，它需要自然科学学科，特别是生态学、地理学和非经济社会科学的概念，并将它们整合到一个基于资本的框架中。

2. 可持续发展评价的主要框架

目前，世界范围内尚没有形成对可持续发展指标体系框架的系统性认识和理解，然而受到可持续发展核算方法的影响，且有大量指标可用于测量可持续发展情况下，需要形成一套指标体系框架来组织和使用各种指标。当今世界，主要的可持续发展评价框架有：单项指标框架、压力 - 状态 - 响应框架（PSR）、驱动力 - 状态 - 响应框架（DSR）、驱动力 - 压力 - 状态 - 影响 - 响应框架（DPSIR）、三维底线框架（或四维底线框架）、21 世纪议程框架、目标 - 指数 - 联系框架等。

作为一种方法、结构和工具，可持续发展评价框架用以组织和构建可持续发展的各种指标，并帮助对许多问题形成深入的理解。这种框架可以比较简单，如基于三支柱方法观点，可以将一套指标分为经济、环境和社会三个大部分，其他的则形成单独的指标。对于开发或选择指标体系，框架的意义重大。然而，几乎任何一个框架都不可能完美地组织和表达可持续发展所具有的复杂性、矛盾性和互联性。因此，框架首先应满足用户的优先发展需要，并使得这个框架所形成的指标能够为使用者完成指导和检测可持续发展进程的任务。

3. 城市可持续发展

城市是地球上相当特殊的一类区域，其由大量人工环境组成，拥有相对高密度的人口，并承载着大量的人类活动，甚至能够构成了一种特殊"生态系统"。随着联合国环境发展大会提出了相对明确可持续发展目标，城市，这个特殊"生态环境"的可持续发展问题受到了关注。城市作为可持续发展研究的重要组成部分，可持续发展的思想理念开始被运用到城市发展建设中，并开始了对城市可持续发展和评价理论及模式的探讨。与"城市可持续发展"一词意思相近的词语还包括：可持续城市及城市可持续性。这些词语从不同角度强调了可持续发展在城市发展中所扮演的重要角色。

随着可持续城市的发展和研究的不断深入，从 20 世纪 80 年代末起，城市可持续发展水平的评估就成为国内外研究的热点领域之一。国内外专家学者从不同的角度出发，基于不同框架，开发了为数众多的可持续城市评价指标或工具。国际标准化组织（ISO）在 2017 年发布的关于全球可持续社区开发的报告（PD ISO/TR 37121：2017 Sustainable development in communities -Inventory of existing guidelines and approaches on sustainable development and resilience in cities）显示，据不完全统计，目前全球范围内的可持续城市评价指标和工具已经超过了 120 种。

3.1.2　可持续城市评价工具建立的目的

城市可持续发展评价被认为是可以促进城市可持续发展的重要措施和手段。同时，评价工具受可持续发展评价框架影响，一般以指标或指标体系的形式呈现，带有标准的属性或标准化的作用，对于输出标准的城市或经济体，在区域内乃至全球的影响力和领导力方面也有着相当大的助力作用。

首先，可持续城市评价工具是将城市建设导引向更加适应未来发展的方向。通过对可持续城市评价工具的不断发展和完善，可持续城市的发展图景将变得更加丰富。随着对可持续发展的认识不断深入，国际标准化组织（ISO）目前将城市可持续发展标准系统划分为宏观管理、经济、社会、环境、基础设施、文化与治理六个主要板块（图 3-1）。

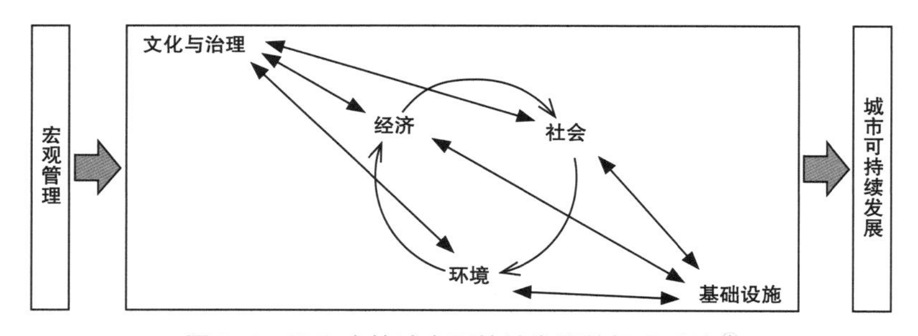

图 3-1　ISO 支持城市可持续发展的标准系统[①]

① 图片来源：《城市可持续发展标准化研究》

党的十八大报告中提出了“五位一体”的概念，即经济建设、政治建设、文化建设、社会建设、生态文明建设五位一体总体布局（图 3-2），是在新时期下，面对新型城镇化的现实需求，对于怎样实现可持续发展的目标，结合中国的实际国情提出的发展理念，很好地回应了全球当前的可持续发展趋势和目标，为中国实现城市的可持续发展指明了方向，也为全世界范围的实践提供了中国方案。

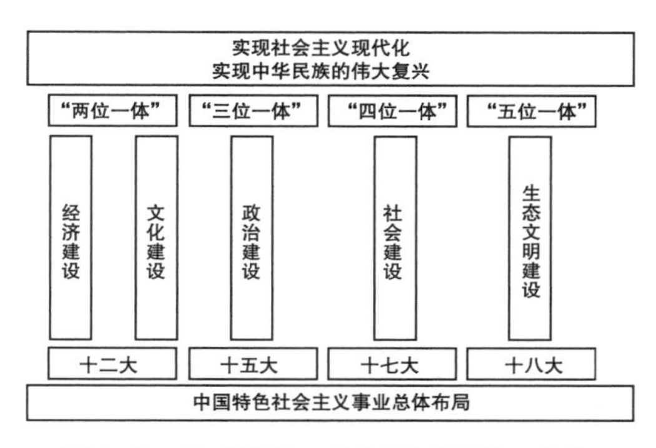

图 3-2 从“两位一体”到“五位一体”

其次，可持续城市的评价工具是通过规范化的形式实现城市可持续发展的手段。可持续城市评价工具是一种标准化的形式，而这种标准化能够在可持续城市建设发展的多个方面产生积极影响：

① 可持续城市评价工具能够促进和保障实现公共服务的均等化。在 APEC 区域中，公共设施落后和公共服务不均等是城镇人口增长过程中面临的突出问题。因此，要实现城市公共服务的均等化和总体水平提升，建立标准化的评价指标将起到推动作用。

② 可持续城市评价工具能够为改进社会管理提供技术支持。依据政治、经济和社会的发展态势和自身运行规律，研究和运用评价指标，将对改进传统管理模式和方法起到有力的支持。

③ 可持续城市评价工具将推进环境保护。可持续城市评价指标建立在环境法律法规体系和要求基础之上，并且是其有机的组成部分，也将成为进一步开展和促进生态环境保护的推手。

④ 可持续城市评价工具能够促进资源利用效率。通过制定有利于节约资源和能源的标准，对淘汰资源和能源消耗较大的产品和服务、提高资源利用率、促进产品更新换代具有重要作用。

⑤ 可持续城市评价工具可以成为应对气候变化的工具。可持续城市评价指标可以提供温室气体排放检测、计算和评价的技术方案，并促进缓解气候变化的技术创新和技术推广领域起到重要作用，还能引导生产者和消费者对自身行为进行改变。

⑥ 可持续城市评价工具可以有效监测可持续发展目标的实现过程。可持续城市评价指标有助于将可持续城市的建设过程向公众及有关机构或政府部门呈现，并及时发现建设过程中的问题，适时纠正出现和可能出现的问题，进而影响企业和个人的行为和决策。

制定可持续城市评价工具可以从可持续城市建设和发展的目标层面，为这项行动描绘出相对清晰的图景和实施路径，并且为城市建设和发展的不同参与方提供实施和参与可持续城市建设的指引。

3.1.3 可持续城市评价工具的设计原则

开发一套科学而且完整的评价工具，全面、客观、真实地评价城市的可持续发展水平，同时涉及理论研究问题和实际应用的问题。当前在可持续城市评价工具研究中，最常被提及到的设计原则包括以下几点。

1）科学性原则

可持续城市发展要求发展目标符合所在区域的具体情况。科学性原则要求评价工具中各指标的定义、计算方法、数据收集、衡量范围、权重选择等都必须有相对科学的依据，这样才具备准确、全面、系统地反映城市可持续发展的基础和可能。

2）可持续性原则

可持续城市的评价工具开发中，应能反映两个方面的需求：第一，经济增长方面的需求，主要指消除贫困、解决贫富差距过大、带来持久繁荣的途径，对于可持续城市的建设发展意义重大；第二，持久发展方面的需求，应从长远的目标考虑，着重选择和体现那些能够展示城市发展潜力、城市发展质量的指标；此外，还应注意相对稳定性和动态性的结合，这对时间、空间或系统结构的变化又具有一定的灵敏度。

3）目标性原则

由于可持续城市评价工具的建立和实施，将在相当程度上影响公众，包括企业和个人的行为与决策，因此，评价工具的设计应有所考虑，应能较好地把可达性和前瞻性相结合，既考虑社会经济的发展进步，也要考虑短期内有实现的可能。

4）简明性原则

可持续发展所审视的领域已经扩展到宏观管理、经济、社会、环境、基础设施、文化与治理方面。然而，在实际设计中，需要考虑的内容则更加庞杂，如果全部都参与对可持续城市的评价或考量，这将使评价工具变得异常庞大，且提升了实施难度。因此，在设计评价工具时，应从战略目标出发，选择或设计具有综合反映发展情况的指标，减少指标数量，达到简明性原则的要求。

5）可操作性原则

可操作性原则是影响指标使用和推广的重要原则，指标可获得性和可测性要相互相结合，其要求可持续城市评价工具的计量方式尽量要简单明了，指标统计的孔径和分类方法应该具有一致性，获得的统计数据要有通用性、权威性，或通过科学方法聚合生成，计算方法应能做到方法简洁、容易掌握，并且各项指标应能够具有一定的可预测性。

6）政策相关性原则

可持续城市建设离不开相关的配套政策对可持续城市建设和发展的实践和行动。良好的可持续发展政策能够具有较强的时效性，能够及时呈现发展中的关键问题、实施步骤、奋斗目标等。因此评价指标体系应能够适度地跟随可持续发展的政策走向，反映出政策的引领方向。

3.2 可持续城市的评价工具

可持续发展评价工具作为指导可持续城市建设发展实践的重要辅助决策和指导评价工具，不断拓展人类的认知视野，也为可持续城市的发展提供保障。

随着全球范围内对可持续城市研究工作的关注度不断增加和建设实践的深入，对可持续城市规划、建设过程中的指导和建设后评价或进一步提升的需求指导也在不断增加。所以，各种各样的可持续城市评价指标或评价工具应运而生，并且数量较大，国际标准化组织（ISO）在2017年发布的关于全球可持续社区开发的报告（PD ISO/TR 37121：2017）显示，据不完全统计，目前全球范围内的可持续城市评价指标和工具已经超过了120种。

全球范围内，具备一定影响力、已经较为成熟或实施较为成功的可持续城市评价工具中，大致可以被分为两种类型，见表3-1，规划嵌入式工具（Plan-embedded tools）和第三方工具/衍生工具（Spin-off tools），作为相对快速了解可持续城市评价工具的一种方式，这种分类是其中一种较为直观的类型。在这些可持续城市评价工具中，相当一部分是由APEC区域经济体的政府或研究机构开发的，但主要是发达经济体，这或许是由于绿色、可持续发展理念及可持续城市的概念，发起于后工业时代的主要发达经济体。

全球主要可持续城市评价工具　　表3-1

类型	名称	经济体
规划嵌入式工具 Plan-embedded tools	HQE^2R	欧洲
	Ecocity	欧洲
	SCR	澳大利亚
第三方工具/衍生工具 Spin-off tools	LEED ND	美国
	ECC	美国
	BREEAM Communities	英国
	CASBEE UD	日本
	Green Star Communities	澳大利亚
	Green Mark for Districts	新加坡

可持续评价城市工具的名称和讨论的内容中经常使用城市（City or Urban）、社区（Community）、邻里（Neighborhood）等字样，但这并不完全意味着他们是完全不同尺度、层级、属性等的概念。在全球范围内，受不同因素的影响，包括各国语言使用习惯，这些词，甚至是城镇（Town）在针对可持续城市问题讨论时，但在某种程度上，这些词语的含义也具有相互重叠的部分，有时甚至意思一致。本书中统一使用了“城市”这个词，意在避免与作为我国一级行政机构的“社区”概念混淆，也避免因为基于境外不同的使用环境和习惯，使得表达混乱。

3.2.1 嵌入式评价工具

嵌入式评价工具（Plan-embedded tools）在可持续城市评价工具的发展早期使用比较普遍，并且对第三方评价工具的发展和产生有着重要的影响，其在指导可持续社区建设中，也具有重要意义。

1. HQE^2R

HQE^2R（图3-3）工具源自于欧洲一个为期30个月的研究和开发项目，由法国建筑科学技术中心（CSTB，Centre Scientifique et Technique du Bâtiment）协调的，该项目始于2001年，一直持续到2004年。其研究的重点内容是建筑环境的可持续改造和城市社区的复兴，并重点关注社区居民和使用者。

HQE^2R的命题是在欧洲城市复兴的背景下，为建筑和社区恢复活力提出一套解决方案，并为了确保可持续性，希望将行为、环境和经济发展的变化考虑在内。由此，该项目的目标便包含了开发一种新的方法，并结合必要的工具，如：提高住民和使用者的生活质量。HQE²R 旨在为城市和当地的合作伙伴提供决策支持工具，在这种方法和工具的开发中考虑到的因素是：①改善建筑环境的质量（特别是建筑物的舒适度和低成本的使用和维护）；②通过城市发展改善生活质量，尊重环境；③控制成本和运维管理方法；④通过管理空间、交通和公共交通工具来控制城市扩张。

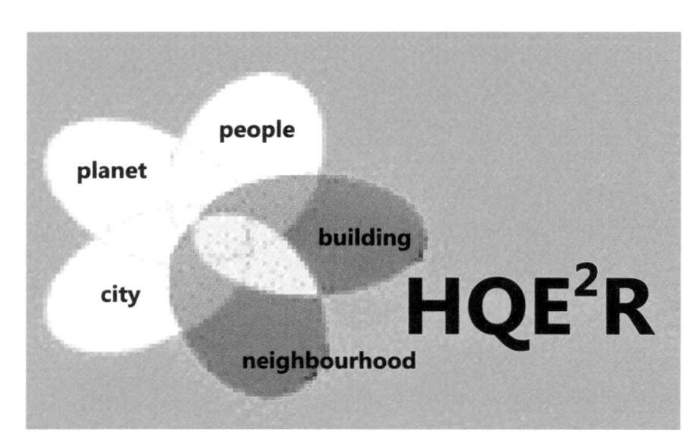

图 3–3 HQE²R[1]

最终，该项目的总体思路是希望提供一个可以在欧洲城市广泛应用的框架。

为实现其目标，HQE²R 将研究和示范项目结合起来，在 14 个社区的案例研究中与 15 个社区管理部门密切合作。这些合作社区位于昂热（Angers）、戛纳（Cannes）、奇尼塞洛巴尔萨莫（Cinisello Balsamo）、曼图亚（Mantova）、巴塞罗那（Barcelona）、德累斯顿（Dresden）、布里斯托（Bristol）等地。

作为一种嵌入式评价工具，在社区再生项目的主要阶段，HQE²R 需要研究人员都与各市政府一起工作，如：社区分析（问题清单、诊断和选择战略重点）、制订行动计划（实施进程与步骤）、实施和监控。通过这些工作，研究人员通过以下方式帮助各个项目的社区或城市在每个再生项目阶段引入可持续发展：①共享社区对可持续发展的诊断、设置的可持续发展优先级和可持续发展目标；②将可持续发展内容包含在对项目的实施过程和评估中；③确保对项目可持续发展目标的执行、实施和监控。研究人员的目标是以可持续的方式解决以下问题：①如何促进居民和用户的参与；②如何保护和加强建筑和自然遗产并节约资源（能源、水、土地、材料）；③如何提高当地环境的质量（住房和建筑质量、风险管理、空气质量等）；④如何确保多样性；⑤如何改善城市周边地区的一体化；⑥如何加强社会生活。

为了评估不同的情况和给出支持行动的决策，HQE²R 出了三种工具：

① 用于对社区和规划项目长期影响进行评估的模型——INDI 模型；

② 在社区和建筑尺度上环境影响模型——ENVI 模型；

③ 经济和环境评估模型——ASCOT 模型。

作为一种社区的决策辅助工具，该类方法应包含三个阶段：清单、诊断和评价。然而，HQE²R 的框架“核心”是“参与”。HQE²R 将城市规划或社区复兴项目分为四个阶段，并使每个阶段采取一致的可持续发展方法、操作方法和工具。

① 图片来源：http：//www.suden.org/fr/wp-content/uploads/2009/11/logo1.png

2. Ecocity

此处所涉及的 Ecocity（图 3-4）是特指由欧洲委员会（European Commission）在第五框架计划（the 5th Framework Program）中支持的一个国际研究项目，它与目前全球正在进行的各种生态城市建设项目是不同的。Ecocity 项目受到来自 5 个不同经济体和不同能源部门的 20 多家财团合作伙伴的支持。Ecocity 项目较为出众的案例是赫尔辛格和赫尔辛堡社区（The Helsingor and Helsingborg community）、德拉社区（Tudela community，Spain）和特隆赫姆社区（Trondheim community，Norway）

图 3-4　Ecocity 标志①

欧盟委员会通过前期研究认为，80% 的欧洲人口生活在城市区域，但大部分生活在中小城镇，Ecocity 项目试图从生态视角思考这类城市的可持续发展问题。欧盟委员会也意识到不同规模的城市（城镇或社区）发展面临的挑战与解决方案也是不同的，如：在小城镇建立一个有吸引力的公共交通系统可能更难。但有一个问题是普遍存在的：近几十年来，尽管可持续发展这一概念在许多相关政策中都是一致的，但城市的发展往往与之相矛盾，表现为城市郊区化（Suburbanization）、化石燃料的消耗在不断增加等。

Ecocity 项目认为，对于城市如何进行可持续发展的原则是得到广泛共识的，即形成多中心结构，并在各中心形成平衡的混合功能（居住、工作、购物、休闲等）模式，使结构趋于紧凑。因此，在发展可持续住区和改善城市环境的目标中，欧盟委员会明确地指出支持一个多中心、平衡的城市体系，并促进资源高效利用的模式，减少土地消耗和城市的扩张。Ecocity 项目的总体目标是在拥有不同社会文化、法律基础、经济和气候条件的参与经济体中，建立符合可持续发展原则的共同的可持续城市概念和设计示范住区并创建一个可持续的解决方案的集成框架。

Ecocity 项目的主要愿景是：①尽量减少土地、能源和材料的使用；②尽量减少自然环境的损害；③最大化人类福祉（生活质量）；④最小化运输需求。

Ecocity 项目被分解为三个阶段：在第一阶段中，收集和整理现有的概念、指导方针、解决可持续发展标准及指标等。在此基础上，定义一个概念框架，包括考虑不同部门之间的相互关系的目标和原则；在第二阶段，基于以上目标，在与当地社区合作的基础上，阐述可持续发展模式的概念；第三阶段，编制标准和指标体系，并用于评估这些概念的实施。

Ecocity 项目拥有一套自我评价的清单，该清单专注于城市结构、交通、能源流动、物质流动和社会经济问题，见表 3-2。一个或多个定性或定量指标被分配到每个领域。项目先为每一个指标定义基

① 图片来源：Urban Development Towards Appropriate Structures for Sustainable Transport Publishable Final Report

准，分为 A（创新，Innovative）、B（最佳实践，Best practice）、C（先进的，Advanced）、D（常规，Normal practice）和 E（差，Poor），D 由当前发展状况决定。相关的评价是项目中获得的数值与给定的基准数值进行比较来进行的。

Ecocity 项目对城市发展的重点关注部门和内容[1]　　表 3-2

城市结构	交通	能源与材料流动	社会经济
土地需求 / 密度 土地使用（混合使用） 公共空间 景观 / 绿色空间、水 城市舒适度 建筑	大众出行 慢速交通模式 / 公共 运输 个人出行 旅行 货物运输	能源 水（供应，治理） 废弃物 建筑材料	社会问题经济 成本 / 消耗

3.2.2　第三方评价工具

第三方工具或衍生工具（Spin-off tools）是目前相当常见的一类可持续城市（或可持续社区）评价工具。只是由于这类工具的开发者和推广使用区域的不同，其在知名度、美誉度方面存在巨大差异，但这并不妨碍他们作为良好的可持续城市评价工具的存在。

1. LEED ND（LEED for Neighborhood Development）

LEED ND 是 LEED（Leadership in Energy and Environmental Design）评价体系的一部分，其主要开发机构是美国绿色建筑委员会（USGBC，U.S. Green Building Council），新城市主义协会（CNU，Congress for the New Urbanism）和美国自然资源保护委员会（NRDC，Natural Resources Defense Council）也参与了开发（图 3-5），其执行评价并授予等级的机构是绿色商业认证公司（GBCI，Green Business Certification Inc.）。

图 3-5　参与 LEED ND 开发的机构

LEED ND 标准将可持续社区的评价得分点划分为四个大类别（Category），分别是智能选址与连接（Smart Location & Linkage）、社区形态与设计（Neighborhood Pattern & Design）、绿色基础设施与建筑（Green Infrastructure & Buildings）和创新与设计流程（Innovation & Design Process），并加入了地

① 表格来源：uRBAN dEVELdPMENT towards aPPROPRIATE sTRUCTURES for sUS-TAINABLE tRANSPORT publishable final report

域优先得分点（Regional Priority）用以平衡全球范围内的差异，见表 3-3。同时，通过每个大类中的先决条件（Prerequisite），保证最基本可持续性要求。

LEED ND 各项得分占比　　表 3-3

类别	总分	占比
智能选址与连接	28	25.5%
社区形态与设计	41	37.3%
绿色基础设施与建筑	31	28.2%
创新与设计流程	6	5.5%
地域优先得分点	4	3.6%
合计	110	100.0%

智能选址与连接主要强调了项目选址地点的自然条件和交通设施情况，尤其强调对于一些优先场址的选择和公共交通的接入；社区形态与设计旨在具体指导可持续社区的设计，最主要强调的就是步行街道设置和路网构建，其次是混合型的社区的构建和高密度的开发模式；绿色基础设施与建筑重点着眼于雨水管理，一定程度上体现了对于社区“弹性”构建的追求。

LEED ND 评价系统是一种完全基于业主自愿参与和申报的可持续社区评价系统，并分为规划类型（LEED ND：Plan）认证和建成类型（LEED ND：Built Project）认证。

获得规划类型认证表示该项目的规划设计是依照 LEED 可持续社区的标准进行的，并努力为未来的社区居民营造良好的生活环境。规划类型认证的设置极大地帮助 LEED ND 系统扩大潜在客户范围，提升了品牌知名度。建成类型则强调对 LEED 可持续社区规划设计的落实，这一认证旨在敦促发展商或开发单位切实将先前的关于可持续社区建设的承诺落到实处，并积极维护相关设施的完整度。这两类认证均可独立进行，申请建成类型认证，不强制进行规划类型的认证。其目前在全球范围内共有 457 个注册完成的 LEED ND 项目，其中 180 个获得了 LEED ND 各个版本标准的不同级别认证，占总数的 39.4%。

2. ECC（EarthCraft Communities）

ECC 全称为 EarthCraft Communities（图 3-6），是 EarthCraft 项目的一部分，该项目是亚特兰大房屋建筑商协会（the Greater Atlanta Home Builders Association）和 Southface 公司于 1999 年建立的（图 3-7），是一项旨在为美国东南部服务的绿色建筑和社区认证项目。

图 3-6　ECC 项目标志[1]

图 3-7　EarthCraft 项目主要发起机构

① 图片来源：http://www.earthcraft.org/earthcraft-professionals/programs/earthcraft-communities/

EarthCraft 评价标准适用于两类项目：住宅项目（Residential Programs）和商业项目（Commercial Programs），见表 3-4。在近二十年的历史中，EarthCraft 已经适应了在美国东南地区建造环境中应对新的挑战，有 4 万多座独栋住宅、多户住宅和轻型商业空间获得认证。

EarthCraft 项目类型　　表 3-4

<table>
<tr><th>住宅项目</th><th>商业项目</th></tr>
<tr><td>EarthCraft 房子项目</td><td rowspan="2">EarthCraft 轻商业项目</td></tr>
<tr><td>EarthCraft 多户住宅项目</td></tr>
<tr><td>EarthCraft 改造项目</td><td rowspan="3">EarthCraft 可持续性保护</td></tr>
<tr><td>EarthCraft 社区项目</td></tr>
<tr><td>EarthCraft 可持续性保护项目</td></tr>
</table>

其中 EarthCraft 社区（EarthCraft Community）是为打造可持续社区而专门设立的，目前在美国 14 个州拥有相关项目。EarthCraft 社区认证设立于 2005 年，由亚特兰大的住房建筑商协会、亚特兰大地区委员会（the Atlanta Regional Commission）、城市土地协会（the Urban Land Institute）、亚特兰大地区委员会（Atlanta District Council）和 Southface 公司联合发起。

EarthCraft 社区认证标准将可持续社区的评价得分点划分为 6 个大类别，分别是场地选择（Site Selection）、用水管理（Water Management）、规划设计（Planning and Design）、景观保护（Preservation Landscape）、社区参与（Community Engagement）、绿色建筑（Green Building）和创新得分（Innovation Points），见表 3-5。在每一个大类别中，都设前置条件，不能满足条件的项目不能参评。

EarthCraft 社区认证标准各类别得分占比　　表 3-5

类别	总分	占比
场地选择	47	15.6%
用水管理	38	12.6%
规划设计	103	34.1%
景观保护	45	14.9%
社区参与	14	4.6%
绿色建筑	50	16.6%
创新得分	5	1.7%
合计	302	100.0%

场地选择强调了场地选择应该基于社区防洪的考虑和高密度的铁路和高速交通连接，并且鼓励褐地开发（Brownfield Development）、嵌入式开发（Infill Location）和公共交通；用水管理主要涉及了室外用水和污水对环境的影响，着重强调了区域水体保护、地表径流控制、污水处理和驳岸保护；在规划设计得分类里最具影响力的项目是居住类型多样性（Housing Type Diversity）和混合社区（Mixed Income Community），与 LEED ND 相似，但也对构筑一个多样性的社区提出了更高的要求；景观保护主要强调了在社区中构筑开放空间和绿地的要求；社区参与是未来可持续城市或社区的一个重点强调的板块，该类别重点强调的是对政府有关机构的引导与合作；EarthCraft 社区认证标准通过引导社区业

主对尽可能多的建筑（不管是居住的还是商业的）进行绿色建筑认证，来提高社区整体对绿色建筑的和可持续社区的认识。

3. BREEAM Communities

BREEAM（图 3-8）是建筑研究所环境评估方法（Building Research Establishment Environmental Assessment Method）的缩写，是英国建筑研究所（BRE，Building Research Establishment）于 1990 发布的一套绿色建筑评价体系。自发布以来，被应用于 77 个经济体的各类项目中，其中注册项目 220 万座，获得认证的项目超过 56 万座。而 BREEAM Communities 是 BREEAM 评价系统的子系统，也是出现较晚的一个，目前，全球范围内在建和已经完成评估的项目为 49 个。

BREEAM®

图 3–8　BREEAM 标志[①]

BREEAM Communities 是建立在 BREEAM 家族各种标准的高水平目标及其基础上的，是一个基于已建立的 BREEAM 方法的独立的和第三方的评估和认证标准，是一个在设计过程中的早期阶段，用于考虑影响可持续性问题和机会的框架和工具。BREEAM Communities 试图解决对大型发展项目产生影响的关键环境、社会和经济可持续性目标，如图 3-9 所示。

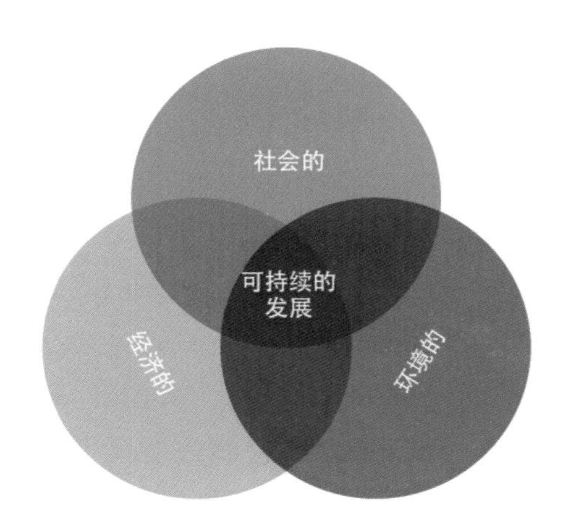

图 3–9　社会、经济和环境等方面对 BREEAM Communities 的可持续发展具有同等重要性[②]

BREEAM Communities 对可持续性的评估有三个步骤：

步骤 1：建立发展的原则（Establishing the principle of development）。

BREEAM Communities 的第一步是评估与可持续发展有关的限制和机遇，并需要考虑发展将如何影响到更广泛的社区，并通过强制条款为社区可持续开发的设计提供了基础，并为此设立了临时认证。

① 图片来源：https：//www.breeam.com/discover/technical-standards/communities/

② 图片来源：BREEAM Communities：Integrating sustainable design into master planning

在这个阶段制定的策略将在步骤 2 和步骤 3 中详细实施。

步骤 2：确定开发的布局（Determining the layout of the development）。

确定开发的布局涉及对洪水风险、生态、能源、交通、人口统计和当地经济的详细调查。在 BREEAM Communities 的这一步工作中，开发团队将会设计和考察以下内容：生物多样性和栖息地保护与改善；行人、自行车和机动车行驶；公共交通；街道和建筑布局，及其使用和定位；住房类型、供应和地点；公用事业和其他基础设施；公共领域和绿色基础设施。

步骤 3：设计细节（Designing the details）。

BREEAM Communities 的最后一步是关注开发的详细设计。在 BREEAM Communities 的这一步骤中，开发团队将会设计和考察这些内容：景观、建筑材料、对设施和服务的长期管理、建筑设计、包容性设计、施工期间和后的资源效率等。

BREEAM Communities 标准将可持续社区的问题被分成六个评估类别：治理（Governance）、社会与经济福祉（Social and Economic Wellbeing）、资源和能源（Resources and Energy）、土地利用与生态学（Land Use and Ecology）、运输和运动（Transport and Movement）和创新（Innovation）。BREEAM Communities 认为很难对可持续性问题进行明确归类，因为它们经常影响可持续性的三个方面（社会、环境和经济）。但是通过分类，BREEAM Communities 试图为每个问题提供一些清晰的思路。与其他一些评价标准相似，第六个类别是创新得分点，旨在促进创新解决方案的采用和传播。BREEAM Communities 为这些类别设定了总体目标，这些目标包括：治理促进社区参与影响设计、建设、运营和长期管理的决策；社会与经济福祉考虑影响健康和福祉的社会和经济因素，如包容性设计、内聚性、充足的住房和就业机会；资源和能源解决自然资源可持续利用和减少碳排放的问题；土地利用与生态学鼓励可持续土地利用和生态增强；运输和运动解决运输和移动基础设施的设计和供应，以鼓励使用可持续的交通方式；创新在整体评价中，承认并促进创新解决方案的采用。这些方案都会产生环境、社会和经济效益。

4. CASBEE-UD（CASBEE for Urban Development）

2001 年 4 月，日本发起了工业组织、政府组织和科研组织的共同体工程计划，该计划引导了两个全新的叫作日本绿色建筑委员会（JaGBC，the Japan Green Build Council）和日本可持续建筑联合会（JSBC，Japan Sustainable Building Consortium）的组织的建立。该组织的秘书处由日本建筑环境与节能研究院（the Institute for Building Environment and Energy Conservation）统一管理。JaGBC 和 JSBC 及其附属组织共同合作，致力于建筑物综合环境性能评价体系（CASBEE，the Comprehensive Assessment System for Building Environmental Efficiency）的研究和开发，日本建筑环境与节能研究院负责 CASBEE（图 3-10）评估认证体系和评审员登记制度的实施。

近几年，日本政府通过一系列计划促进了建筑物综合环境性能评价体系的完善和广泛传播，部分地方政府还将 CASBEE 引入到建筑管理里，这使 CASBEE 在很多日本建筑中得到应用。CASBEE 工具目前已经形成了一个体系，被称为 CASBEE 家族（CASBEE Family），CASBEE-UD 就是其中的一个，CASBEE-UD 是 CASBEE for Urban Development 的缩写。CASBEE-UD 是一个评估综合区域开发项目的工具。CASBEE-UD 目的如下：①在一个相对较大的区域内，综合评估一个建设项目的环境表现；②强调城市 / 地方地区降低碳排放的方法的介绍、实施与评估；③通过区块 / 地区规模项目，为改善城市或区域再开发的综合环境绩效做出贡献。

CASBEE-UD 取代了传统的评估方法和框架的概念。因此，需要为被评价的区域开发项目设置虚拟边界，并且从虚拟边界环境质量（Q_{UD}）和边界外部环境负载（L_{UD}）两个方面评估该项目，如图 3-11 所示。

图 3–10　CASBEE 标志[①]

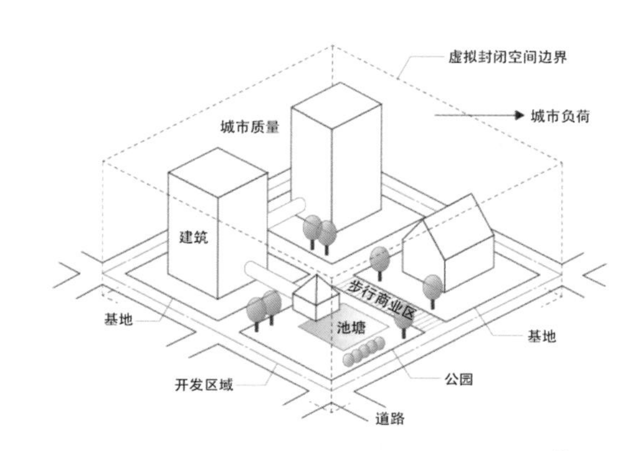

图 3–11　CASBEE 的评估对象[②]

在城市发展环境质量（Q_{UD}）一侧，CASBEE-UD 选择了基于三重底线概念发展评价体系，该工具采用了环境、社会和经济三种分类，作为评估项目的主要项目（一级指标），见表 3-6。

QUD 评价项目　　表 3–6

一级指标	二级指标
1. 环境	1.1 资源
	1.2 自然（绿化与生物多样性）
	1.3 人工制品（建筑）
2. 社会	2.1 公平 / 公正
	2.2 安全 / 保障
	2.3 便利设施
3. 经济	3.1 交通 / 城市结构
	3.2 增长潜力
	3.3 效率 / 合理性

城市发展环境负荷（L_{UD}）一侧主要通过 CO_2 的排放对城市发展为环境造成的负荷进行考察。这一侧只设有三个一级指标。

L_{UD1} 是交通部门二氧化碳排放量（CO_2 emissions from traffic sector），包括：城市功能集中、城市功能定位和区域发展调整；促进公共交通；货运交通合理化设置；促进汽车 CO_2 排放量减少。

L_{UD2} 是建筑部门二氧化碳排放量（CO_2 emissions from building sector），包括：促进公共设施对非化石能源的利用和更加有效地利用化石燃料；促进建筑物 CO_2 排放量减少。

L_{UD3} 是绿色部门二氧化碳吸收量（CO_2 absorption in green sector）包括：促进绿色施工和绿化建设。

① 图片来源：http: //www.ibec.or.jp/CASBEE/english/
② 图片来源：CASBEE Technical Manual

CASBEE-UD 通过构建虚拟边界环境质量（Q_{UD}）和边界外部环境负载（L_{UD}）的方式，创造了一种与其他第三方评价标准不同标准体系，从另一个角度对可持续社区或区块的可持续性进行评价，但其主要是通过二氧化碳的排放来衡量，在一定程度上是有局限性的。

5. 可持续社区（Green Star Communities）

Green Star 工具是由澳大利亚绿色建筑委员会（GBCA）于 2003 年发布的，在当时，其所针对的是绿色建筑领域，直到 2012 年，Green Star 工具在加入了（Green Star Communities）的相关内容。目前，包括应用 Green Star Communities（图 3-12）各版本在内，并处于各种状态的项目共为 55 个。

图 3-12　Green Star Communities 标志[①]

Green Star Communities 前身是 2007 年末由澳大利亚维多利亚州政府的土地开发机构 VicUrban（该机构已经在 2011 年更名为 Places Victoria）推出的“可持续性社区评级工具套装（Sustainability Community Rating suite of tools）”，一种基于 2006 年 VicUrban 推出了可持续性评估工具——可持续发展宪章和可持续性社区评价（SCR，The Sustainability Charter and Sustainability Community Rating）的绩效评估工具。GBCA 基于 SCR 所开发的可持续社区评估工具就是 Green Star Communities。2012 年，Green Star Communities PILOT Version 0.0 出现。SCR 是一种嵌入式的可持续城市评价工具，而 Green Star Communities 则是一种第三方工具或称衍生工具（Spin-off tools），它与 SCR 有很大的不同，但开发的宗旨都是进一步提高其全行业的适用性。

通过研究，GBCA 认为澳大利亚需要国家级最佳实践原则和一个评级工具，使社区规模的发展能够根据经济、社会和环境基准来衡量和认证并形成了国家框架（Green Star Communities national framework）和评价工具（Green Star – Communities rating tool）。该框架由五个原则组成：①提高宜居性（Enhances Liveability）；②为经济繁荣创造机会（Creates Opportunities for Economic Prosperity）；③提升环保责任感（Fosters Environmental Responsibility）；④接受设计卓越（Embraces Design Excellence）；⑤展示远见卓识和强有力的治理（Demonstrates Visionary Leadership and Strong Governance）。Green Star Communities 评价工具则由六个评分大类组成：①治理（Governance）；②设计（Design）；③宜居性（Liveability）；④经济繁荣（Economic Prosperity）；⑤环境（Environment）；⑥创新（Innovation），如图 3-13 所示。

治理类别的目标是确保 Green Star Communities 项目有一个强有力的治理框架，鼓励透明地操作，并要求 Green Star Communities 项目的社区营建是由一个负责任的项目申请人完成并交付，以帮助当地居民从实施中获得最大收益，并共享可持续性信息；设计类别旨在鼓励可持续的城市化，鼓励尽可能地保护未开发土地，并保证对项目基地及其环境进行全面分析；宜居性强调项目的多样性、经济适用性、安全、包容性，并使得在其中生活、工作和娱乐的人的福祉得到改善，并鼓励建设生活便利、富有凝

① 图片来源：https://new.gbca.org.au/green-star/rating-system/communities/

聚力和健康的社区；经济繁荣类别的目标是确保开发项目能够实现促进企业多元化、教育、能力建设和生产力；环境类别希望确保项目的资源密集程度保持较低水平，并优先考虑减少社区对土地、水和大气影响的做法，避免或尽量减少对环境敏感地点的影响，在开发中尽量建造绿色建筑，降低运营成本。

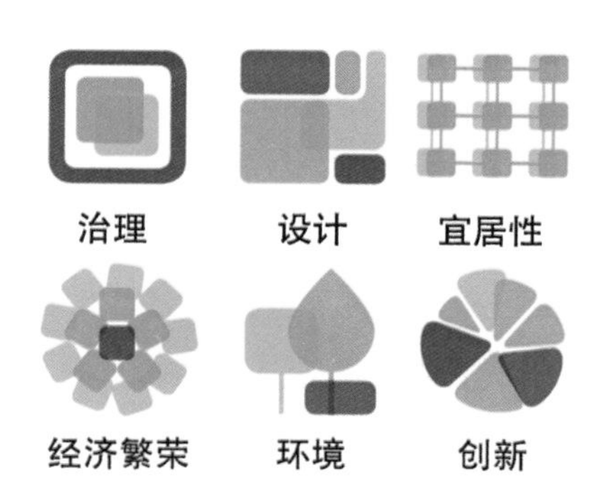

图 3–13　Green Star Communities 评价工具的评分大类[①]

所有 Green Star 评价工具都包含一个创新类别，作为鼓励创新实践、过程和战略的一种方式。Green Star Communities 评价工具希望项目将澳大利亚或全球领先的可持续发展技术或过程纳入其中；促进可持续发展市场化转型；改进 Green Star Communities 评级工具的基准；拓展 Green Star Communities 评级工具的范围；对在 GBCA 网站上列出的一项或多项创新挑战给予回应。

3.3　可持续城市评价工具的开发与应用

本章内容中提及的可持续城市评价工具在实现可持续发展目标方面都有着相同、相似或相近的目标，但是在这些工具中，在如何实现可持续发展的目标方面存在着重大差异。有些是通过提供一种指导实践的方法来指导可持续城市建设的（表 3-7），而有些则是借助于商业化的形式，比如认证来促使城市发展的各个参与方加入到可持续城市的建设中，亦或是二者兼有的。

可持续城市评价工具指导实践的形式　　表 3–7

提供指导方法	推动项目认证
HQE^2R	LEED ND
ECOCITY	BREEAM Communities
CASEBEE UD	CASEBEE UD
ECC	Green Star Communities
SCR	

这种差异很大程度上是由于开发的目的、过程、用途和开发者等不同。尽管如此，目前大部分的可持续城市评价工具也是相似的，通常它们大多是由一份可选择的策略、措施或要求的清单（Checklist of Criteria）组成的。在不少的标准中包含有强制标准条款（Mandatory Criteria），或称先决条件

① 图片来源：Green Star Communities Guide for Local Government

（Prerequisite），通过这些标准的设置，能够使得项目成果更好地接近可持续发展的目标（表 3-8）。加强社区的承受能力或适应能力，确保多样多元的社区社会群体，不管他们拥有何种社会或经济地位，都能感受到发展带来的好处。

各可持续城市评价工具中强制条款与选择性条款的比例　　表 3-8

工具名称	HQE^{2}R	ECOCITY	SCR	LEEDND	ECC	BREEAM Communities	CASBEE UD	GREEN STAR Communities
强制条款占比	0	0	0	21%	24%	24%	0	0
选择条款占比	100%	100%	100%	79%	76%	76%	100%	100%

在可持续城市评价工具中，有些工具为评价的条款或策略措施赋予了权重，基于性能、特定的基准或公认的标准为每一条策略或要求赋予不同的价值。同时，这些工具的开发过程主要受到行业专家的影响，而一般公众则难以获得有关信息，公众参与则更是无从谈起。因此也使得这些评价工具在某种程度上面临着来自各个利益相关方和社区构建者的挑战。

可持续城市评价工具开发的另一个值得关注的地方是对可持续性考虑范围的“覆盖”程度，见表 3-9。大多数标准都考虑到了拓宽评估的框架，不仅仅局限于环境影响，而是从环境、社会和经济，甚至更多的方面考虑。

各可持续城市评价工具覆盖程度对比　　表 3-9

工具名称	HQE^{2}R	ECOCITY	SCR	LEED ND	ECC	BREEAM Communities	CASBEE UD	GREEN STAR Communities
开发年代	2004	2005	2007	2009	2003	2009	2007	2012
经济体	欧洲	欧洲	澳大利亚	美国	美国	英国	日本	澳大利亚
等级设置	-3 -2 -1 0 1 2 3	E_ 差 D_ 标准实践 C_ 先进的 B_ 最佳实践 A_ 创新的	—	认证级 40-49 银级 50-59 金级 60-79 铂金级 80-100	满足最低绿色开发要求： 先决条件和 100 点	不分级< 25 通过 ≥ 25 良好 ≥ 40 很好 ≥ 55 卓越 ≥ 70 杰出 ≥ 85	很差（C） BEE ≥ 3 差（B-）BEE=1.5-3.0 好（B+）BEE=1.0-1.5 很好（A）BEE=0.5-1.0 杰出（S） BEE < 0.5	1 星 10-19 最低限度 2 星 20-29 平均水平 3 星 30-44 良好实践 4 星 45-59 最佳实践 5 星 60-74 澳洲卓越 6 星 75-100 世界领先
考察内容	资源和文化遗产 当地环境 多样性 整合 社会生活	文脉 城市结构 交通 能量流 物质流 社会经济问题 过程	商业成功 住房负担能力 社区健康 城市设计绩效 环境先进	选址与连接性 社区形态与设计 绿色基础设施与建筑 创新与设计流程 地域优先	场地选择 用水管理 规划设计 景观保护 社区参与 绿色建筑 创新得分	治理 社会与经济福祉 资源和能源 土地利用与生态学 运输和运动 创新	环境（资源、自然、人工制品、公平 / 公正） 社会（安全 / 保障、便利设施） 经济（交通 / 城市结构、增长潜力、效率 / 合理性）	治理 设计 宜居性 经济繁荣 环境 创新

中国21世纪议程管理中心可持续发展战略研究组，中国科学院地理科学与资源研究可持续城市评价工具作为评估工具的一种，它有将数据转化为信息，并辅助和支持决策的作用。目前，从可持续性各方面综合考虑，HQE^2R、Ecocity和SCR的表现相对良好的。它们属于嵌入式工具，这类工具能够相对成功地使得更多利益相关方或一般公众获得参与的机会，最终让指导或评价标准与环境和设计方面很好地结合在一起。

在社会和经济方面，比如在经济适用住房、地方经济与就业、社区多元性等问题领域，仍然没有进行充分的评价或未予以考虑。这方面的考虑是基于实现代际平等（Intergenerational Equity）和代内平等（Intragenerational Equity）而设置的，如果不适当考虑和纠正社会和经济方面问题，城市发展将面临巨大困难，甚至将导致可持续城市建设目标不能实现。

在对“区域优先”或称“当地的适应性”方面，强调评价工具应结合开发类型和项目所在地特点考虑问题解决方案。HQE^2R和SCR的表现是相对较好。同时，有部分学者认为应该对评价工具进行定制化处理，这样做旨在提升对城市文脉和开发类型的敏感程度，这也是目前可持续评价工具数量庞大的原因之一，同时也在一定程度上推高了可持续城市评价工具门槛。

可持续城市评价工具正在呈现出不断改进的趋势，尤其是对“创新（Innovation）”的关注。这一点对于保持可持续城市建设不断发展的活力很重要，但是它也为这一过程增加一些主观的因素。

可持续城市评价工具还包含适用性。它是能够直接影响到评价工具从纸面指导到现实应用的。资料显示HQE^2R和Ecocity能够较为充分地应用于项目中，而第三方评价工具中的LEED ND表现较好。但因为可持续城市评价工具多是自愿使用的，并且其可能会造成经济负担、复杂性和模糊性，对评价工具的使用和推广形成了较大的障碍。而LEED ND通过LEED自身的“品牌”、商业运作和评分方式，使得其在全球得到了相当的接受度。目前在全球范围内共有457个注册完成的LEED ND项目，见表3-10，其中180个获得了LEED ND各个版本标准的不同级别认证，占到了总数的39.4%。

LEED ND全球项目情况　　表3–10

类别		未获认证	获得认证					总计
			认证级	银级	金级	铂金级	合计	
LEED ND：Plan	数量	148	11	31	16	5	63	211
	占比	70.10%	5.20%	14.70%	7.60%	2.40%	—	100.00%
LEED ND：Built Project	数量	129	40	28	41	8	117	246
	占比	52.40%	16.30%	11.40%	16.70%	3.30%	—	100.00%

关于评价结果，有研究显示，如果可持续评价工具能够反映性能水平随时间的变化，其结果将会更透明和可靠。在反映性能水平方面，Ecocity和CASBEE-UD在是相对成功的，而HQE^2R则能够在随时间变化方面表现良好。对性能水平和时间的变化进行评级将有助于可持续发展的决策。此外，在城市可持续性随时间变化方面，可以通过一些后评价、再评价设置来实现。

无论是嵌入式工具还是第三方评价工具，可持续城市评价工具都是人类在面对城市可持续发展问题时，不断审视城市发展的内容、方向和态度的结果和总结，也是不断指导城市可持续发展实践的决策辅助工具和评价审视工具，更是指导城市建设者不断完善城市可持续建设的重要助推力量。

本章参考文献

[1] 中国 21 世纪议程管理中心可持续发展战略研究组，中国科学院地理科学与资源研究所 . 中国可持续发展战略 [M]. 北京：社会科学文献出版社，2008.

[2] 王革华，欧训民，等 . 能源与可持续发展 [M]. 北京：化学工业出版社，2014.

[3] 罗清海 . 建筑节能与可持续发展 [M]. 北京：中国电力出版社，2013.

[4] 宋涛，郭迷 . 城市可持续发展与中国绿色城镇化发展战略 [M]. 北京：经济日报出版社，2015.

[5] 马光 等 . 环境与可持续发展导论 [M]. 北京：科学出版社，2014.

[6] 李永峰，乔丽娜，张洪 . 中国可持续发展概论 [M]. 北京：化学工业出版社，2014.

[7] 牛文元 . 世界可持续发展年度报告 2015[R]. 北京：科学出版社，2015.

[8] 牛文元 . 世界可持续发展年度报告 2016[R]. 北京：科学出版社，2017.

[9] 黄志烨，李桂君，李玉龙，等 . 基于 DPSIR 模型的北京市可持续发展评价 [J]. 城市发展研究，2016，23（9）：20-24.

[10] 颜姜慧，刘金平 . 基于自组织系统的智慧城市评价体系框架构建 [J]. 宏观经济研究，2018（1）：121-128.

[11] 彤玥，牛品一，顾朝林 . 弹性城市研究框架综述 [J]. 城市规划学刊，2014（5）：23-31.

[12] 毛亚会，余丹林，郑江华，等 . 城市脆弱性评价研究进展 [J]. 环境科学与技术，2017，40（12）：97-103.

[13] 朱婧，刘学敏，张昱 . 中国低碳城市建设评价指标体系构建 [J]. 生态经济，2017，33（12）：52-56.

[14] 李海霞，高哲，张静静 . 基于 DSR 模型的无景点旅游可持续发展机制研究 [J]. 太原师范学院学报（自然科学版），2016，15（03）：60-64.

[15] 秦旋，廉芬 . 澳大利亚“绿色之星”评价体系引介 [J]. 建筑经济，2013（1）：83-86.

[16] 赵格 .LEED-ND 与 CASBEE-City 绿色生态城区指标体系对比研究 [J]. 国际城市规划，2017（1）：99-104.

[17] 何玥儿，丁勇 . 国际典型绿色建筑评价体系的节能效益评价关键要素对比 [J]. 暖通空调，2016（6）：79-86.

[18] 朱荣鑫，王清勤，李楠 . 国外典型既有建筑绿色评价标准指标权重对比分析 [J]. 施工技术，2014（10）：14-17.

[19] 王晓军，朱文莉 . 日本城市建成环境效率综合评价方法研究 [J]. 国际城市规划，2017，32（2）：147-150.

[20] The British Standards Institution. Sustainable development in communities — Inventory of existing guidelines and approaches on sustainable development and resilience in cities[M]. London：BSI Standards Limited，2017.

[21] Sharifi A，Murayama A. A critical review of seven selected neighborhood sustainability assessment tools[J]. Environmental Impact Assessment Review，2013（38）：73-87.

[22] Xia, B, Chen Q, Skitmore M, et al. Comparison of sustainable community rating tools in Australia[J]. Journal of Cleaner Production, 2015, (109): 84-91.

[23] Morris A, ZuoJ, Wang Y T, et al. Readiness for sustainable community: A case study of Green Star Communities[J]. Journal of Cleaner Production, 2018(173): 308-317.

[24] PortneyK E, Sansom G T. Sustainable Cities and Healthy Cities: Are They the Same?[J]. Urban Planning, 2017, 2 (3): 45-55.

[25] United Nations, European Commission, International Monetary Fund, Organisation for Economic Co-operation and Development, World Bank. Handbook of National Accounting – Integrated Environmental and Economic Accounting[R].2003.

[26] U.S. Green, Building Council. LEED Reference Guide for Neighborhood Development[M]. Washington DC: U.S. Green Building Council, 2014.

[27] U.S. Green, Building Council. LEED v4 for NEIGHBORHOOD DEVELOPMENT [M]. Washington DC: U.S. Green Building Council, 2018.

[28] Building Research Establishment Ltd. BREEAM Communities Technical Manual[M]. Watford: BRE Global, 2012.

[29] Building Research Establishment Ltd. The Digest of BREEAM Assessment Statistics[M]. Watford: BRE Global, 2014.

[30] Japan Sustainable Building Consortium (JSBC). CASBEE for Urban Development Technical Manual[M]. Tokyo: Institute for Building Environment and Energy Conservation (IBEC), 2014.

[31] Murakami S, Kawakubo S, Asami Y, et al.Development of a comprehensive city assessment tool: CASBEE-City[J]. Building Research & Information, 2011, 39 (3): 195-210.

[32] EarthCraft Communities Guidelines: Version 2014.07.28 [S].

[33] Schubert U. Urban Development towards Appropriate Structures for Sustainable Transport[R]. Brussels: European Commission, Directorate-General for Research (DG Research), 2005.

4

亚太城镇化伙伴关系合作倡议

亚太地区城市化进程呈现出发达经济体城市化水平高、新兴经济体城市化发展快的显著特点，并面临着经济、环境、社会和城市治理等多方面的挑战。截至 2015 年，APEC 的 21 个经济体成员，占世界总人口的 40%，世界 GDP 总量的 56%，世界贸易额总量的 48%。全球特大城市有超过半数坐落于 APEC 区域，亚太地区的城市产出占 GDP 总量的 70% 以上。截至 2013 年，APEC 区域的城市人口占总其人口总数的 60%，预计到 2050 年增加至 24 亿，占该地区总人口的 77%。城市人口增加较多的经济体包括中国 2.7 亿人，印度尼西亚 0.92 亿人，菲律宾 0.56 亿人。但美国、加拿大等发达经济体城市人口增长缓慢，而日本城市人口还会出现一定的下降。APEC 成员经济体包括世界各大城市的一半人口，人口在 5 万 ~1000 万的城市有 22 座，人口在 1 万 ~ 500 万的城市有 185 座，人口在 0.5 万 ~100 万的城市有 284 座。从可持续城市理论到实践是一个复杂而艰难的过程。本章将以 APEC 区域为背景，介绍 APEC 的城镇化工作。

2014 年 APEC 第 22 次领导人非正式会议《领导人宣言》中批准了《亚太经合组织城镇化伙伴关系合作倡议》，面对城镇化挑战和机遇，承诺共同推进合作项目，深入探讨建设绿色、高效能源、低碳、以人为本的新型城镇化和可持续城市发展路径。同时倡议的提出开启了 APEC 区域城镇化合作的先河。在上层机制的推动下，APEC 区域开展了大量的城镇化工作成果颇丰。高官会主席之友（SOM FotC）作为 APEC 的上层机制，其中城镇化是主席之友的重要工作之一。APEC 机制下的三个重要城镇化工作支柱：能源智慧社区倡议（ESCI）、APEC 低碳示范城镇（LCMT）以及 APEC 可持续城市合作网络（CNSC）。

能源智慧社区倡议是 2010 年 APEC 领导人峰会上由时任美国总统奥巴马和时任日本首相菅直人共同发起的。其目标是：提供在智慧交通、智慧建筑、智能电网、智慧工作和消费、低碳示范城镇方面的案例研究、政策简讯、研究发现和统计数据。2011 年 5 月，APEC 能源工作组第 41 次会议建立了智慧分享平台（Knowledge Sharing Platform，KSP），到目前为止，ESCI-KSP 平台上共收录各类项目 500 余个，其中 54 个项目与中国相关。2013 年，在 APEC 能源工作组第 45 次会议上首次颁发了 ESCI 最佳实践奖。此后，APEC 能源工作组每两年评选出 10 个获奖项目。到目前为止，该奖项的评审已举办三届，共有来自 8 个经济体的 26 个项目获得该奖项。

2010 年第 9 届 APEC 能源部长会议认为需通过合作促进 APEC 区域内的能源可持续发展，并以此支持成员经济体的经济增长和发展。为了控制 APEC 区域内不同城市地区日益增长的能源消耗和温室气体排放，决定启动 APEC 低碳示范城镇项目，在城市规划中引入低碳技术，以提高能源效率，并减少化石能源的使用，以示范先进低碳技术的最佳实践和成功模式。在 APEC 能源工作组内，由日本牵头成立了低碳示范城镇任务组，并通过其资助的 APERC 从事相关工作。APERC 针对该项目（一期）评选出的 7 例低碳示范城镇，进行了概念、导则、指标体系和政策方面的梳理与分析。目前，低碳示范城镇（二期）项目已启动，主要进行低碳示范城镇的经验推广。

APEC 可持续城市合作网络是响应 2014 年 APEC 峰会《北京宣言》中"我们支持亚太经合组织城镇化伙伴关系倡议，承诺建立亚太经合组织可持续城市合作网络"的重要内容，于 2014 年 APEC 领导人非正式会议上获得通过。在外交部和国家能源局的支持下，APEC 可持续能源中心将原有"APEC 低碳示范城镇推广活动"升级为"APEC 可持续城市合作网络项目"，并持续推进落实。

4.1 APEC 可持续城市发展

全球各经济体可持续发展的基本定位，取决于其人口、经济和资源环境状况。从总体上看，发达经济体的人口趋稳，经济发达，资源利用效率高但消耗量大，不发达经济体人口增长快，经济发展水平低，资源利用粗放但人均资源消耗量低。介于发达经济体和不发达经济体两个类别之间的经济体，因此成为全球可持续发展进程的关键力量。

亚太地区城市化进程呈现出发达经济体城市化水平高、新兴经济体城市化发展快的显著特点，并面临着经济、环境、社会和城市治理等多方面的挑战。

截至 2015 年，APEC 的 21 个经济体成员，占世界总人口的 40%，世界 GDP 总量的 56%，世界贸易额总量的 48%。全球特大城市有超过半数坐落于 APEC 区域，亚太地区的城市产出占 GDP 总量的 70% 以上。截至 2013 年，APEC 区域的城市人口占总其人口总数的 60%，预计到 2050 年增加至 24 亿，占该地区总人口的 77%。城市人口增加较多的经济体包括中国 2.7 亿人，印度尼西亚 0.92 亿人，菲律宾 0.56 亿人。但美国、加拿大等发达经济体城市人口增长缓慢，而日本城市人口还会出现一定的下降。APEC 成员经济体包括世界各大城市的一半人口，人口在 500 万 ~ 1000 万的城市有 22 座，人口在 100 万 ~ 500 万的城市有 185 座，人口在 50 万 ~100 万的城市有 284 座。

APEC 区域的快速城市化使得 APEC 区域城市面临着经济、社会、环境、城市治理等诸多挑战。创新和生产力提高工作是 APEC 地区城市可持续发展相互依存的重要因素。而创新越来越依赖于经济、社会、环境，并受到消费、生产、保护、治理、资源补给、金融系统等的驱动。

在经济方面，当下国际贸易的发展模式已经出现重大变化，国际贸易已难以成为全球经济增长的引擎；国际资本流动的方向正在发生逆转，新兴经济体使用廉价资本的时代可能会终结；全球新一轮技术革命的发展方向尚不确定，寻找到新一轮繁荣周期的支柱产业还有待时日。

4.1.1 APEC 区域城市化

到 2050 年，APEC 成员经济体的城市人口将出现前所未有的增长。目前，约有 18 亿人大约 60% 的人口居住在城市地区；预计到 2050 年这一数字将达到 77%。APEC 成员经济体的城市人口增长和预期趋势，到 2050 年，城市人口预计将增加到 24 亿，或增长 33%。一些经济体的城市化率超过 80%，还有许多经济体正在迅速城市化。世界上 37 个大城市中有 14 个位于 APEC 成员经济体中。

APEC 成员经济体有 825 个城市人口超过 30 万。城市发展的模式在密度、增长率和整个地区的年龄上都有差异。该区域大多数城市都不到 100 年历史。在 19 世纪末到 20 世纪后半叶，北美、南美和日本的城市发展迅速，城市化率达到顶峰。澳大利亚的城市继续稳步增长。许多 APEC 成员经济体的城市人口和城市正在迅速老龄化，这将给老龄化社区、历史建筑和基础设施带来重大挑战。

4.1.2 APEC 经济体城市人口比例

城市人口比例作为衡量城市化的重要表征，在一定程度上体现了城市化的发展水平。由图 4-1 可以看出，APEC 区域城市化发展水平较高，各经济体的城市人口比例尽管有所区别，但是绝大多数都在稳步增长，并且在 2016 年多数经济体城市人口比率都达到了 70% 以上。根据城市人口比例的分布与变化情况，将 APEC 区域的经济体划分成两个图表进一步详细分析。

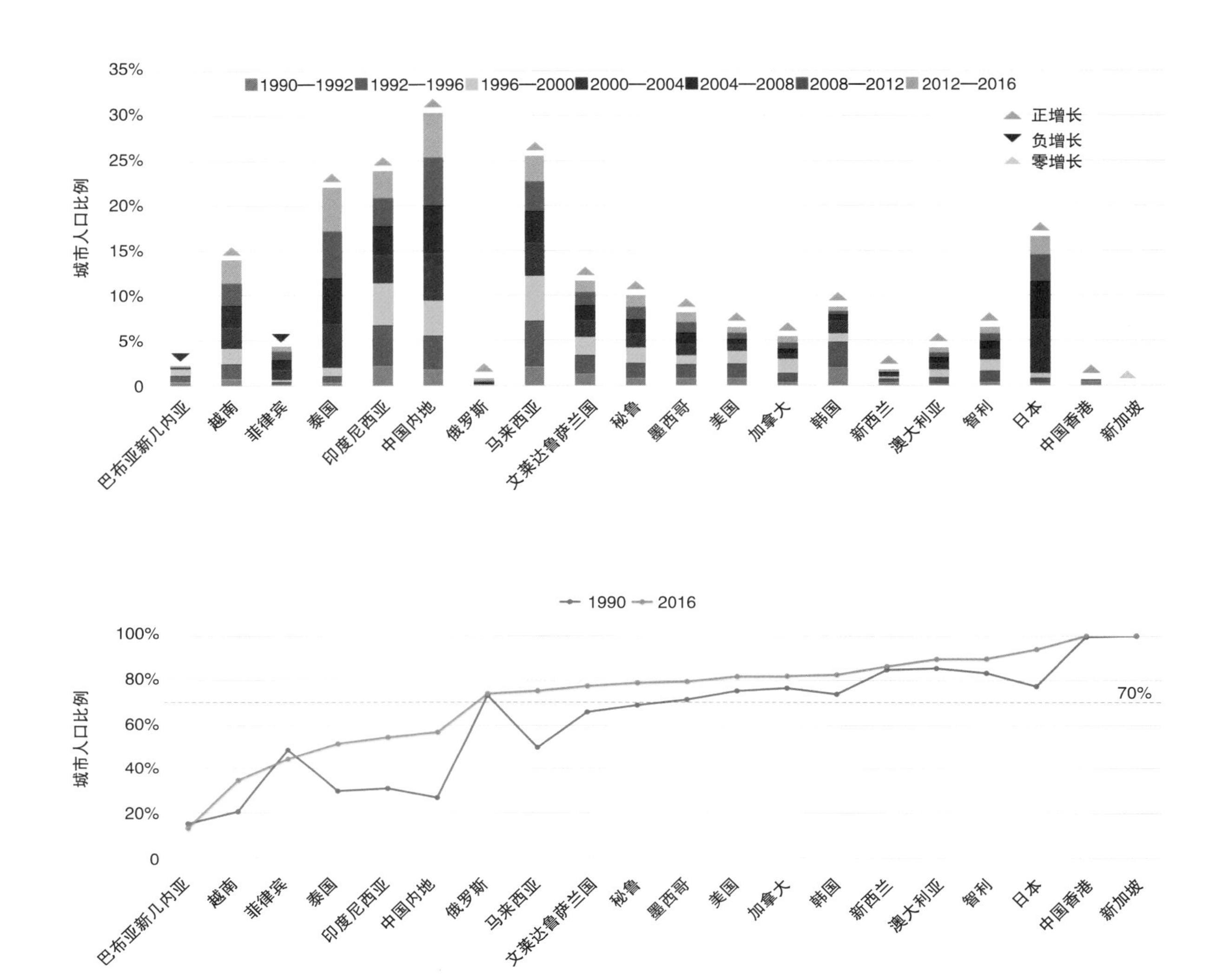

图 4-1　APEC 经济体城市人口比例变化（1990—2016 年）[①]

由图 4-2 可以看出，包括巴布亚新几内亚等在内的七个经济体（巴布亚新几内亚、越南、菲律宾、泰国、印度尼西亚、中国内地、马来西亚）城市化水平在 1990 年时的城市人口比例基数较小，均低于 50%，这些经济体均面临着城市化的严峻挑战。经过近些年的城市化发展进程，到 2016 年时已经有了明显变化，其中马来西亚的城市人口比例达到了约 75.3%，表现明显的还有中国内地（约 56.8%），印度尼西亚（约 54.5%），泰国（约 51.5%）。

① 数据来源：Source：DataBank World Development Indicators

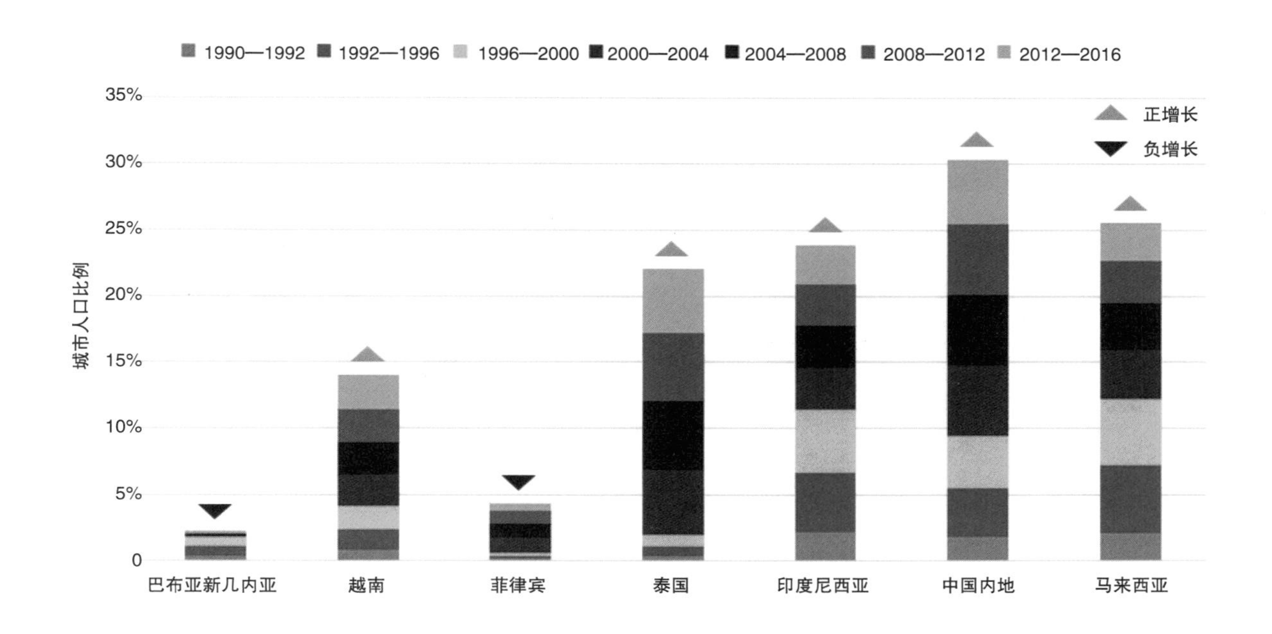

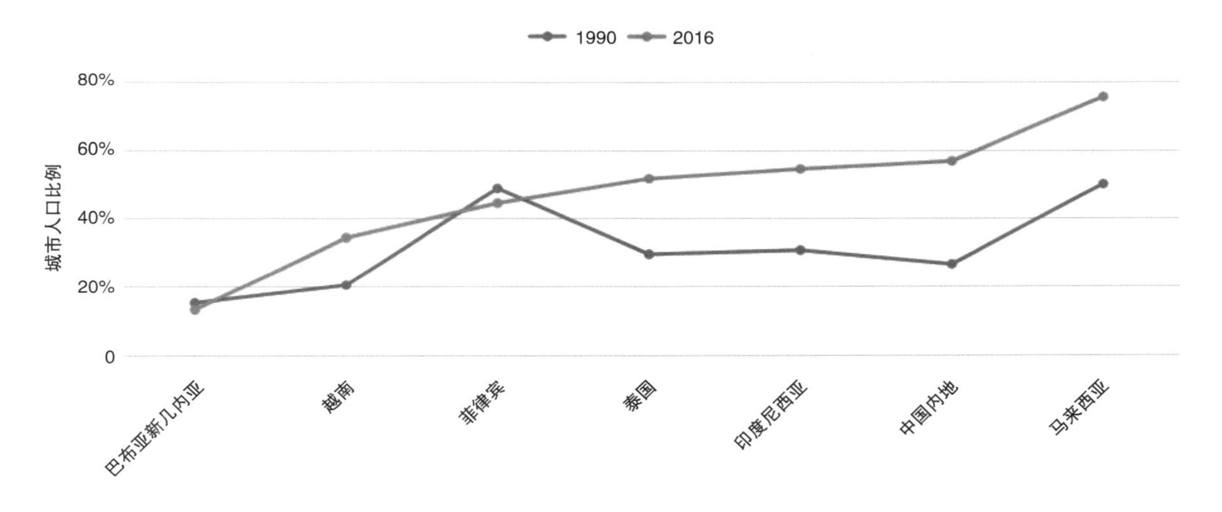

图 4-2 APEC 部分经济体城市人口比例变化（1990—2016 年）（一）[①]

由图 4-3 可以看出，包括俄罗斯在内的 13 个经济体（俄罗斯、文莱达鲁萨兰国、秘鲁、墨西哥、美国、加拿大、韩国、新西兰、澳大利亚、智利、日本、中国香港、新加坡）城市化发展水平较高，在 2016 年时的城市人口比例均高于 70%，其中中国香港、新加坡的城市化率已经长期维持在 100% 的饱和状态。

① 数据来源：Source：DataBank World Development Indicators

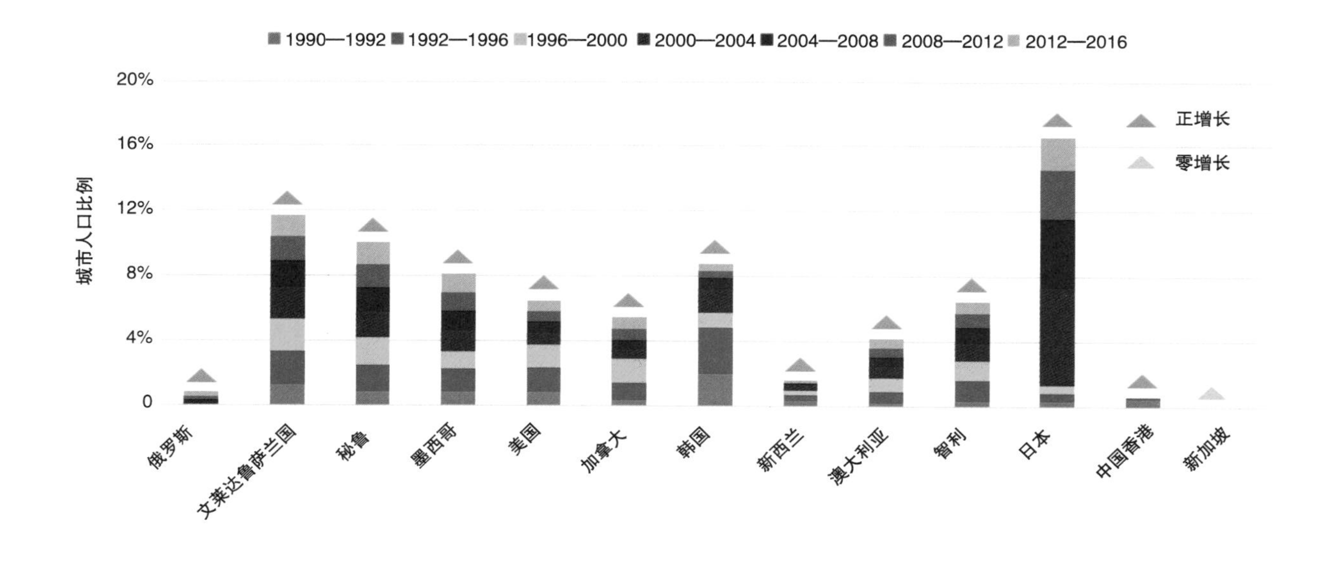

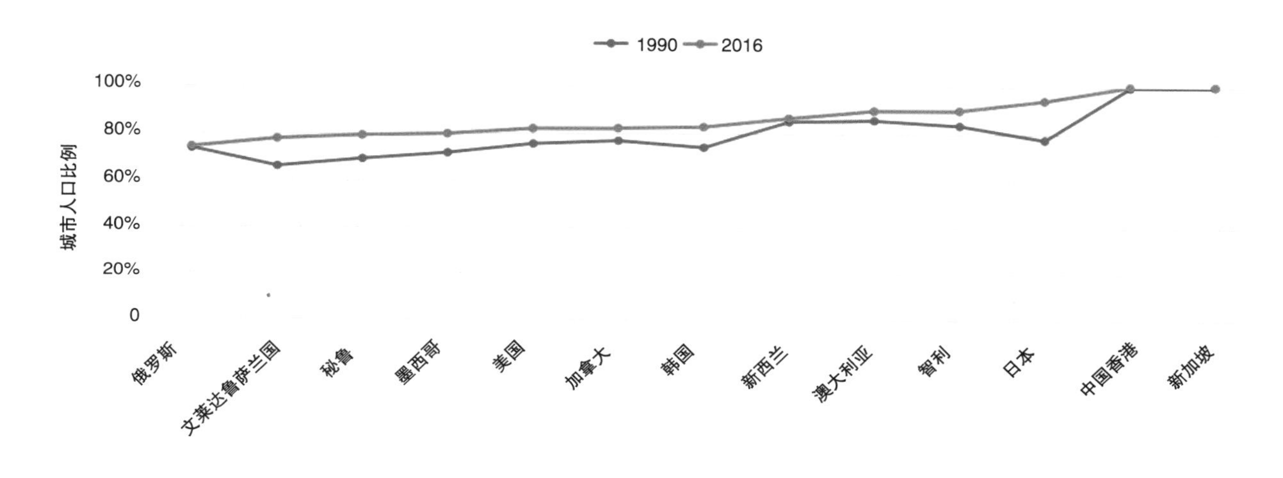

图 4-3　APEC 部分经济体城市人口比例变化（1990—2016 年）（二）[1]

4.1.3　APEC 经济体人均 GDP

人均 GDP 与城市化有密切关系，其能体现 APEC 区域的经济发展现状，影响经济体内的居民生活与社会环境。2016 年，人均 GDP 分布明显呈两个族群分布状态（图 4-4），其中有 11 个经济体的人均 GDP 仍低于 1 万美元，另外 9 个经济体则高于 2 万美元。在 APEC 区域的经济发展两极分化较为严重，在城市化进程中要注意这种二元结构存在带来的问题与挑战，在宏观角度上，要求树立 APEC 区域“共同体”意识。

① 数据来源：Source：DataBank World Development Indicators

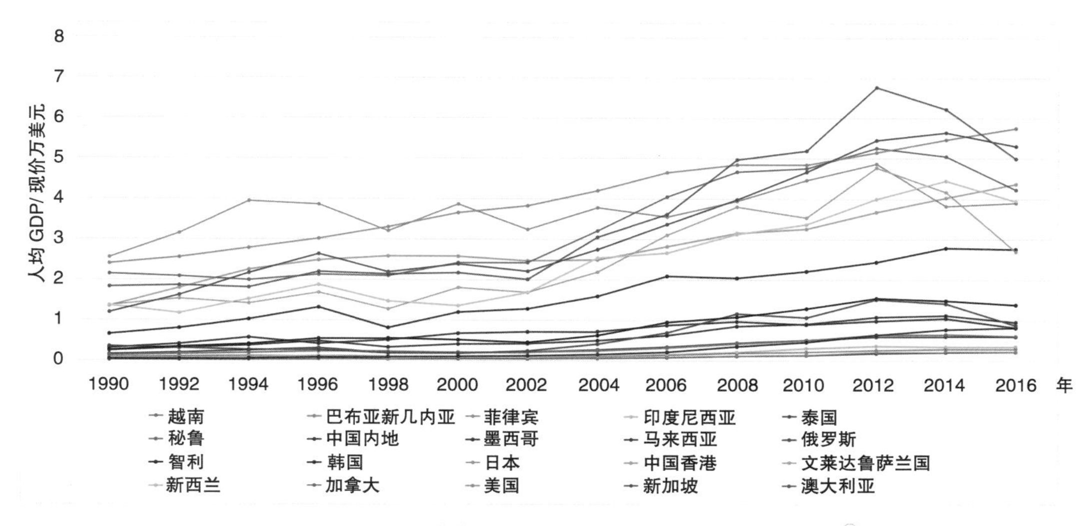

图 4–4　APEC 经济体人均 GDP 变化（1990—2016 年）[①]

4.1.4　APEC 经济体城市人口密度

城市人口增加带来了建立社会保障体系的要求，城市人口密度受城市人口规模与城市土地规模的影响，反映了城市的负载情况及居民对社会福利设施与能源资源的需求情况。截至 2016 年，APEC 区域内 9 个经济体城市人口密度在 1000 人 /km^2 以下，5 个经济体城市人口密度在 2000 人 /km^2 以下，4 个经济体城市人口密度 2000~4500 人 /km^2，中国香港和新加坡的城市人口密度则高于 8000 人 /km^2（图 4-5）。在 APEC 区域，城市化是人与社会、环境的共同城市化，各经济体必须关注城市发展带来的社会、环境效应，积极构建城市可持续发展蓝图。

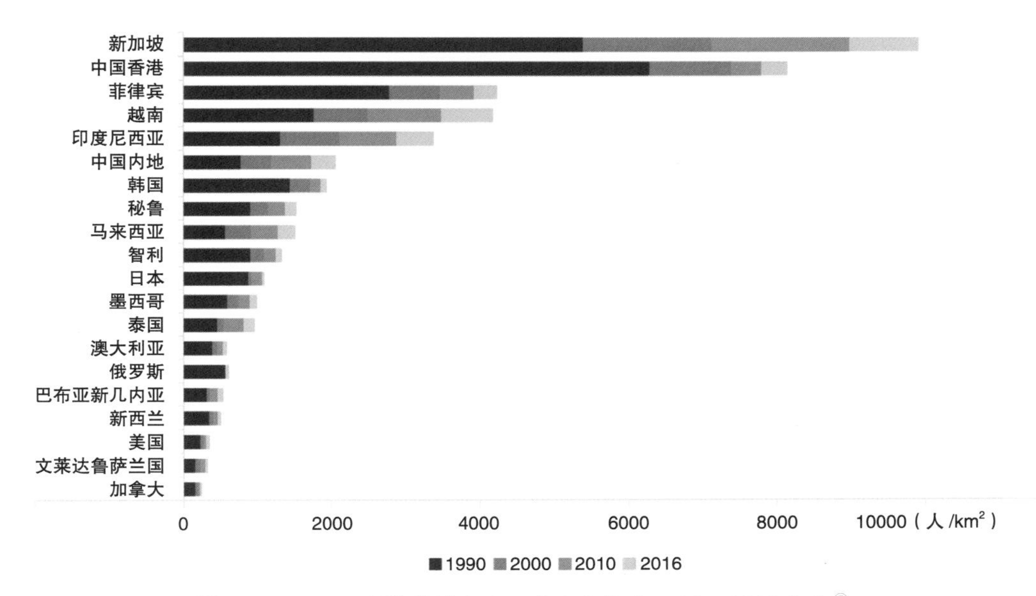

图 4–5　APEC 经济体城市人口密度变化（1990—2016 年）[②]

① 数据来源：Source：DataBank World Development Indicators

② 数据来源：Source：DataBank World Development Indicators

4.1.5 APEC 城镇化工作

2014—2017 年 APEC 城镇化工作重要文件及重要内容已总结在表 4-1 中。

APEC 城镇化工作重要文件　　表 4-1

时间	事件	文件重要内容
2014	APEC 第 22 次领导人非正式会议	宣言中批准了《亚太经合组织城镇化伙伴关系合作倡议》，面对城镇化挑战和机遇，承诺共同推进合作项目，深入探讨建设绿色、高效能源、低碳、以人为本的新型城镇化和可持续城市发展路径。[①] 并在《亚太经合组织经济创新发展、改革与增长共识》中指出城镇化工作的支柱地位[②]
2014	APEC 第 26 届部长级会议	宣言中批准了《亚太经合组织城镇化伙伴关系合作倡议》，支持并鼓励更多的城镇化合作活动；肯定 APEC 政策支持工作组在城镇化和可持续城市发展的研究工作；批准在城市化方向设立高官会主席之友来指导工作；肯定了 APEC 能源工作组中 LCMT 和 ESCI 在可持续城市发展的探索；承诺建立 APEC 可持续城市合作网络
2014	APEC 第 11 届能源部长级会议	肯定了各专家组和任务组的工作；对 APEC 低碳示范城镇项目和低碳城镇推广活动取得的积极进展感到满意，成员经济体应相互交流低碳城镇发展的理念、技术、发展和建设经验，继续加强在低碳城镇领域的务实合作；同时，继续实施能源智慧社区倡议（ESCI），推动 ESCI 知识平台建设，分享最佳实践，加强能力建设；对新成立的 APSEC 给予强有力的支持和指导，鼓励 APERC 和 APSEC 以互动、互补的方式加强合作[③]
2015	APEC 第 23 次领导人非正式会议	宣言中继续强调面对 APEC 地区快速城市化带来的挑战，合理规划和完善基础设施对可持续城市发展的重要意义；并将继续致力于发展环保、节能、低碳和以人为本的新型城镇化模式。鼓励及赞赏各成员经济体为落实《亚太经合组织共建亚太城镇化伙伴关系倡议》所做的努力。提出建设可持续和抗灾的经济体[④]
2015	APEC 第 27 届部长级会议	宣言肯定了在执行《亚太经合组织城镇化伙伴关系合作倡议》的努力；鼓励 APEC 可持续能源中心的成立；肯定高官会城镇化工作主席之友的成果[⑤]
2015	APEC 第 12 届能源部长级会议	肯定了 APEC 低碳示范城镇项目的成果低碳城镇理念和指标的建立；鼓励并支持新成立的 APSEC 在可持续城市和清洁能源领域的工作[⑥]
2016	APEC 第 28 届部长级会议	宣言肯定了 APEC 城镇化高端论坛的召开和《宁波倡议》的提出[⑦]
2016	APEC 城镇化高端论坛	《宁波倡议》：促进城市包容性及动态发展；加强城市基础设施建设；建设智慧城市；建设绿色城市；鼓励城市更新和改造；推进城市发展创新；倡导城市良好治理；推动 APEC 可持续城市发展合作
2017	APEC 第 29 届部长级会议	肯定了 PSU 发布的 Partnerships for the Sustainable Development of Cities in the APEC Region[⑧]

4.2 高官会主席之友（SOM　FotC）

2014 年 APEC 第 22 次领导人非正式会议宣言中批准了《亚太经合组织城镇化伙伴关系合作倡议》，面对城镇化挑战和机遇，承诺共同推进合作项目，深入探讨建设绿色、高效能源、低碳、以人为本的新型城镇化和可持续城市发展路径。在 2015 年 APEC 第 23 次领导人非正式会议《领导人宣言》中继

① https：//www.apec.org/Meeting-Papers/Leaders-Declarations/2014/2014_aelm
② https：//www.apec.org/Meeting-Papers/Leaders-Declarations/2014/2014_aelm/2014_aelm_annexc
③ https：//www.apec.org/Meeting-Papers/Sectoral-Ministerial-Meetings/Energy/2014_energy
④ https：//www.apec.org/Meeting-Papers/Leaders-Declarations/2015/2015_aelm
⑤ https：//www.apec.org/Meeting-Papers/Annual-Ministerial-Meetings/2015/2015_amm
⑥ https：//www.apec.org/Meeting-Papers/Sectoral-Ministerial-Meetings/Energy/2015_energy
⑦ https：//www.apec.org/Meeting-Papers/Annual-Ministerial-Meetings/2016/2016_amm
⑧ https：//www.apec.org/Meeting-Papers/Annual-Ministerial-Meetings/2017/2017_amm

续强调面对 APEC 地区快速城市化带来的挑战，合理规划和完善基础设施对可持续城市发展的重要意义。并将继续致力于发展环保、节能、低碳和以人为本的新型城镇化模式。鼓励及赞赏各成员经济体为落实《亚太经合组织城镇化伙伴关系合作倡议》所做的努力。为了积极推动 APEC 城镇化合作，2016 年中国举办了首届 APEC 城镇化高层论坛。论坛主旨是“共建开放包容、互利共赢的亚太城镇化伙伴关系”，并提到，APEC 成员各经济体处于城镇化不同阶段，开展城镇化合作空间广阔、潜力巨大。城镇化是现代化的重要引擎，城镇化合作已成为 APEC 合作的前沿领域。论坛发布了《宁波倡议》，倡议书重要内容之一则为“推动 APEC 可持续城市发展合作”。中国作为主要推动经济体，2016 年出版了《国家新型城镇化报告 2016》，并展望了 2017 年加快推进新型城镇化。高官会主席之友作为 APEC 的上层机制，其中城市化是主席之友的重要工作之一，如图 4-6 所示。2017 年 5 月 13 日，在越南河内第二次高官会期间，高官会主席之友针对 APEC 区域城市化问题召开了研讨会“Workshop on Developing the Methodology for Measuring and Realizing the Sustainability of Cities in the APEC Region”。

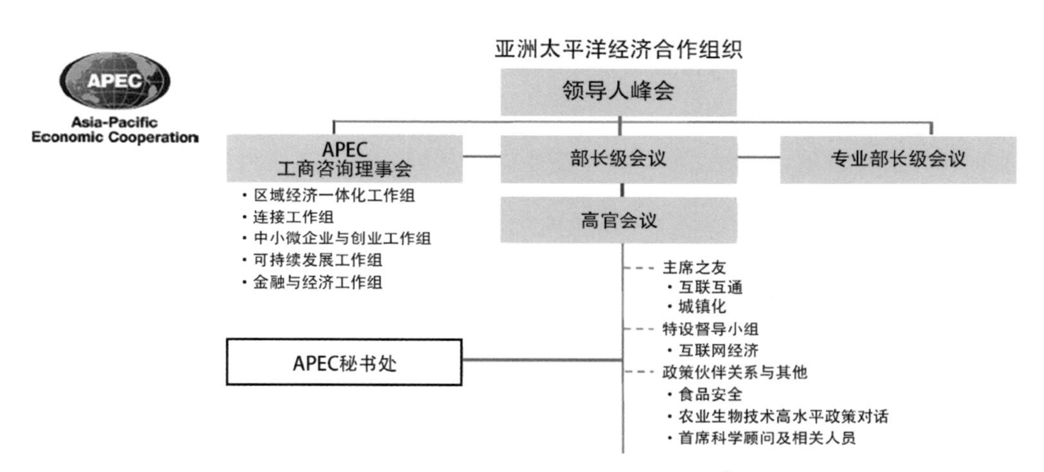

图 4–6 APEC 组织机构图（部分）[①]

4.3 能源智慧社区倡议（ESCI）

能源智慧社区倡议（Energy Smart Communities Initiative，ESCI）是 2010 年 APEC 领导人峰会上发起的。其目标是：提供在智慧交通、智慧建筑、智能电网、智慧工作和消费、低碳示范城镇方面的案例研究、政策简讯、研究发现和统计数据；对 APEC 能源工作组及其相关伙伴提供信息库；向 APEC 政策制定者告知关于绿色增长、可持续发展和创造长期就业岗位；展示与 APEC 目标（到 2030 年，能源强度较 2005 年下降 45%）相关的清洁能源实践。

2011 年 5 月，APEC 能源工作组第 41 次会议建立了智慧分享平台（Knowledge Sharing Platform，KSP），该平台由宾夕法尼亚大学城市研究院、中国台北经济研究院运营。到目前为止，ESCI-KSP 平台上共收录各类项目 500 余个，其中 54 个项目与中国相关。

2013 年，在 APEC 能源工作组第 45 次会议上首次颁发了 ESCI 最佳实践奖。此后，APEC 能源工

① https://www.apec.org/About-Us/How-APEC-Operates/Structure

作组每两年评选出 10 个获奖项目。到目前为止，该奖项的评审已举办三届，共有来自 8 个经济体的 26 个项目获得该奖项。

4.4 APEC 低碳示范城镇（LCMT）

2010 年第 9 届 APEC 能源部长会议认为需通过合作促进 APEC 区域内的能源可持续发展，并以此支持成员经济体的经济增长和发展。为了控制 APEC 区域内不同城市地区日益增长的能源消耗和温室气体排放，决定启动 APEC 低碳示范城镇（Low-Carbon Model Town，LCMT）项目，在城市规划中引入低碳技术，以提高能源效率，并减少化石能源的使用，以示范先进低碳技术的最佳实践和成功模式。该项目是 APEC 能源合作框架下的优先倡议之一，其的主要目标是：

①发展“低碳城镇的概念”，为低碳城镇设计的原则和实施提供指导；

②通过提供这些城市发展项目的可行性研究和政策综述，协助在选定的低碳模型城镇中实施概念；

③与 APEC 区域的规划者和决策者分享关于低碳城市设计的最佳实践和现实经验。

在 APEC 能源工作组内，由日本牵头成立了低碳示范城镇任务组，并通过其资助的 APERC 从事相关工作。APERC 针对该项目（一期）评选出的七例低碳示范城镇，进行了概念、导则、指标体系和政策方面的梳理与分析。目前，低碳示范城镇（二期）项目已启动，主要进行低碳示范城镇的经验推广。

4.5 APEC 可持续城市合作网络（CNSC）

为积极落实 APEC 领导人的会议精神，加强国际上 APEC 各经济体在低碳发展领域的交流与合作，国家能源局以“APEC 低碳示范城镇项目”为主线组织开展了多个 APEC 项目合作。2011 年，天津大学向国家能源局申请了 APEC 项目，并于 2012 年 11 月 15 日在天津举办“新能源 • 新城市——经济转型中的低碳城镇发展论坛”。为更好地了解和熟悉低碳示范城镇的建设与发展，由国家能源局主导，天津大学牵头组织的“APEC 低碳中国行”活动在会上由天津大学正式启动。2013 年 8 月，天津大学与华能集团、中节能咨询有限公司、ABB、IBM、中集国际物流、天津新金融、法国电力等 12 家央企、世界五百强企业以及国内低碳产业链其他重点企业共同发起成立 APEC 低碳城镇联盟暨低碳发展国际合作联盟。随后，通过组织国际研讨会、编制《低碳城镇全球推广活动宣传手册与参与指南》、项目实地考察等一系列活动，对中国低碳城镇推广活动进行了广泛的交流和互动。国家能源局国际合作司对推广活动各核心成员的工作给予高度的肯定和评价，并表示大力支持 APEC 低碳城镇推广活动的继续推进。

2016 年 APEC 城镇化高层论坛《宁波倡议》中指出，鼓励成员经济体构建 APEC 可持续城市合作网络，每个经济体自愿提名在可持续发展方面有意愿的城市，开展 APEC 城市合作示范。为了响应并落实雁栖湖会议领导人提出的《亚太经合组织城镇化伙伴关系合作倡议》，在外交部和国家能源局的支持下，将原有的“低碳示范城镇推广活动”升级为“APEC 可持续城市合作网络项目”，并持续推进落实。

APEC 可持续城市合作网络（Cooperative Network of Sustainable Cities，CNSC）是响应 2014 年 APEC 峰会《北京宣言》中“我们支持亚太经合组织城镇化伙伴关系倡议，承诺建立亚太经合组织可持续城市合作网络。”的重要内容，于 2014 年 APEC 领导人非正式会议上获得通过，2015 年 APEC 会议文件中认定 APEC 可持续能源中心作为该领导人倡议的官方落实机构。

CNSC 着眼于通过城镇化和可持续城市发展，为经济增长寻求新的驱动力；通过举行论坛和政策对话会，发挥国际友城等项目作用，推进城镇化和可持续城市发展的合作与经验交流。充分利用现有资源，推进城镇化研究和能力建设，强调生态城市和智能城市合作项目的重要性，探讨实现绿色城镇化和可持续城市发展的途径。

CNSC 包括两个网络和一个论坛，即 APEC 低碳能效城市合作网络和 APEC 可持续城市服务网络以及 APEC 可持续城市研讨会，APEC 可持续城市研讨会于每年上半年与 APEC 能源工作组会议同期召开。

CNSC 的主要工作是通过网络扩大网络中的成员与 APEC 的联系，加强成员在 APEC 层面与其他经济体的交流与合作，协助成员参与 APEC 项目和活动，从而树立城市形象，提升国际知名度。通过建立信息平台，使成员拥有 APEC 信息共享权，从而获得在国际合作中更大的自主权。

在能源工作组里面 APSEC 和日本 LCMT Task Force 都有在进行相关的城镇研究工作，目前的分工已经形成了一个很好的平衡，日本 LCMT 的主要工作是协助各个成员经济体进行低碳城市的发展，所以主要是针对政策面和协调面。日本的 LCMT 是针对各个成员经济体，特别是低度开发成员经济体，协助其进行低碳城镇的实质设计。所以是针对某一个特定的时间空间，然后进行一个实物的规划设计，但并没有针对一个广泛的低碳城市概念来进行进一步研究。而这一方面，APSEC 所进行的 CNSC 可持续城市研究在低碳城市的理念及其相关原则以及将概念落实到城镇设计上面扮演一个非常重要的互补功能。这也刚好跟 LCMT 做一个搭配，所以我个人认为重要的地方是组织间可以在分工上形成一个平衡。

——陈炯晓博士，APEC 能源工作组主席

本章参考文献

[1] APEC Policy Support Unit.Partnerships for the Sustainable Development of Cities in the APEC Region[R].2017.

[2] Beijing Agenda for an Integrated，Innovative and Interconnected Asia-Pacific[C]//22nd APEC Economic Leaders' Meeting，2014.

[3] Annex C：APEC Accord on Innovative Development，Economic Reform and Growth[C]//22nd APEC Economic Leaders' Meeting，2014.

[4] Joint Ministerial Statement[C]//11th Energy Ministers Meeting，2014.

[5] Building Inclusive Economies，Building a Better World：A Vision for an Asia-Pacific Community[C]//.23rd APEC Economic Leaders' Meeting，2015.

[6] Joint Ministerial Statement[C]//12th Energy Ministers Meeting，2015.

[7] Joint Ministerial Statement[C]//28th APEC Ministerial Meeting，2016.

[8] Joint Ministerial Statement[C]// 29th APEC Ministerial Meeting，2017.

5

能源智慧社区最佳实践案例

能源智慧社区倡议最佳实践奖为 APEC 能源工作组下设奖项，现由中国台北推动落实，并聘请美国宾夕法尼亚大学城市研究院作为专家团队。奖项包括智慧交通、智慧建筑、智能电网、智慧工作以及低碳示范城镇这 5 个子项，每两年征集、评选、颁奖一次，每个类别评选出金奖、银奖各一名及若干入库案例。目前，美国、日本、澳大利亚、韩国、泰国、新加坡、墨西哥和中国台北等经济体均有案例获得过此奖项。截至 2017 年，ESCI-KSP 共收录实践案例 585 个，其中中国主导和参与的案例共计 54 个，占比 9.2%。

中国作为 APEC 第二大经济体，案例数在 ESCI-KSP 上所占的比例与其经济地位十分不符。在 2017 年的 ESCI 奖项评选复赛的 25 个案例中，中国案例只占一席。从案例数量上看，中国案例处于劣势；从案例文档的编写质量来看，中国案例的表现也不尽如人意。APEC 可持续能源中心作为中国第一家也是唯一一家能源国际合作机构及 APEC 低碳示范城镇任务组中方对口单位，是中方负责 ESCI 案例收集和申报的官方机构。目前，APEC 可持续能源中心已开始面向国内各单位征集评奖案例。

本章从 ESCI 4 个支柱领域收录了 8 个获奖项目作为重点案例分享。智慧交通案例（中国台北工业园区智慧交通、中国台北日月潭地区低碳旅游项目）由民营机构实施，通过引入智慧数字交通标志、智慧交通控制、智慧停车、电子客票系统、交通拦截圈等途径提高了交通设施的利用效率，以较低的成本缓解交通拥堵等一系列问题。

智慧建筑案例（目标实现净零能耗的太阳岛日本 Shioashiya、泰国里士满酒店节能运动）主要分为低碳建筑示范工程与低碳建筑科普活动两类。日本的智慧建筑案例整合了众多建筑节能理念及技术，计算运行能耗达到净零能耗。同时，该项目采取预制装配式建设方法，具有较高的技术参考价值。泰国的智慧建筑案例在完成基本的技术改造的同时，积极宣传自身节能经验，在行为节能、制度节能方面有所创新，斩获了泰国、东盟，以及 APEC 领域内的一系列奖项。

智能电网案例（中国台北离网地区微网能源供给系统、夏威夷清洁能源倡议）包括电力中长期规划和电网示范工程，旨在解决海岛能源弹性、能源转型、可再生能源替代方面的挑战。

智慧工作案例（能源猪计划、墨西哥可再生能源和能源效率应用领导计划）分别着重于科普和培训、扶贫。美国能源猪计划通过一系列生动有趣的方式对小学生进行节能行为的培养和节能知识的普及。墨西哥的案例通过对欠发达地区的农民进行能源技术培训，提高了当地可再生能源的使用比例，创造了就业岗位，在解决能源问题的同时也解决了社会问题。

5.1 ESCI 最佳实践奖简介

能源智慧社区倡议（Energy Smart Community Initiative，ESCI）最佳实践奖为 APEC 能源工作组下设奖项，现由中国台北推动落实，并聘请美国宾夕法尼亚大学城市研究院作为专家团队。

奖项包括智慧交通、智慧建筑、智能电网、智慧工作以及低碳示范城镇这 5 个子项，每两年征集、评选、颁奖一次，每个类别评选出金奖、银奖各一名及若干入库案例。

ESCI 奖项评审依照 SMART 原则，即 Specific（特有性）、Measurable（可测性）、Achievable（可实现）、Relevant（相关性）和 Timely（及时性）。

ESCI 奖项评选采用专家评委会评选模式，包括项目征集、初赛和复赛等程序，具体评选流程如图 5-1 所示。

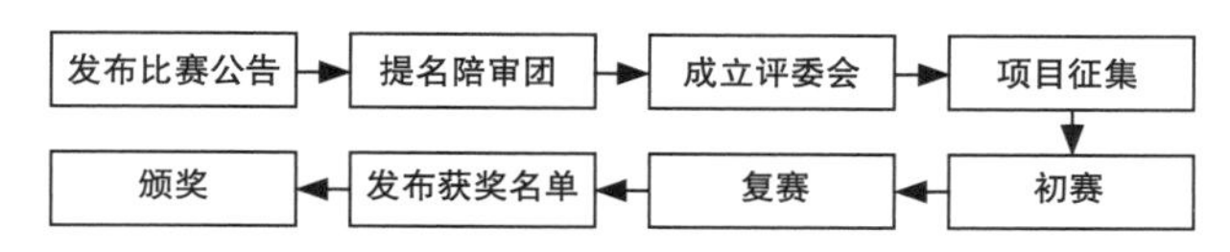

图 5-1 ESCI 最佳实践奖评选流程图

初赛主要考查案例的“策略规划（Strategy）—措施应用（Measures）—成果表现（Performance）”。

进入复赛的案例可以追加补充材料，评委将根据系统化的复赛评审标准对入围案例进行评审，每个分类中总分前两名将被评选为金奖和银奖。

目前，美国、日本、澳大利亚、韩国、泰国、新加坡、墨西哥和中国台北等经济体均有案例获得过此奖项。

截至 2017 年，ESCI-KSP 共有实践案例 585 个，其中中国主导和参与的案例共计 54 个，占比 9.2%，如图 5-2、图 5-3 所示。

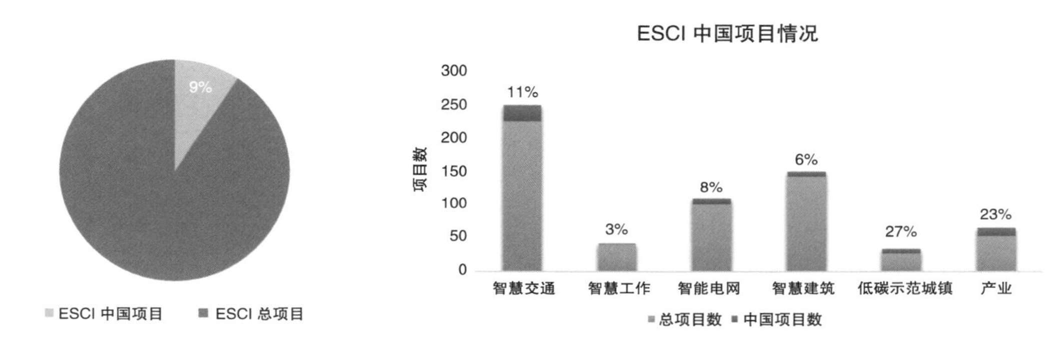

图 5-2 ESCI-KSP 中国项目占比　　图 5-3 ESCI-KSP 中国项目具体情况

中国作为 APEC 第二大经济体，案例数在 ESCI-KSP 上所占的比例与经济地位十分不符。在 2017 年的 ESCI 奖项评选复赛 25 个案例中，中国案例只占一席。从案例数量上看，中国案例处于劣势；从案例文档的编写质量来看，中国案例的表现也不尽如人意。

APEC 可持续能源中心作为中国第一家也是唯一一家能源国际合作机构及 APEC 低碳示范城镇任务组中方对口单位，是中方负责 ESCI 案例的收集和申报的官方机构。目前，APEC 可持续能源中心已开始面向国内各单位征集评奖案例。

5.2 智慧交通最佳实践案例

5.2.1 智慧交通的理论基础

智慧交通主要涵盖城市节能交通网络、节能货运网络、电动汽车测试平台及发展路线图和电动汽车示范项目。其目的是减少交通能源消耗和温室气体排放，增加非机动车的可达性和使用率，以及在交通中应用可再生能源，提倡节能运输方式，普及电动汽车的使用等。

智慧交通分类下共有五个获奖项目，其中中国台北获奖项目两个，美国、日本、韩国各一个。中国台北在此分类下表现抢眼，其项目结构完整、数据清晰，值得借鉴。

5.2.2 2017 年金奖——中国台北工业园区智慧交通

1. 项目概述

自 1980 年中国台北第一个科学园成立以来，位于新竹、台中、台南的三大科技园吸引了 800 多家企业，共计 27 万名员工。科技园区相当于一个小型城市，因此也存在着交通拥挤和停车位不足的问题。三个科技园正在进行数字化改造，通过实施"智慧停车信息通信技术重建计划"，引入智慧交通控制、智慧停车、智慧数字交通标志和停车向导手机 APP 的途径提高了交通设施的利用效率，以较低的成本解决了交通问题，推动城区智慧交通的变革和发展。

2. 背景意义

新竹科技园被誉为中国台北的硅谷，在几十年的发展中，园区人员数目也从 2.6 万人发展到如今的 15 万人，与此同时，台中与台南的两个科技园也经历了同样的就业增长，所有的科技园都面临着严重的交通问题。在高峰时段，有大量的工人选择开私家车上下班，成群结队的摩托车和汽车在道路上排成一列也是司空见惯的现象。伴随着交通拥堵，空气质量也逐渐恶化，严重威胁着科技园区人们的健康，影响了生活质量，而智慧交通则是解决这个问题的最佳方式。如图 5-4 所示，新竹、台南、台中科技园的就业人数在近 15 年飞速增长。

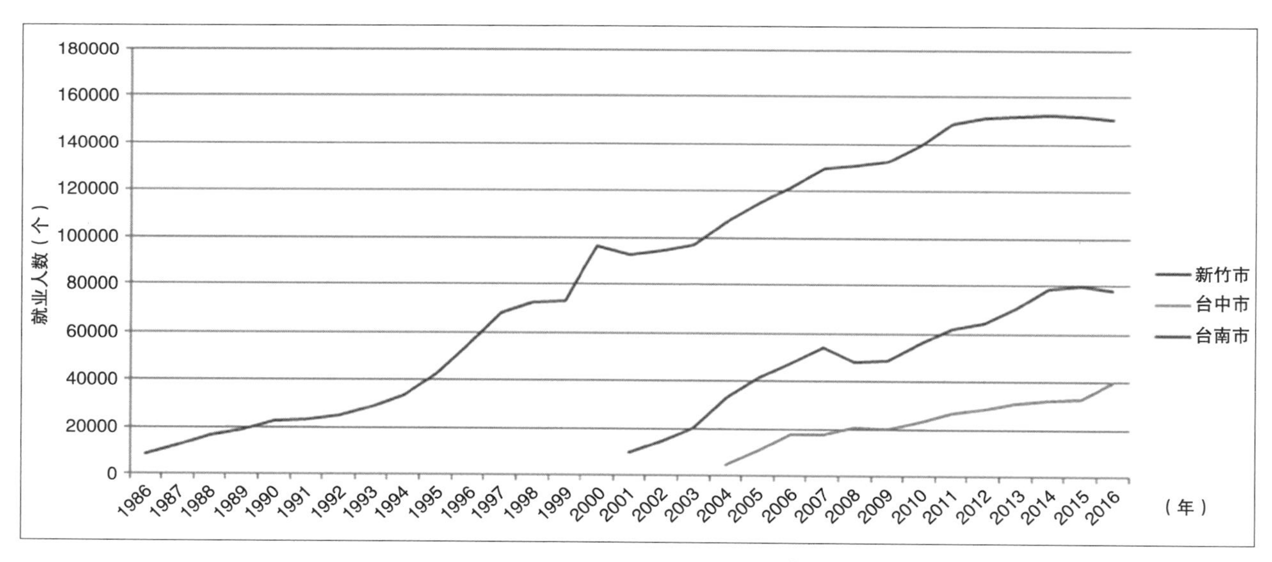

图 5-4 科技园区的就业增长[①]

3. 策略与措施

本项目的战略方针：计划通过以下三种方式更新信息通信技术基础设施，促进三个科技园的整体协同工作。

① 图片来源：http: //esci-ksp.org/project/smart-park-ict-re-engineering-initiative/?tdsourcetag=s_pctim_aiomsg

1）推出“智慧停车信息通信技术重建计划”，将三个科技园转变为智慧社区

相关部门已经启动了“智慧停车信息通信技术重建计划”，计划将这三个科技园转变为创新和可持续发展的数字生态社区。该计划由先进的ICT技术推动，建立“智慧园区数字平台”，该平台通过数据管理和分析，提供智慧交通和环境解决方案。

2）实施“智慧园区数字平台”，收集大数据，提供有价值的分析

“智慧园区数字平台”主要关注三个方面，分别是智慧交通、可持续发展和交通治理。传感器网络收集、存储、检索和分析从交通和环境两个主要来源收集的数据。该平台实现了数据可视化并与政府系统相连，从而最大限度地发挥协同作用。该平台将收集的数据公开化，以响应“数据驱动、公私合作、以人为本”的政策，将园区本身作为试验田并鼓励自主开发API，使园区居民受益。同时，开发了科学的停车解决方案：在“智慧园区数字平台”的管理下，三个科技园在解决交通难点问题的同时，开展了以下解决方案以达到最大的能源效率。

（1）智慧交通控制中心

智慧交通控制中心的运行过程包括数据采集、交通管理、交通信号控制和交通报告。控制中心提供动态的交通管理，并与相关的系统相结合，例如交通信号系统、旅客信息系统、停车系统、公共交通系统、安全系统等，以提高交通系统的运行效率和安全。同时配备了交通管理系统（ATMS）和监控系统，以增加高峰容量和保证交通顺畅。在交通控制中心的管理下，园区高峰时段的行车时间从30min减少到20min，改善了交通质量，减少了污染，提高了效率。

（2）智慧电动汽车

交通拥挤地区适合引入电动汽车，尤其适宜于行驶距离较短的科技园区，它们是零排放且高效的交通工具。在科技园区里，智慧电动穿梭巴士可以替代部分传统的燃料动力汽车，并以此鼓励人们使用公共交通工具。它能够在提供智慧交通服务的同时，达到减少碳排放和燃料消耗的目的。服务线路连接邻近地区、火车站、高速铁路车站和公交车站。车辆的智能装置能够实现与其他车辆和基础设施进行通信。乘客可以享受免费的Wi-Fi服务，并通过手机APP和公交站的液晶显示屏查看公交的动态时刻表和到达时间。

此外，用户导向的DRTS（需求响应中转服务）在乘客需求较低的非高峰时段提供公共汽车服务。该服务提供灵活的路线，填补服务间隙，降低运营成本；鼓励人们使用公共交通工具，减少科技园区的交通流量。在每个停车场中应用EVs的预期结果见表5-1。

每个科技园每年减少的 CO_2 和油耗[①]　　表5–1

科技园	新竹	台中	台南	平均
每年减少的 CO_2	45605kg/辆车	8938kg/辆车	21645kg/辆车	25396kg/辆车
每年减少的燃料	17491L/辆车	6500L/辆车	8300L/辆车	10764L/辆车

（3）智慧停车

智慧停车解决方案提供车辆快速通道、可用停车位标识、无票/无现金付款、安全系统、查询检查等。

① 数据来源：http://esci-ksp.org/project/smart-park-ict-re-engineering-initiative/?tdsourcetag=s_pctim_aiomsg

通过使用无票 / 无现金支付和车牌识别系统，进入停车场的入口时间缩短为每辆车 3~5s。司机的平均停车时间控制在了 3min 以内，从而获得了良好的用户满意度和停车场管理效果。以新竹科技园为例，通过智慧停车解决方案，该园区预计可容纳 43.4 万辆汽车，每年可节省 21662h 的停车时间。该方案还能最大化停车位的使用，提供舒适便捷的用户体验。在节约时间和金钱的同时，减少了燃料消耗和碳排放。

（4）智慧数字交通标志

科技园的交通流受交通事故、道路建设、交通管制和天气等因素影响。智慧交通标志安装在科技园区中的重要路段，用以提供信息和指示道路。系统每 3min 与高速公路局的动态交通数据库进行一次同步，报告交通流量，从而辅助路线规划，避免交通拥堵。

3）推出“iLive Pro：科技园停车向导”应用程序，方便规划出行计划

“iLive Pro：科技园停车向导”是一个集成的手机应用程序，它根据用户的手机定位提供相关的园区信息，如路线时间表、地图以及从用户当前位置到目的地的最佳路线导航。用户界面简单，信息可视化，对于出行者来说，是一个非常有用且高效的工具。

4. 效益

交通基础设施对一个经济体的经济活力至关重要。以人为本和可持续发展的智慧交通，不仅提升了政府的管理效率，也为人们提供了一个更安全、更环保的环境。

通过这些策略和努力，该计划实现了三个科技园的整体协同发展，以达到生态友好的社区，并创造了乐活的生活环境。这一倡议的成功经验也可以用于其他社区的学习和复制，所产生的社会和经济利益远远超出了直接价值，在未来将会创造更多的社会福利。智慧停车数字平台提供了不同的解决方案，提高了园区的管理和效率。资源丰富的公开数据库，是一个宝贵的财富和强大的引擎，从而驱动了更多的增值应用，管理人员和公共用户提供了更多的增值功能。

智慧电动汽车的部署，减少了私家车的使用，在节约能源的同时实现了交通通畅。预计这三个园区将减少高达 960t 的二氧化碳排放，每年节约 119100L 的油耗。同时，电动汽车的使用也促进了制造业的发展和繁荣。

5.2.3 2015 年金奖——中国台北日月潭地区低碳旅游项目

1. 项目概述

近年来，越来越多的人重视休闲活动，几乎每个节假日景区里的汽车都泛滥成灾。游客数量地大幅增加不仅造成了严重的交通拥堵，还导致了空气质量的逐渐恶化，更有可能在未来降低日月潭地区旅游服务的整体质量。

运输研究所（MOTC）提出了 i3 旅游——爱上旅游计划，并通过与日月潭风景区的管理合作，解决目前面临的问题，同时规划未来的发展，改善该地区的交通和旅游服务质量。i3 旅游项目的主要理念是创新性、智能化和趣味性，这意味着该项目将为游客提供新型智能化信息服务，使旅游体验更加“有趣”。

2. 策略与措施

引进全球先进的智能电动汽车共享服务：通过共享方案让湖区的游客在体验节能环保的电动汽车

（iQ-EV）的同时领略到日月潭的美丽，节省了旅行开支，这一措施可以说是一举两得。每辆电动汽车都配备先进的导航服务（ANS），利用未来汽车信息服务的概念，开发针对日月潭旅游特色的独家旅游导航系统。ANS 导航服务集成了许多智慧交通系统服务，除了时刻控制车辆的状态以确保游客的安全外，基于位置服务（LBS）和多媒体信息也用来引导游客深入地游览日月潭。

为新的低碳湖区服务引入电动巴士：采用电动巴士取代了原来的柴油巴士，电动巴士上还配备了多媒体音频游览系统和动态信息显示系统，使日月潭风景区成为中国台北第一个完全使用电动公交车的风景名胜区。

建立跨部门无缝沟通的 CMS 信息传播平台：统筹协调各部门之间的资源和信息，为区域交通协调与管理提供整合，这有效地促进了大规模活动的交通管制措施和疏散行动的执行。

推动日月潭低碳旅游电子套餐创新服务：单一电子客票结合多种交通系统、旅游景点、特色企业，为智能交通、低碳旅游打造解决方案，提升了交通与旅游结合的产业效率。此外，还建立了电子门票综合服务平台，为日月潭提供专属 APP 服务，让旅行更加智能、便捷。

有效减少私人运输系统的使用，实现节能减排效益：调查和分析表明，在提供高质量的低碳交通服务后，日月潭地区私人交通系统（汽车和摩托车）的比例从最初的 41.7% 下降到 34%。根据使用里程计算，引入电动汽车共享服务每年可减少 96t 二氧化碳排放量。据估计，随着各项低碳服务的持续推广，预计到 2020 年，二氧化碳排放量每年可减少约 1340t。

3. 结论

该项目建立了一种新的旅游模式：引入交通拦截圈，提高旅游交通系统的服务质量。逐步控制私家车的数量，鼓励游客使用低碳和智慧的旅游方式，享受美丽的日月潭景观。

建立全面的低碳运输系统：步道、自行车、敞篷车、电动汽车、电动湖车、电动船等低碳交通方式并行，实现每一公里的低碳出行。

建立深度、周到的旅游信息服务：为了引导游客在日月潭使用各种低碳交通系统，开发了便捷的智能手机应用服务。此外，在日月潭的每一辆电动汽车都配备了先进的导航系统，为游客提供基于位置的多媒体信息，让游客享受到更加安全、周到的旅游服务。

建立完善的电子票务交易系统，创造更便捷的旅游和购物环境：除了倡导游客使用各种低碳交通工具外，还在日月潭地区整合了高质量的中小企业，以扩大当地的特色服务。游客可以使用无处不在的电子门票来享受便利的旅行服务和舒适的购物体验。

5.3　智慧建筑最佳实践案例

5.3.1　智慧建筑的理论基础

智慧建筑包括低能耗建筑网络、材料测试与评级、清凉屋顶示范和低能耗窗示范，其目的是进行低能耗建筑的评价和示范，通过评定与分析工具，对相关材料进行测评以及开展清凉屋顶和低能耗窗的示范项目。

目前在智慧建筑类别下获奖的项目共有五个，其中泰国三个，日本、新加坡各一个，每个经济体都形成了各自鲜明的特色。

5.3.2 2017 年金奖——目标实现净零能耗的太阳岛日本 Shioashiya

1. 项目概述

Shioashiya 是日本电子巨头松下公司旗下由 PanaHome 公司设计和开发的一个小镇，是日本参与 ESCI 最佳实践奖——智慧建筑类的首个获奖项目。它位于日本兵库县芦屋市的一角，拥有 400 栋独立住宅和 83 套公寓，项目中整合了众多建筑节能理念及技术，并采用预制装配技术建造，力图打造一个净零能耗城市。该项目占地约 12 万 m^2，可容纳 9000 人；小到每一个住宅和社区设施，大到整个城镇的布局，都是为了减少能源使用和最大化利用可再生能源而设计。

Shioashiya 的每家每户都安装了屋顶太阳能电池板、储能电池和家庭能源管理系统，家庭中各项用能均使用可再生能源，并将过剩的能源与邻近的家庭共享。当家庭电器不使用时，它也会自动关闭。

PanaHome 采用一种名为 Puretech 的绝缘技术和一种拥有生态导航系统的通风系统，共同致力于消耗最少的能源，使室内在夏季和冬季都能保持适宜的温度。PanaHome 还通过屋顶太阳能发电系统和每套公寓安装的燃料电池单元，共同打造 Shioashiya 净零能耗共管公寓。燃料电池是利用氢和氧化学反应产电的发电机，它被视为比传统化石燃料更清洁的发电方式。由于其创新的能源发电设施，共管公寓大楼每年能产生大约 199MW·h 时的电能。PanaHome 表示，这超过了整栋大楼每年的能源消耗，而余下的电力将会被卖回电网，为管理协会带来了约 11700 美元的年收入。

除了住宅外，这个名为“太阳岛平台”的社区中心也配备了太阳能系统和储能系统，由于采用了被动式的建造技术，该城镇的整体布局本身也有助于减少能源消耗。

2. 策略

智慧城市 Shioashiya 正在进行两项从未在日本做过的尝试。这是日本第一次以零能耗为目标，建设独立住宅（约 400 户）和公寓（83 个单位）。为了实现全镇的净零能耗，所有独立的智能住宅都在屋顶安装了 56kW 太阳能发电系统，在室内配备了能够抑制功率峰值并能在断电时保证电源安全的“家居节能连接系统”和大容量储能系统。这些发电系统创造的电能相当于共管公寓耗电量的总和。

该策略的实施也为居民带来了切身的经济利益。太阳能发电的过剩电力被出售，每年的收入约为 133 万日元，这部分收入将用于共管公寓的日常管理。

兵库县的一项政策显示，在 Shioashiya 开垦的土地上建造一个生态友好的智慧城市，不仅能够增强城市本身的吸引力，还将有助于增加人口（计划人口：约 500 户，1500 人）。

该项目在日本得到了大力推广。PanaHome 在 Kusatsu（滋贺县）和 Fujisawa（神奈川县）也建设智慧城市以及政府管理的净零能耗智能住宅，并倡议把这些作为独立住宅的标准规范。同时，还在东京、大阪、奈良等地建造配备有先进能源设施的智能公寓。到 2018 年，PanaHome 的目标是净零能耗房屋占新建房屋的比例达到 80%。

该项目启发了人们在建造独立城镇时，开发、使用当地能源，构建城镇社区连续性计划，从而在灾害期间依然能够保证正常生活。逐渐增加的智能城市也可以平衡区域的电力供应和需求以及结合太阳能发电与蓄电的方法降低峰值功率。

通过定期向政府反馈家庭用电数据，居民们可从政府和环境部门获得相应的补贴。此外，该项目也有助于将智慧城市的重要性和优点传达给居民，从而提高全民节能意识。

3. 措施

日本居住建筑能耗占全国能耗的30%，为了降低该部分能耗，日本政府积极推动净零能耗住宅的发展。根据这些国家政策，由PanaHome提议的独立式房屋和公寓的业主有资格获得各种节能设备，如家庭能源管理系统（HEMS）和太阳能发电设备。除了降低初始成本外，节能设备的使用还可以降低照明和取暖费用等运营成本，不仅提供经济效益，还有助于推广智能住宅和智能公寓。由于Shioashiya镇位于海岸，在海啸等自然灾害发生时，智能公寓被指定为疏散区。这些方面不仅使居民安心，也有助于推动项目的发展。

整个城镇的目标是生产28700GJ/年的能源，以实现一个净零能耗城镇。每一个智能住宅都要成为净零能耗房屋，平均每年创造56GJ的能源。

根据PanaHome的照明和取暖费用环境模拟结果显示，通过各种补贴，家用设施的价格也降低了。通过在智慧城市的社区中心安装太阳能发电系统，供能可以在灾难发生而断电时提供2天的供电量。

作为松下集团的房地产公司，50多年来，PanaHome一直在以松下集团创始人Konosuke Matsushita的设想为基础，为人们提供住房，以丰富人们的生活，其中的设想之一就是环境友好的概念，追求能源效率是一个重要方面。为此，PanaHome努力使每栋房子都成为一个智能住宅，当这些房子被组合在一起时，就像一个智慧城镇。PanaHome一直致力于将这些城镇打造成为净零能耗城镇。

4. 效果

以净零能耗房屋概念为基础的智能住宅，最基本可以实现每个独立住宅的净零能耗。截至2016年，计划的25%（约110个家庭）已经完成。智能公寓已经完工并出售了83套。PanaHome将在未来继续销售。

Shioashiya智慧城镇内某一智能住宅照明和供热成本环境模拟结果见表5-2。

Shioashiya模拟结果[①]　　表5-2

建筑面积（m²）	太阳能电池系统		家庭能源的储能连接系统	消耗量				太阳能		净零能耗完成度	房屋年照明采暖费用			
	总计	朝向		电力		燃气		光电量		（%）	花费（日元）		收入	净收入（日元）
123	4.76kW	南		（kW·h）	（GJ）	（kW·h）	（GJ）	（kW·h）	（GJ）		电力	燃气	电力销售收入	
			/	5584	545	0	0	5744	56	103	76936	0	153938	77002

5.3.3 2015年金奖——泰国里士满酒店节能运动

1. 项目概述

泰国里士满酒店节能运动是泰国首个斩获ESCI最佳实践奖的项目。在此之前，该项目获得了泰国节能建筑奖（泰国城市电力署颁发）、泰国能源奖（泰国能源部颁发）、东盟能源奖等一系列奖项，项目领导获得泰国杰出女性领导奖。该项目多次受泰国能源部邀请作为泰国节能实践案例的代表走上

① 数据来源：http：//esci-ksp.org/project/shioashiya-japan/?tdsourcetag=s_pctim_aiomsg

国际舞台。在此项目经验的指导下，泰国华侨崇圣大学节能运动获得了 2017 年 ESCI 最佳实践奖智慧建筑银奖。

里士满时尚会议酒店于 1995 年 1 月 8 日开业，拥有 220 名员工，酒店提供 24h 高标准的接待和住宿服务。

在提升服务质量得同时，里士满时尚会议酒店着力打造拥有绿色认证的节能酒店，在保证低能源消耗和保护环境的基础上提供最佳服务。从 2012 年到 2014 年，酒店一直在积极调整其能源使用结构，使之更加合理。为了实现有效利用能源的目标，里士满酒店在酒店运营的各个层面都创造了一种节约能源的文化。酒店鼓励员工积极参与节能活动，倡导"降低能源消耗和减少碳足迹"的运动。

在项目初期，酒店对所有员工进行节能培训，接受培训之后的员工不仅能够将培训中学到的节能知识运用在工作中，还可以指导其他员工进行节能实践。除此之外，酒店还积极鼓励客人在入住酒店期间加入到这项环保活动中，从使用者的角度更加经济合理地使用能源。除了定期开展酒店内部活动外，里士满酒店还会定期组织社会公益服务。

在过去三年中，通过节能减排，减少了 462 万 kW· h 的电力消耗和 3569GJ 的燃料消耗。项目总成本为 21.38 万泰铢 /3 年（0.69 万美元），回收期为 0.87 年。2014 年酒店的能源效率指数为 277.78 MJ/（房间·d），与 2012 年和 2013 年相比，酒店的能源效率指数下降了 8.94% 和 31.45%。除了直接效益，里士满酒店还获得了由泰国大都会电力公司主办的 2014 年度最佳节能建筑奖，将高达 200 万泰铢的奖金收入囊中。在 2015 年泰国能源奖和 2015 年东盟能源奖上，酒店也获得了表彰。可以说，里士满酒店取得的一系列成功，归功于酒店的每一位工作人员，在节能文化的影响下，员工们致力于节能计划，共同推动打造了如今名副其实的"绿色酒店"。

2. 策略

里士满酒店教育员工要重视碳足迹和能源消耗对环境的影响，在知识培训的基础上付诸坚定的决心，成就了里士满酒店在 2012—2014 年间共计 462 万 kW· h 的能耗节约。除了节能方案外，里士满酒店每年还举办"红树林重现活动"，秉持着恢复绿色生态和重建森林的决心，酒店员工共计植树 4000 多棵，在泰国引起了极高的反响。

在节能策略上，里士满酒店有一系列废弃物与污染物管理原则，其中包括从源头上倡导客户参与废品分类回收，减少各个部门的浪费。酒店总经理及各委员会还前去参观了 Suvannabumi 公司的 Wongpanit 废物回收厂进行学习，并创建了"里士满废物库"，以求增加酒店废弃物的后续价值。"里士满废物库"改变了员工对废弃物的态度，并鼓励他们去变废为宝，一经建立就得到了员工和客户的合作支持。废弃物的价格一般为 2.42 泰铢 /kg，但通过分类回收处理后，将以 5.01 泰铢 /kg 的价格出售，涨幅超过 107%。通过一系列倡导与实践，酒店通过分类回收废弃物每年可增收 11.6 万泰铢。里士满酒店还举办了"废物创新竞赛"，鼓励员工发明各种技术，变废为宝，将废物改造应用于各部门。在员工和客户的参与下，里士满酒店认真贯彻了废物管理的 3Rs 原则，即 Reduce（节约）、Reuse（再利用）和 Recycle（回收）。酒店通过"三片薄纸"活动，鼓励员工和顾客节约纸张的使用。此外，"再利用活动"倡导 A4 纸的二次利用、使用钢笔和铅笔，以及减少床盖的更换次数。在细节之处，践行酒店的节能方针。

在提高设备效率方面，里士满酒店考虑了三个因素：①结果（可持续性）；②投资回报期（少于 3 年）；③补贴。里士满酒店有许多项目获得了能源部的补贴，如"节能技术示范"（补贴 40%）、"节能材料和工具”（补贴 20%），共计补贴 300 万泰铢。酒店还投资更换效率更高、更加节能的设备，折算下来共计节省资金超过 2138 万泰铢，平均投资回报率为 0.87 年。与泰国同类项目相比，这一数字似乎不大，但里士满酒店准备以此节能方案为例，进行推广运用，让更多的企业和社会组织加入到节能的行列中。

3. 效果

酒店的能源效率指数是总能量消耗和酒店客人量（每房间每日）的比值。里士满酒店拥有 455 间客房，入住率为 73.36%（2012—2014 年），2014 年酒店的能源效率指数为 277.78MJ/（房间·d），与 2012 年和 2013 年相比分别下降了 8.94% 和 31.45%。通过数据，我们可以明显地看到，在所有员工的共同努力下，酒店成功地做到了节约能源。

从直接效益来看，酒店节省了 462 万 kW·h 的电能和 3569GJ 的燃料，转换成经济效益，直接为酒店减少了高达 2138 万泰铢支出。然而，最具价值的长期效益是，各级员工备受激励并以节约能源为己任，提高了个人和团队的创造性，不仅有助于日常节能，而且提高了酒店对客人的服务质量。酒店已经准备好将成功经验分享给其他企业和社会组织，并支持他们的可持续能源成功之旅。在里士满酒店，每个员工都积极地为泰国的绿色倡议做出贡献，节约能源，造福于下一代，让世界更加美好。

5.4 智能电网最佳实践案例

5.4.1 智能电网的理论基础

智能电网分类包括智能电网路线图和智能电网测试平台，其主要目的是推进智能电网标准的制定、提高可再生能源在智能电网中的比重、促进楼宇智能化的发展、促进微电网的发展以及推动智能电网测试平台及示范项目的发展等。

智能电网分类下获奖项目共五个，其中中国台北和美国各有两个项目、澳大利亚有一个获奖项目。该类项目的特点是技术性较强，注重体现具体技术和实测数据。

5.4.2 2017 年银奖——中国台北离网地区微网能源供给系统

1. 项目概述

中国台北周围有很多小岛屿，需要自行解决电力需求。然而，这些岛屿一直面临着电力不稳定、停电和高碳排放的问题，期待着更好的解决方案。东吉屿微网能源供给项目通过引入大量可再生能源，用电网的预测、监控、调节、混合动力技术弥补可再生能源供能不稳定的缺点，提高了供电质量和电力稳定性。减少了燃料的使用，大大降低了碳排放，减轻了预算负担，同时解决了离网岛屿的能源供给问题，力图将东吉屿打造成一个零碳岛。

2. 策略

可再生能源发电系统依赖于天气、季节和昼 / 夜条件，因此需要蓄能和备用电力来稳定供应岛屿或偏远地区的微电网系统。与此同时，由于可再生能源的固有间歇性，当越来越多的可再生能源与电网相连时，电能质量不可避免地受到影响，这意味着需要实时监测、控制系统和能量存储系统，从而有效地调度和协调分布式能源。微电网的整体经济效益对终端用户市场和广泛性使用至关重要，因此，优化资源的使用和提供高质量的电力是微电网发展的重要课题。

与现有柴油发电机共同作用的混合动力微型智能电网解决方案，包括了微型智能电网系统的设计、评估、监控和能源管理，并集成了储能系统。

基于实时系统操作状态和信息，加上电源的稳定性和电能质量的要求，智能 μ-MEMS 系统能够在常规和紧急情况下优化资源配置。集成了储能系统（ESS）和柴油发电机的混合动力微型智能电网，提高了可再生能源高渗透、解决了光伏电源供应中断或城市化设置中机线拥堵等电能质量问题。

微型智能电网系统（PDMS）目前是该市低碳项目的一部分，通过与现有的柴油发电系统相结合，实现了日常用电的正常使用，有效地解决了柴油电力供应成本较高的问题。

该项目推广了“智能生成、智能存储和智能供应”的概念。农村地区、离岛可以充分利用当地的可再生能源，以减少二氧化碳和其他温室气体的排放并降低对化石燃料的依赖。

3. 应用场景

在中国台北的网络中，三个主要的应用场景见表 5-3。

三种应用场景　　表 5-3

三个应用场景	直接用户	技术领域	经济参数
1. 直接连接到支线	电力系统操作员 (PSO)	馈线线路电压控制系统规范；通信协议	提供相应的辅助服务的成本和经济可行性
2. 直接耦合到现有的太阳能系统	间歇产生源 (IGS) 的所有者	响应时间；精准控制	在中国台北地区运用的运营成本和经济吸引力
3. 用户终端的直接连接	客户	系统运行稳定性	与电网供电成本的比较

4. 系统的实现路径和项目具体内容

柴油发电机与智能微电网的结合不仅能提高电能质量和稳定性，还可以通过自动控制功能，提高可再生能源的渗透率，大幅减少燃料消耗。

东吉屿现有发电系统由 4 台总装机容量 900kW 的柴油发电机和 86.4kWp 的光伏系统组成。从 2007 年到 2014 年，东吉屿每年的日晒量约为 1476.6kW· h/m^2，这意味着东吉屿发电系统的年发电量将达到 109582.6kW· h，其中 317.08kW· h 为光伏系统发电量。

PDMS 旨在实现以下关键绩效指标的质量和效率：

通过微型智能电网评估，设计系统模型，完成相关的分析，优化运行智能 μ-MEMS 系统，通过能源发电预测调度、负荷预测的远程监控和控制系统交流电源的三相平衡，以此降低东吉屿微型智能电网系统的运营成本。同时通过开发和运行混合动力微型智能电网，以减轻光伏发电的间歇性。在 12 个月中每天发电 300kW· h，新发电成本低于 0.1826 美元 /（kW· h）。在发电成本降低的同时，微电网系统的稳定性也得到了有效改善，电压稳定保持在 0.99%~1.01% 之间。除此之外，还有效减少温室气体排放 57.86t/ 年。

5.4.3 2015 年金奖——夏威夷清洁能源倡议

1. 项目概述

夏威夷是美国对石油依赖程度最高的州，作为美国在世界上最偏远的人口中心，高度的能源依赖使得夏威夷极易受到能源供应短缺的影响，导致其能源价格高居全美首位。

夏威夷丰富的自然资源为其能够在电力和运输两大能源消耗领域实现自给自足提供了可能。清洁能源相对传统化石燃料具有更高的效率和经济效益，这也使夏威夷吸引了众多投资，进而成为清洁能源的试验基地，也是全球开发利用可再生能源的先驱。

美国在 2008 年实施了一项关键政策，美国能源部和夏威夷州达成了“谅解备忘录”，并在此基础上实施了“夏威夷清洁能源计划”，旨在建立长期的合作关系，以使夏威夷州可再生能源的开发能够根本、可持续地转变，并更好地进行规划和实施。在 2014 年，美国能源部和夏威夷州共同建立国家级示范项目，为其他州和行政区做出榜样，来迎接实施“夏威夷清洁能源 2.0 计划”带来的挑战。

该示范项目包括与能效、再生资源、替代燃料、输配电网、储能技术、新能源汽车和其他的清洁运输相关的且不限于此的创新性政策、技术和部署策略。

2. 夏威夷清洁能源计划的政策发展和资金支持

“夏威夷清洁能源计划”是在夏威夷州能源办公室指导下的一个法律法规体系，为夏威夷清洁能源的开发提供了指导。“夏威夷清洁能源计划”同样也代表了一部分群体，他们支持该政策框架并致力于协作实现“夏威夷清洁能源计划”的政策目标。2009 年由夏威夷立法机关颁布的 HB1464 法案推动了政策的实施。HB1464 要求每一家在州内售电的电力公司都建立“可再生能源配额机制”（RPS），并于 2030 年实现 40% 的配额，目的是确立独立的能源效率目标，并强化可再生能源配额制。2009 年颁布的 HB1464 法案要求夏威夷州公共事业委员会（PUC）建立“能效配额制度”（EEPS），以促进项目和技术的发展。如果要实现 2009 年制定的达成 40% 的 RPS 和 30% EEPS 的目标，那就意味着到 2030 年，清洁能源的占比须达到 70%。

根据“夏威夷清洁能源计划”，全州已经安装了包括风能、太阳能和生物质能源发电装置，其总装机容量 500MW。屋顶太阳能光伏的安装使夏威夷提前 2 年完成其 2015 年的 RPS 目标，同时夏威夷也提前完成了 EEPS 达到 30% 的目标。在向公共事业委员会提交的一份报告中指出，夏威夷有可能超额完成 2030 年节约 4300kW· h 的目标。预计到 2030 年累计能效为 6210kW· h 时，或完成当下 EEPS 目标的 144%。

根据“夏威夷清洁能源 2.0 计划”,之前制定的到 2030 年实现 RPS40% 和 EEPS 的目标已经过于保守。2015 年夏威夷通过了 HB623 计划，计划到 2045 年达成 RPS100% 的目标，并将夏威夷 2020 年的 RPS 目标提高到 30%。夏威夷已经成为全美国第一个接受 100% 再生能源配比目标的州，并已经制定了州内未来电力投资的目标，这使得该规划更为系统。

“夏威夷清洁能源 2.0 计划”将解决交通运输问题放在首位。之前的夏威夷清洁能源主要将重点放在了电力领域。尽管在最初的“夏威夷清洁能源计划”中交通问题也列在其中，但是进展一直很缓慢。在夏威夷能源办公室的努力下，“夏威夷清洁能源 2.0 计划”中确定成立清洁交通国际委员会（ICCT），提供技术和政策支持，并确定减少使用石油燃料的目标和时间。

2015 年 ICCT 与利益相关方进行了一系列的磋商，并发布了《交通能源分析报告》，报告中包括近 20 项需开展的工作，并说明将继续进行分析研究以开发减少石油燃料使用的长期计划。其下一步工作将继续召集利益相关方，在交通运输方面进行协作，这将是夏威夷清洁能源计划未来许多年的发展之重。

"夏威夷清洁能源 2.0 计划"有助于夏威夷进一步进行革新。其将促进夏威夷新能源基础设施建设，这也有利于夏威夷引进能源系统创新及新能源实验方面的投资。夏威夷作为新能源试验基地有助于其在新能源经济方面的繁荣发展，在清洁能源方面的投入已超过旅游业和军事。

在 2014 年夏威夷成立了名为"绿色能源市场证券化"（GEMS）的清洁能源金融项目。该项目采用了创新的金融结构，从债券市场吸引资本用于清洁能源的开发，以降低清洁能源造价。GEMS 已经开始接受非营利机构和用户的申请，他们可以从该项目借贷来安装光伏系统，这种方式还可以节约其电费支出。GEMS 还设立了 1.5 亿美元的基金，用于居民住宅安装太阳能光伏系统并应用其他可以支持光伏的技术。

普及可再生能源项目的意向创新计划得到了夏威夷政府的批准。该项目可以使租户、房主和其他人都能够购买大型太阳能电站等可再生能源设施所发的电。

基于社区的可再生能源项目也有利于州内新近启动的"绿色能源市场证券化"项目。租户、非营利机构和其他被清洁能源融资拒绝的人都可以从 GEMS 申请贷款，来参与社区内的可再生能源项目。

"夏威夷清洁能源计划"的下一阶段计划是开发路线图，来应对夏威夷在广泛利用新能源、提高能效和实施长期、全面、系统的能源策略的挑战。"夏威夷清洁能源 2.0 计划"将着重开展清洁能源基础设施建设工作，这项工作可以促进经济增长、能源体系创新。另外，吸引外部投资也是夏威夷实现清洁能源目标的一项重要工作。

3. 夏威夷计划的具体内容

1）短期目标：2011—2015 年

支持可再生燃料大规模生产的先进技术需要约 5 年的时间才能成熟。因此，燃料领域的短期目标相对比较保守。本阶段的主要目标是在 2015 年实现 45 MGY[①] 的绿色燃料（如天然生物燃料、生物柴油等）。除已经完成的项目以外，还需开展以下工作：①保留农业用地和用水；②成立劳动力培训项目来振兴农业发展；③实现农业生产流水化作业，从作物生长到燃料的提炼过程进行流程化操作；④在发电和军事运输方面同生物燃料的使用方开展长期合作。

2）中期目标：2016—2020 年

到 2020 年底，该阶段的主要目标是达成 80MGY 的绿色燃料，其中 32MGY 用于国防部，50MGY 的可再生燃料用于地面运输。夏威夷州农业的快速发展也有助于此目标的实现。

3）长期目标：2021—2025 年

夏威夷清洁能源计划实施到此阶段时，各项目应该已取得显著进展，很多今天尚未成熟的技术也已经到了应用阶段。因此，长达 10 年的发展目标也会更普遍。但是，如果在现有技术下各项目可以取得稳定进展，根据夏威夷清洁能源计划，到 2025 年，夏威夷可实现：①可再生资源的发电总额应达到总发电额的 32.5%；②可以避免 3500GW·h 的能源损耗；③用于地面交通的燃料可以节省 300MGY 的石油燃料；④可再生燃料总产值达 350MGY。

交通方面的目标是到 2030 年地面交通减少 70% 的燃油使用，或每年减少 3.85 亿加仑（约 14.57 亿 L）的燃油。海洋和航空方面所用的生物燃料也有助于目标的实现。现在需要做的工作如下：①提升车辆

① 年度能源消耗（百万加仑标准油）

能效利用率；②减少车辆行驶总里程数（VMT）；③加大可再生燃料在交通方面的使用；④加快推动电动车和氢燃料汽车的研发使用和相关基础设施的建设。

2030年需实现的目标涉及如下四方面：汽车能效、减少车辆行驶总里程数、电动车的研发使用、生物燃料。

现在所有的新生产的小型汽车和卡车需要达到的功率分别为35MPG[①]、28MPG。到2030年应达到120MGY的目标。同2010相比，车辆行驶总里程数应降低8%，到2030年应达到40MGY的目标。电动车应达到车辆总数的20%，到2030年应达到75MGY的目标。生物燃料的使用应达150MGY，到2030年应达到150MGY的目标。

通过总结美国的“夏威夷清洁能源计划”，可以看到夏威夷州充分利用了自身的自然禀赋，不但构建了一个完整的清洁能源实施计划，并且不断对项目目标进行优化，同时实施金融创新，吸引资本流入。在项目实施的过程中，利用成本分析、排放量核算和替代燃料计算等工具保障了项目的科学性和创新性，成为地区改善能源结构、降低排放的典范。

5.5 智慧工作最佳实践案例

5.5.1 智慧工作的理论基础

智慧工作包括能效培训和学校课程及兄弟学校计划，其主要目的是在APEC区域内培训节能行业从业者、培养民众的节能行为和节能意识以及在学校间共享能效技术。

智慧工作分类共有四个获奖项目，新加坡、美国、墨西哥、澳大利亚各一个。该分类下的项目领域各异、特点鲜明，但都能对特定群体进行能源方面的能力建设。

5.5.2 2017年银奖——墨西哥可再生能源和能源效率应用领导计划

1. 项目概述

发展中经济体的土著部落拥有丰富的可再生资源，但在开发大规模可再生能源项目时，开发商通过当地政府和土著人领导获得土地使用权，雇用外来工人建设并运行，当地原住民并未获得利益，项目的执行也常常因此受到阻力。

墨西哥可再生能源和能源效率应用领导计划积极地让原住民参与到大规模可再生能源项目中，联合当地大学教授，共同推广适于农村地区使用的可再生能源。该项目减少了社区的不平等现象，让普通民众从中获利，在推广可再生能源的同时促进了就业。

在该项目邀请了来自公立大学的教授分享他们的知识和技能。然而，最大的收益之一是消除了投资企业和政府官员对当地人的成见。通过这个项目，投资者和管理者们认识到，一旦给予原住民适当的工作机会，他们会用行动打破人们心中的固有成见而发现他们的价值。

地球上只要是拥有丰富的资源可以部署大规模的可再生能源项目的地区，都可以此为范本实施开

① 汽车油耗（英里/加仑）

发，涉及拉丁美洲原住民、澳大利亚北部土著社区、新西兰、菲律宾、南太平洋岛屿、东南亚国家、印尼、马来西亚、韩国和中国的农村地区等。

2. 策略与措施

项目原计划在当地招募 100 名合格的大学教授，考虑到项目过程中的人员流失率，在一开始招募了大约 300 位教授，最终有 286 位教授合格地完成了这个项目，这本身就是一项成就。项目最初的目标是开发 25~50 个可再生能源和能源效率项目，而最终的开发数目达到了 93 个。项目初始设想开发至少 100MW 风能、100MW 的光伏能源和 500 万 L/ 年的生物柴油，截至 2016 年，已开工建设 120MW 风电、100MW 太阳能、400 万 L 生物柴油和 200 万 L 生物燃料的基础设施，其余项目仍在寻找投资人。

该计划的能源基础设施最终也超过了最初目标超过 100%，现在的目标是在 2024 年之前减少 300 万 t 的温室气体排放，这相当于 3 个常规燃料发电厂的年排放量。

该项目的方法和技术可以在国际上的广大农村地区推广和应用，由当地有声望的学者或社会工作者通过培训后予以主导。这种教育培训的成本效益显著，它将农村区域的社区智慧、全球范围内的最佳实践和创新的想法结合起来，转变为商业计划，并通过管理运作、风险评估，妥善运营。全面实施可再生能源项目的资金可能来自于国际投资者和金融机构，他们将审查每个项目的商业计划和社会效益。

到目前为止，已建成了 100MW 容量的太阳能发电装机。考虑到墨西哥电力混合 $645gCO_2eq/kWh$ 的典型排放，以及太阳能发电 $50gCO_2eq/kWh$ 的排放，那么太阳能电力每千瓦时就能减少 $600gCO_2eq$。从另一个角度出发，100MW 的装机容量每年将生产 1.8 亿 kW· h 的电力，折算下来，每年将减少排放 108142t 温室气体。风力发电与该过程类似，也有着显著的经济收益与环境收益。

该项目符合墨西哥到 2020 年温室气体总排放量减少 30% 的能源政策和战略要求，由项目培训专家、投资者和原住民组成的项目小组将持续推动墨西哥可再生能源和能源效率应用领导计划。

3. 效果

该项目不同方面的完成情况与效益都是可以衡量的。对于电力来说，它是利用太阳能、风能和其他能源的装机容量来进行测量，而生物燃料则是以乙醇、生物柴油等燃料的消耗量来测量。该项目通过利用可再生能源代替化石燃料，有效减少了温室气体的排放量，同时也为原住民创造了就业机会，减少了社会不平等现象。

该计划开发的 93 个项目中所有数据资料都被收录在书中，详细记载其所在地、项目状态、能源生产潜力、投资回报等。这些项目由墨西哥能源秘书处和哈佛大学审计，每一项商业计划都有对经济和环境效益的真实评估。

墨西哥可再生能源和能源效率应用领导计划通过将知识和最佳实践带到拥有大量可再生能源资源的农村社区，而在能源效率、节能和可持续能源生产领域带来重大改变，这将在扩大农村地区可再生能源项目的实施方面产生巨大的涟漪效应。

5.5.3 2015 年银奖——能源猪计划

1. 概述

“能源猪计划”最初由科罗拉多州 Energy Outreach 创立，并由美国能源部、节能联盟和美国公益广告协会共同设计，目的是促进家庭节能并减少联邦税缴纳。

能源猪得到了很多实体机构、公共事业单位和学区的资金支持，该形象装扮可以出租，用来进行节能教育，私人租赁能源猪还可以得到其表演用的剧本。

2. 策略和措施

能源从表面上看起来是一个抽象概念，特别是对于青少年来说，他们缺乏对于能源的产生和能效重要性的认识。而能源猪是一个调皮的卡通形象，它喜欢浪费能源。通过做出一些不节能的行为，比如不好好听讲、浪费能源、打开不用的灯或者设备等，告诉孩子们节能是一个行为选择：人们可以像能源猪一样浪费能源（不乖的行为）或者反其道而行（正确的选择）。所有年龄段的人都被能源猪的可爱所吸引，让能效的概念寓教于乐地深入人心。

能源猪的成功之处在于他还有个兄弟——能源猪克星。能源猪克星是节能联盟设计的角色，总是制止淘气、浪费的能源猪。能源猪的形象之所以突出是因为与传统的正面形象不同，是一个负面形象。于是，和能源猪互动的人们就成了英雄（能源猪克星），而不是被动地参与活动。此外，通过 www.energyhog.org 可以看到能源猪网站为学生们设置的游戏和视频。游戏中，学生们打败能源猪，同时学习到能源知识。每年能源猪都会根据当下教育需要进行更新，网站上的其他内容和游戏还可以辅助老师进行教学活动。节能联盟通过能源猪项目对孩子们进行节能教育，并向人们展示了在大学和社区的节能宣传活动。

3. 效果

能源猪的形象已经深入学生们心中，也促进了其他科普活动的开展。

2014 年，成功举办了能源猪征文大赛，超过 80% 的老师推荐学生参加了比赛。征文的内容包括学生们在能源猪项目中了解到的节能的重要性、节能的方法等。

2015 年，能源猪项目侧重于节能房改造方面的宣传。帮助学生学习概念住宅，通过简单的节能房案例帮助家庭了解能耗支出和建筑外墙对能耗的影响。

在一个案例中，一所学校的学生们在进行能源猪项目后开始参与到学校的能耗监测系统。他们通过监控教室无人时是否关灯、是否关掉电视、是否关闭门窗等，践行节能理念。学生们给出现“能源猪”的教室打分，并把成绩汇总成评比表在学校大厅进行展示。

通过纠正这些简单的行为，该校在未进行任何改造的情况下节约能源约 24%，与此同时，学校通过这种方式让学生在实践中学到了节能的方法、养成节能习惯，并把这些习惯带入到家庭生活中。

2014—2015 年，能源猪的装扮还租用给了新泽西燃气公司和阿拉斯加能源署用于学生的节能教育。

由于能源猪既是一个独立的计划同时又是学校节能计划的一部分，该项目将会继续进行很长时间，能源猪这个角色也会不断更新。近期，能源猪戴上了墨镜，它会遵循 STEAM（科学、技术、工程、艺术、数学）的需要，随着教育重点的改变而不断变化。

本章参考文献

[1] 师生，常婧，黄炜，等 . 能源智慧社区倡议（ESCI）最佳实践奖获奖案例研究 [J]. 城市，2017（7）：62-65.

6

APEC 低碳示范城镇

2010 年 6 月 19 日，APEC 第九届能源部长会议在日本福井市闭幕。会议的主题是“通往能源安全的低碳之路：以能源合作促进 APEC 可持续发展”。会议中部长们指出，在城市规划中引入低碳技术，以提高能源效率和减少化石能源的使用，对于管理 APEC 地区城市快速增长的能耗至关重要。同时呼吁 APEC 能源工作组（EWG）实施 APEC 低碳示范城镇（LCMT）项目，鼓励在城市发展规划中建立低碳社区，并分享实现低碳社区的最佳经验。会议通过了 APEC 第九届能源部长会议福井宣言，还通过了 APEC 低碳示范城镇项目，并确定天津滨海新区于家堡金融区作为首例低碳示范城镇。

APERC 自 2011 年开始对 APEC 低碳示范城镇项目进行研究。亚太能源研究中心的研究成果 The Concept of the Low-Carbon Town in the APEC Region（Sixth Edition）(《亚太经济合作组织低碳城镇概念》第 6 版）将 APEC 低碳城镇定义为：在 APEC 区域内，不论城镇的发展规模、特点和类型，都要以可持续发展理念为核心，力求通过量化的 CO_2 减排目标和具体的低碳规划措施来实现城镇的低碳建设和发展。APEC 低碳示范城镇日本工作组对 APEC 低碳城镇指标体系进行了研究，目前已完成 APEC 低碳城镇指标体系的第一版研究成果 APEC Low-Carbon Town Indicator System Guideline (《亚太经济合作组织低碳城镇指标体系指南》)。APEC 低碳城镇指标体系是基于现有的指标体系和全球趋势建立的，该指标体系反映了如智能社区基础设施评价指标（ISO/TC 268）等全球趋势和经合组织的活动。

本章主要介绍 APEC 低碳示范城镇概念和指标体系，并收录了该项目（一期）评选出的七例低碳示范城镇作为重点案例分享。从各低碳示范城镇的地理信息、发展概况和低碳规划几个方面多维度介绍七个 APEC 案例。其中包括：商务型低碳示范城镇——中国天津于家堡，也是首例 APEC 低碳示范城镇；旅游型低碳示范城镇——泰国苏梅岛与菲律宾宿务岛曼达维市；居住型低碳示范城镇——秘鲁利马圣博尔哈市；环境治理型低碳示范城镇——印度尼西亚北苏拉威西省比通市；区域再开发型低碳示范城镇——越南岘港市；严寒地区低碳示范城镇——俄罗斯克拉斯诺亚尔斯克市。本章从不同类型、不同气候区，从沿海到内陆全面介绍每个案例城镇的特点和低碳发展规划和模式，为 APEC 可持续城市的研究奠定了基础。

6.1 APEC 低碳示范城镇概念与指标体系

6.1.1 APEC 低碳示范城镇概念

1. APEC 低碳城镇概念

2010 年 6 月 19 日，APEC 第九届能源部长会议在日本福井市闭幕。本次会议的主题是“通往能源安全的低碳之路：以能源合作促进 APEC 可持续发展”。会议中部长们指出，在城市规划中引入低碳技术，以提高能源效率和减少化石能源的使用，对于管理 APEC 地区城市快速增长的能耗至关重要。同时呼吁 APEC 能源工作组实施 APEC 低碳示范城镇项目，鼓励在城市发展规划中建立低碳社区，并分享实现低碳社区的最佳经验。会议通过了 APEC 第九届能源部长会议福井宣言，还通过了 APEC 低碳示范城镇项目，并确定天津滨海新区于家堡金融区作为首例低碳示范城镇。

APERC 自 2011 年开始对低碳示范城镇项目进行研究。亚太能源研究中心的研究成果 The Concept of the Low-Carbon Town in the APEC Region（Sixth Edition）(《亚太经济合作组织低碳城镇概念》第 6 版）将 APEC 低碳城镇定义为：在 APEC 区域内，不论城镇的发展规模、特点和类型，都要以可持续发展理念为核心，力求通过量化的 CO_2 减排目标和具体的低碳规划措施来实现城镇的低碳建设和发展。本报告中的“城镇”为城市的一部分，它的尺度可以小到一个村庄。低碳城镇的建设包括两种类型，一种是在未开发城市建设低碳城镇，另一种是在已开发城市再建设低碳城镇。两种低碳城镇的建设模式有所不同，前者的开发特点是实现城市的整体低碳规划，可以同时推进整个城市的低碳建设；后者的开发特点是以城市中某个区域、某个部分或某些活动和基础设施为优先开发节点，一个接一个建设，逐步扩展到整个城市的低碳建设。虽然这两种低碳城镇建设的开发模式不同，但是可用同种低碳城镇指标评价体系来指导和评价，只是评价的尺度不同。

APEC 低碳城镇概念旨在为低碳城镇建设提供一个基本思路，为低碳城镇发展提供有效途径；同时考虑社会经济条件和城市的具体特点，帮助 APEC 经济体的中央和地方官员在制定有效的低碳政策和实施合适的低碳措施方面提供一项基本原则，以促进亚太地区的低碳城镇发展。

2. 中国低碳城镇概念

与中国城镇化过程中出现的生态城镇、节能城镇等概念类似，低碳城镇同样是以可持续发展为根本理念，以建设可持续城镇为根本目的，但更侧重于城市系统的能源供需和环境影响部分，如图 6-1 所示。

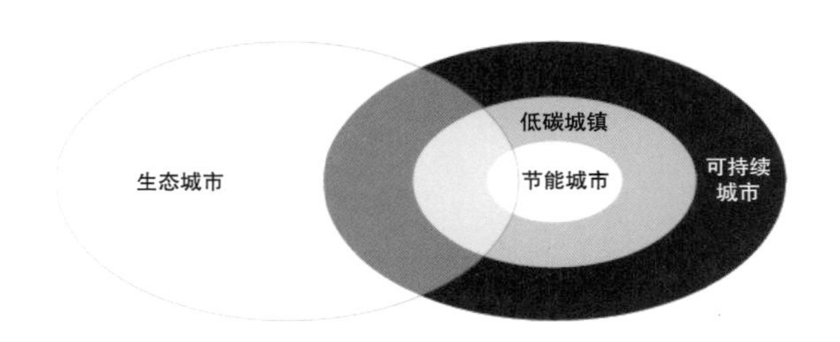

图 6–1　中国低碳示范城镇与可持续市及相关概念的互相关系[①]

如果抛开城镇可持续发展这一基本目的，单独追求某一环节的低碳排放，甚至可能会引发整个城镇系统生命周期的高碳排放。换言之，中国的低碳示范城镇发展不仅追求碳减排，还要在减少碳排放的同时追求可持续发展多重红利，例如经济、生活水平提高、环境保护和资源节约等。

因此，中国低碳示范城镇的发展以可持续发展为基本框架，强调从城镇的生产、生活、交通以及社会、资源、环境可持续发展各个层面实现低碳排放。

6.1.2　APEC 低碳示范城镇指标体系

从点扩张到线再扩张到面的发展方式，是可持续城市发展的一个方向。例如从绿色建筑的角度出发，在社区的层面来进行设计，之后再扩大到整个城市规划。当然 ESCI 和 LCMT 有很多研究案例，但是一个重要的问题就是一个案例如何去复制或者推广到其他的城市。所以需要对案例做后评估，编制可持续城市发展指导手册并建立指标体系。

——吴耿东，APEC 新能源与可再生能源专家组原秘书

① 图片来源：《APEC 低碳示范城镇项目——中国发展报告 2012》

1. APEC 低碳城镇指标体系

APEC 低碳示范城镇日本工作组对 APEC 低碳城镇指标体系进行了研究，目前已完成 APEC 低碳城镇指标体系的第一版研究成果 APEC Low-Carbon Town Indicator System Guideline（《亚太经济合作组织低碳城镇体系指南》)。APEC 低碳城镇指标体系是基于现有的指标体系和全球趋势建立的，该指标体系反映了如智能社区基础设施评价指标（ISO/TC 268）等全球趋势和经合组织的活动。同时参考了现有的指标体系，包括澳大利亚的绿色星、中国的绿色建筑评价标准、日本的 CASBEE、新加坡的 BCA Green Mark Scheme、英国的 BREEAM 和美国的 LEED 等。

该指标体系有利于对城市低碳化进行评价，旨在按照 APEC 低碳示范城镇的概念和取得的可行性研究成果，促进整个区域低碳城镇的发展。APEC 低碳城镇指标体系紧紧围绕减少 CO_2 排放量，以及整个城市的质量和可持续性进行评价。下面将对该研究成果进行简要介绍。

1）城镇类型

APEC 低碳城镇指标体系将城镇分为四类：城市（中央商务区 CBD）、商业型城镇、居住型城镇、农村（村庄或岛屿），四类城镇的特点见表 6-1。

四类城镇的特点①

表 6-1

城镇类型			城镇特点			基础设施开发	法律法规
序号	类型		尺度	人口密度	土地使用		
Ⅰ	城市	中央商务区（CBD）	$\geqslant 100hm^2$	高	混合	充分	充分
Ⅱ		商业型 / 工业型城镇	$< 100hm^2$	中到高	混合		
Ⅲ		居住型城镇		中	居住为主	不充分	不充分
Ⅳ	农村	村庄 岛屿		低	农业 渔业 度假村		有限

2）评价领域

APEC 低碳城镇评价领域是依据 APEC 低碳城镇概念中提到的低碳措施进行划分的。在概念中将低碳措施划分为“与能源使用直接相关”的措施和“与能源使用间接相关”的措施，其中“与能源使用直接相关”的措施包括需求侧、供给侧以及需求与供给系统这三个层面，“与能源使用间接相关”的措施包括环境与资源和管理这两个层面。因此，APEC 低碳城镇评价领域也被分成“与能源使用直接相关”和“与能源使用间接相关”两大类，该两大类领域包括 5 个主要方面的 14 个项目，见表 6-2。

低碳城镇评价领域②

表 6-2

分类	方面	项目
与能源使用直接相关	需求	1. 城镇结构；2. 建筑；3. 交通
	供给	4. 区域能源系统；5. 未利用能源；6. 可再生能源；7. 多能源系统
	需求与供给	8. 能源管理系统

① 来源：APEC Low-Carbon Town Indicator System Guideline
② 来源：APEC Low-Carbon Town Indicator System Guideline

续表

分类	方面	项目
与能源使用间接相关	环境与资源	9. 绿化；10. 水管理；11. 废物管理；12. 污染
	管理	13. 政策框架；14. 教育与管理

3）评价指标

APEC 低碳城镇指标体系中共设置两大类、五个方面和三个层级指标，其中三级指标为 35 个，包括定性指标和定量指标。该指标体系中的部分指标的设定参考了包括澳大利亚的 Green Star、中国的绿色建筑评价标准、日本的 CASBEE、新加坡的 BCA Green Mark Scheme、英国的 BREEAM 和美国的 LEED 等现有体系的相应指标制定原则，详细指标划分见表 6-3。

APEC 低碳城镇评价指标[①] 表 6-3

方面	一级指标	二级指标	三级指标	指标特性
需求	1. 城镇结构	1）职住相邻	（1）居住用地和非居住用地的面积占比	定量指标
		2）土地利用	（2）土地利用效率	定量指标
		3）公交导向发展模式	（3）以公共交通为中心的城市发展	定性指标
	2. 建筑	4）建筑节能	（4）热性能	定性指标
			（5）高性能节能设备	定性指标
			（6）自然资源	定性指标
		5）绿色建筑	（7）绿色建筑导则	定性指标
	3. 交通	6）公共交通推广	（8）公共交通使用的便利性	定量指标
			（9）综合交通措施	定性指标
		7）交通流改善	（10）交通需求侧管理	定性指标
			（11）交通基础设施规划	定性指标
		8）低碳交通工具引进	（12）低碳交通工具引进	定性指标
		9）促进有效利用	（13）生态驾驶支持系统	定性指标
供给	4. 区域能源系统	10）区域能源	（14）区域能源的引进	定量指标
	5. 未利用能源	11）未利用能源	（15）未利用能源的引进	定量指标
	6. 可再生能源	12）可再生能源	（16）可再生能源的引进	定量指标
	7. 多能源系统	13）多能源系统	（17）多能源系统的引进	定性指标
需求与供给	8. 能源管理系统	14）建筑 / 区域能源管理系统	（18）能源管理系统（EMS）	定性指标
			（19）区域能源管理系统（AEMS）	定性指标
			（20）智能微电网	定性指标
环境与资源	9. 绿化	15）保护绿色空间	（21）树荫率	定量指标
			（22）绿化率	定量指标
	10. 水管理	16）水资源	（23）节水政策的努力进程	定性指标
			（24）水资源再利用（雨水利用、废水循环利用）	定性指标

① 来源：APEC Low-Carbon Town Indicator System Guideline

续表

方面	一级指标	二级指标	三级指标	指标特性
环境与资源	11. 废物管理	17）废物	（25）废物减少	定性指标
			（26）废物再利用	定性指标
	12. 污染	18）空气	（27）空气污染	定性指标
		19）水质	（28）水污染	定性指标
		20）土壤	（29）土壤污染	定性指标
管理	13. 政策框架	21）建设低碳城镇的各种努力和制度	（30）低碳城镇政策 / 商业计划	定性指标
			（31）实现低碳城镇政策 / 商业计划的预算	定性指标
		22）可持续发展	（32）业务连续计划（BCP）/ 生命延续计划（LCP）	定性指标
			（33）对自然环境影响较小的发展	定性指标
	14. 教育与管理	23）生命周期管理	（34）节能减排与低碳城镇建设的启示与教育	定性指标
			（35）针对节能和低碳城镇的区域管理	定性指标

4）评价方法与评价结果

APEC 低碳城镇指标体系整体以五星等级进行每项指标的评价（图 6-2），由于城镇类型不同，某些城镇类型也会用到三星或者四星评价等级。评估结果将给出“总体评价”“五个方面雷达图”和“单项评价”（图 6-3），这将有助于确定项目的等级水平和改进领域，以实现低碳城镇。详细评价方法参考 APEC 低碳城镇指标体系导则。

需求

1. 城镇结构

1.1. 邻近工作地点及居所

1.1.1. 住宅用途及非住宅用途

★	
★	15%或更少
★★	-
★★★	15%到30%
★★★★	-
★★★★★	30%或更多

图 6-2　每项指标评价等级示意图

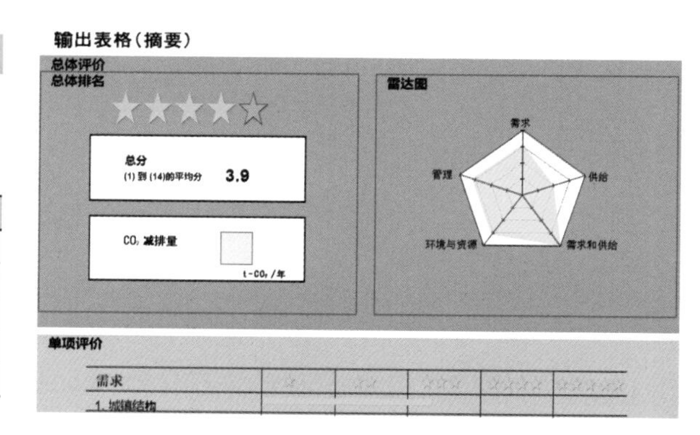

图 6-3　整个项目以及每项指标评价结果示意图

2. APEC 低碳示范城镇建设指标体系

2010 年和 2011 年，中国领导人在出席 APEC 领导人峰会时，两次提出积极发展低碳示范城镇项目的倡议。2012 年，国家能源局向 APEC 第 20 届领导人峰会提交《APEC 低碳示范城镇项目——中国发展报告》。国家能源局 APEC 低碳示范城镇项目旨在以优化能源结构为主线，以先进的低碳规划理念为先导，以国际合作为平台，通过创建与低碳、经济、社会发展紧密结合的用能方式，实现城镇低能耗、低碳化、优化布局的发展模式。

从国家能源局提出的低碳产业、低碳布局、低碳建筑、低碳能源、低碳交通、资源循环利用等六条低碳示范城镇建设途径出发，结合中国国内众多低碳城镇建设取得的成绩和出现的问题，并综合考虑了 APEC 区域其他经济体的建设经验，由中节能咨询有限公司牵头编制了以能源高效应用及能源结构转型为重点的《APEC 低碳示范城镇建设指标体系》。2014 年 1 月 29 日，国家能源局在北京召开了 APEC 低碳示范城镇项目建设指标体系评审会议，与会专家对指标体系发表了评审意见。

该指标体系分为基础指标和应用指标两个不同层面，见表 6-4 和表 6-5。基础指标关注的是低碳产业、低碳布局，并结合生态因素，它们是构成低碳城市的基本条件，也是必须满足的条件；而应用指标既包括控制项又包括选择项，对建筑、交通、能源、资源利用等方面，根据城市低碳发展现状和建设力度设置了不同的条件，给不同发展阶段的城市提供了按照低碳示范发展的机会。

APEC 低碳示范城镇建设基础指标 表 6–4

指标类	指标项	指标说明	备注
1. 经济发展指标	1）发展本地特色产业	定性指标 充分利用本地自然资源和社会条件，依据低碳理念，发展适合本地的各项特色产业	该指标要求城镇要充分认识本地的资源优势及区位、交通优势，结合已经形成的产业聚集度，融入低碳因素，发展符合本地特性的特色产业
	2）单位 GDP 碳排放强度	指单位 GDP 的经济活动所产生的二氧化碳量。二氧化碳排放量是指化石燃料燃烧和水泥生产过程中产生的排放。GDP 为不变价的地区生产总值。该指标应达到所在市（县、区）的目标要求值	该指标将经济发展与碳排放结合起来，保证城镇发展低碳化
	3）居民本地就业指数	指在本地就业的居民占居民就业人口的比例。要求不低于 50%。人口按常住人口考虑	该指标促进产城融合，避免空城建设
2. 区域环境指标	4）人均碳排放强度	人均 GDP 如低于全国平均水平，则人均碳排放应低于全国平均水平；人均 GDP 如高于全国平均水平，则人均碳排放水平不得高于人均 GDP 超出全国平均水平比例的 50%	该指标要求城镇碳排放达到全国先进水平
	5）生活污水集中处理率	城镇区域经过城镇污水处理厂二级或二级以上处理且达到排放标准的生活污水量占城镇生活污水排放总量的百分比。达到 85% 以上	该指标表明城镇生活污水收集处理在低碳城镇建设中的重要性
	6）区域内重点工业污染源达标排放率	工业污染源是指工业生产中对环境造成有害影响的生产设备或生产场所。它通过排放废气、废水、废渣和废热污染大气、水体和土壤，产生噪声、振动等危害周围环境。达到 100%	该指标旨在强调区域内工业污染不仅是总量达标，而且分量也必须全部达标
3. 城镇建设指标	7）建成区人均公园绿地面积	要求人均公园绿地面积≥ 12 m^2/ 人。城镇建设中，绿地建设对提高城镇品位提高空气质量、提高市民生活舒适度、减少碳排放等方面都起到很大的作用	低碳城镇不仅要求宜业，还要求宜居，并且按照城镇发展特点发挥绿化在生态和碳减排方面所起的作用
	8）城镇建设用地综合容积率	建设用地综合容积率≥ 1.2	该指标要求土地利用集约化

APEC 低碳示范城镇建设应用指标 表 6–5

指标类	一级指标	二级指标	指标特性	得分说明
1. 能源高效利用（共 30 分）	综合指标	1) 单位 GDP 能耗（tce/ 万元）	控制性	完成省下达的任务。必须项无分值
		2）能源利用效率	选择性	与基期值相比提高 20% 以上，得 5 分
	建筑节能	3）新建建筑中绿色建筑、节能建筑的比例	控制性	比例达到 100%，必须项无分值
		4）绿色建筑中二星级及以上建筑面积占绿色建筑总面积	选择性	达到 30% 以上，得 5 分
		5）既有建筑节能改造计划并实施	选择性	有，得 3 分

续表

指标类	一级指标	二级指标	指标特性	得分说明
1. 能源高效利用（共30分）	交通节能	6）城镇慢行系统建设合理完善	控制性	必须项无分值
		7）公共交通出行承担率（%）	选择性	达到25%，可得3分；达到30%以上可得5分
	工业节能	8）单位工业增加值能耗（tce/万元）	选择性	不大于0.5，可得4分
		9）重点行业主要产品单位综合能耗（tce）	选择性	达到同行业能耗先进值，可得4分
		10）工业余能再利用措施	选择性	有，可得4分
2. 能源结构优化（共35分）	综合指标	11）清洁能源占能源消费比重（%）	控制性	大于等于45%，必须项无分值
		12）可再生能源创新技术应用	选择性	有一项创新技术可得3分，最多6分
	区域能源站建设	13）区域能源站服务覆盖率（%）	选择性	达到70%要求可得6分（对非采暖区不要求此项）
	新能源利用——建筑	14）建筑可再生能源使用量占建筑总能耗的比例（%）	选择性	大于4%，可得3分，大于6%得6分
	清洁能源利用——交通	15）公共交通清洁能源应用比例（%）	选择性	大于等于80%，达到要求可得4分
	可再生能源应用	16）可再生能源应用方案。根据可再生能源资源分析应用潜力，制定出新能源利用方案	选择性	潜力分析准确，开发和应用规模合理，技术方案可行，应用一种可再生能源为0～7分，应用两种为8～10分，三种以上为11～13分
3. 资源再生利用（共20分）	水资源循环利用	17）城镇再生水利用率（%）	控制性	大于等于25%，必须项无分值
		18）工业用水重复利用率（%）	选择性	大于等于90%，可得5分
	生活废弃物循环利用	19）生活垃圾资源化利用率（%）	选择性	大于等于60%，可得5分
	工业废弃物循环利用	20）建筑垃圾处理及循环利用	选择性	大于等于90%，可得5分
	建筑垃圾处理及循环利用	21）建筑垃圾处理及循环利用	选择性	方案合理且实施有效，可得5分
4. 政策及管理完善（共15分）	低碳发展规划	22）编制城镇低碳发展规划	控制性	有，必须项无分值
	能源管理	23）建立碳排放与能源消耗监测、统计系统	选择性	达到要求，可得3分
	智慧城市建设	24）数字化、信息化平台构建	选择性	达到要求，可得3分
	垃圾分类管理	25）生活垃圾分类管理制度化	选择性	达到要求，可得3分
	新能源和节能技术	26）财税政策支持	选择性	达到要求，可得2分
		27）公共服务平台建设	选择性	达到要求，可得2分
	低碳宣传	28）低碳生活方式宣传普及	选择性	达到要求，可得2分

6.2 APEC 低碳示范城镇实践案例

6.2.1 商务型——中国于家堡

1. 天津于家堡金融区概况

自2006年7月，国务院批复天津的城市建设定位为中国北方金融中心。于家堡金融区便是天津市落实国务院关于把天津滨海新区建设成为全国综合配套改革试验区，在金融领域的各个方面开展先行先试的一个载体。于家堡金融区位于滨海新区中心商务区的核心地带，坐落于海河北岸，东、西、南三面环水，有着良好的滨水景观优势，与上海浦东陆家嘴金融区的环境特点十分相似。

于家堡金融区占地面积 3.86km^2，规划 120 个地块，总的建筑面积达到 970 万 m^2，建成后将是目前世界最大的金融区，并且是一个集市场会展、现代金融、城际车站、酒店会议中心、行政服务中心、滨河公园和中央大道等于一体的超大规模国际级的金融区（图 6-4）。

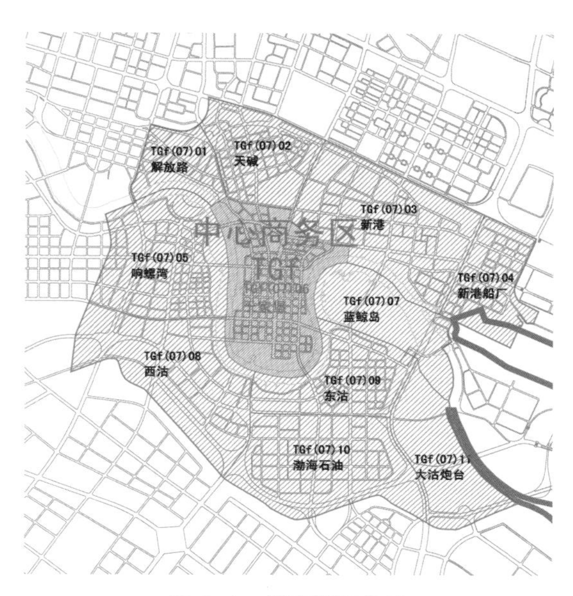

图 6-4 于家堡区位图

2010 年 6 月 19 日，第 9 届 APEC 能源部长会议在日本福井举行，会议通过了中日两国政府提出的启动“APEC 低碳示范城镇项目”的议题，并确定于家堡金融区为首例 APEC 低碳示范城镇。2010 年 11 月，日本横滨举行的 APEC 领导人非正式会议提到了“加强低碳城镇示范项目合作，促进节能减排和提高能效领域合作”，于家堡低碳示范城镇被外交部列为本次会议的三大成果之一。在第 19 次 APEC 领导人峰会宣言中，首次强调“将低排放发展战略整合至我们的经济成长计划，将努力促进这一计划的实施，包括建立低碳示范城镇等项目”。在天津市市委第 11 次会议讲话时提到“推进国家循环经济示范试点城市、国家低碳城市试点和于家堡金融区亚太经合组织首个低碳示范城镇建设”。在此之后，多家机构对于家堡进行了广泛而深入的研究，取得了显著成果，从城市的角度，系统地研究减排的措施、手段和技术路线，形成细化的指标体系，带动于家堡金融区低碳城镇建设，把于家堡金融区建设成为在全国具有领先地位和独具特色的低碳智慧金融创新基地。

2. 于家堡规划概述

于家堡金融区位于塘沽区海河北岸，是滨海新区中心商业商务区的核心组团。规划四至为：东、南、西三面至海河，北至新港路、新港三号路，东西宽约 1.2km，南北长约 2.8km，规划总用地面积为 4.64km^2。规划建设用地面积为 3.86km^2，总建筑规模 950 万 m^2，工作人口 30 万人，常住人口 6.8 万人。建设以商务金融功能为主，包括商业、会展、休闲、文化娱乐等功能的综合性国际型中心商务区。

于家堡协调各类用地布局，设置综合用地，形成高密度的中心区。营造可以容纳商业服务、金融保险、银行和其他一些功能的街区布局，以办公、服务、公寓、娱乐、文化为主，功能便利，是有利于工作、生活、娱乐的高标准场所（图 6-5）。

图 6–5　于家堡城市设计鸟瞰效果图

3. 于家堡低碳规划

于家堡低碳规划总体原则：APEC 低碳城镇的示范性和可操作性。注重于家堡金融区发展的前瞻性和引导性，其建设标准高于地区及国家标准，以起到示范和引领作用，打造一个成功的“APEC 低碳示范城镇”。创建一个可行的适用于中国城镇发展的低碳指标体系以及低碳减排的新标准，以指导同类型金融区的低碳发展。以经济性为前提，从能源可控、资源节约层面设计高标准指标，保障低碳建设最终落实。根据天津市气候特征、于家堡场地条件，以及当前低碳技术的实施效果，保障指标的确实可达。

1）低碳能源规划

规划电源由单元内规划于家堡 220kV 变电站、新华路 220kV 变电站以及单元外三槐路 220kV 变电站提供。规划气源为天然气。于家堡金融区为高密度集约型区域，能源需求集中，需求量大，采用区域能源站的能源规划方式是有效的措施。

2）低碳交通规划

道路规划为 100m × 100m 的小街区密路网，形态均为方格状，减少街区间的距离，有利于人们低碳出行与弹性开发。京津城际于家堡站位于于家堡北侧，于家堡共规划 4 条地铁线路，呈“两横两纵”格局。地面快速公交干线可开通大站快车或 BRT 系统，与天津中心城区建立方便、快捷的城际联系。地面常规公交分为普通公交系统和内部中巴接驳系统两种。

3）低碳空间布局规划

高容积率、高密度的空间布局形态，节约了土地的利用，并有利于集中供应能源。保持密路网，结合防洪堤设分层道路，提高机动车的快速通行能力。提高使用效率，周边建筑有效界定城市空间，并为市民提供了多处引以为傲的生态斑块。土地混合使用，将工作、居住、商业、交通、服务等多种资源在于家堡区域有机融合。建筑群避让景观绿地，形成生态廊道，有利于区域自然通风。充分利用地下空间，将交通、商业、景观、市政等功能混合规划，增加交通换乘点的使用功能，营造极具人气、生活便利的活力金融区。

4）低碳景观规划

总体绿地布局采取集中布置绿地公园的原则，化零为整，既能增强绿地的功能，同时提高了地块的使用效率。线性公园的规划为红线内规划 30~40m 的绿化景观带，道路两侧绿地以种植高大乔木为主，使之成为重要的绿化慢行步道。规划集中生态公园，形成有效固碳的生态斑块，并将公园网络与城市各部分的城市景观紧密连接，沿着街道或者街区形成城市绿色生态廊道。构建“一带一廊十片”的绿化生态体系，即环绕海河的带状公共绿地；沿中央景观大道形成绿色生态走廊；布置 10 处公园形成重要的绿化景观节点，北部与紫云公园相连接，并将城际快车站做成公园式绿色站点，与外围更大的滨河绿地景观相连接；在整个区域收集暴雨雨水用于灌溉绿色景观。

6.2.2 旅游型——泰国苏梅岛与菲律宾宿务岛

1. 泰国与菲律宾的城市化简介

泰国与菲律宾同属东南亚国家联盟和 APEC，都是东南亚地区的重要经济体，近几年经济发展迅速。泰国领土面积 51.3 万 km^2，是传统的农业大国，全国共有 77 个府（市），总人口约 6800 万人。泰国政府实行自由经济体制，在 20 世纪 90 年代国内经济发展较为迅速，城市化进程加快，快速的城市化发展对泰国的发展产生了较大影响。在近 10 年的城市发展过程中，泰国的城市化率由 2006 年的 38% 上升到 2016 年的 51%，且国家的产业结构有明显变化，除农业之外，制造业和旅游业也成为泰国发展的经济支柱产业。依靠良好的生态环境和独具特色的本土文化，泰国旅游业处于稳步发展阶段。2016 年共有超过 3000 万外国游客赴泰国旅游，同比增长 9% 左右。

菲律宾领土面积为 29.97 万 km^2，由 7101 个岛屿组成，总体可划分为吕宋岛、米沙鄢群岛和棉兰老岛三大岛群，总人口已突破 1 亿。在过去的 50 年里，菲律宾城市人口数量增加了 5000 万人，是东南亚城市化发展最快的经济体之一，预计到 2050 年菲律宾城市人口将占全国人口的 65% 左右。近年，菲律宾政府加大对农业和基础设施建设的投入，扩大内需和出口，国际收支得到改善，经济保持平稳增长。实行出口导向型经济模式，其中农业和制造业占比较重，同时服务业、旅游业在国民经济中地位也较为突出。2016 年共有约 600 万国际游客赴菲律宾旅游，同比增长 13% 左右。

随着两个经济体城市化的快速进程与旅游业的发展，泰国与菲律宾的可持续建设面临诸多挑战，例如土地合理规划、城市交通规划、城市环境治理、能源利用等。为了解决城市化面临的问题和制定国家层面的可持续发展计划，政府积极响应 APEC 低碳示范城镇的倡议，进一步整合城市环境、经济增长及社会发展三大领域促进绿色经济发展，建设低碳智慧城市，确保社会、经济与环境之间的平衡发展。泰国的著名旅游胜地苏梅岛，是泰国政府在低碳示范城镇建设中努力的结果，在 2012 年 APEC 第 42 次能源工作组会上（APEC EWG42）苏梅岛被评为 APEC 第二例低碳示范城镇。而菲律宾凭借对宿务省曼达维市的可持续规划，在 2015 年 APEC 第 12 届能源部长会议上被选为 APEC 低碳示范城镇。

2. 泰国苏梅岛概况

苏梅岛隶属于泰国的素叻他尼府，位于泰国海湾内，素叻他尼府东北方 20km 处，岛屿面积为 228.7km^2，是仅次于普吉岛和象岛的泰国第三大岛，岛上人口约 6 万人左右（2012 年）。岛屿地形山地占 54%，平原地带占 33%，沙滩占比 8%，低洼地区占之 5%。泰国政府于 20 世纪 90 年代开始对苏梅岛进行旅游开发且注重保留岛屿特有的原始自然风光。如今苏梅岛已从被丛林覆盖，人烟稀少的小岛转变为遍布豪华度假村，年游客数量约 150 万人的国际化旅游新岛。在 2014 年，苏梅岛共有 529 家酒店，超过 2 万间酒店房间，随着岛上旅游业发展，岛上的酒店房间数量还要不断增加。

苏梅岛被划分为 7 个区，拥有丰富的自然资源，大部分酒店与度假村集中在东海岸，因此东海岸的发展水平高于西海岸。随着近年旅游业的发展，岛上对能耗的需求越来越大。如果一味地加强基础设施建设，满足能源供给，则会不利于维护岛上的自然环境。泰国政府从地区经济增长与保护自然环境双重层面出发，对苏梅岛进行了低碳战略规划，倡导“以人为本，众人参与，众人享受”推广低碳旅游与生态化的生活方式，本土文化与外来文化共存及经济与自然环境之间的协调发展。

3. 苏梅岛低碳规划

1）绿地建设

如今，苏梅岛的森林面积为 11.12km^2，仅占全岛面积的 4.85%。提升城镇绿地覆盖率，减少城镇 CO_2 排放量是当地政府的首要任务。首先，保护岛上现有的绿色植被。当地政府通过建立树库（Treebank）（图 6-6），将岛上的树种进行统一收集与培育并下放到当地的种植园，从而对绿地进行有效分配，扩大绿地范围。

图 6–6　苏梅岛树库（Treebank）计划

同时，通过该项目对农民进行统一学习教育，分享成功种植的经验。其次，成立社区城市网络，动员当地居民参与到城镇绿色建设当中。例如：在城镇建筑表面覆盖绿色植物（图 6-7），在提升城镇建筑美观的基础上，改善居民的生活环境，更好的使城镇与自然融为一体。

2）交通规划

苏梅岛的主要交通方式以陆路交通为主，现今陆路交通的能耗占全岛能源消耗的 42%。全岛约 36000 辆汽车，600 辆公交车、出租车和货车，且绝大多数交通工具使用汽油为燃料。除了优化公共交通路线（图 6-8），增加公共交通承载量以外，泰国政府计划将当地车辆更换为以电力驱动的车辆（EV-car）。

图 6–7　建筑外墙的绿色植被

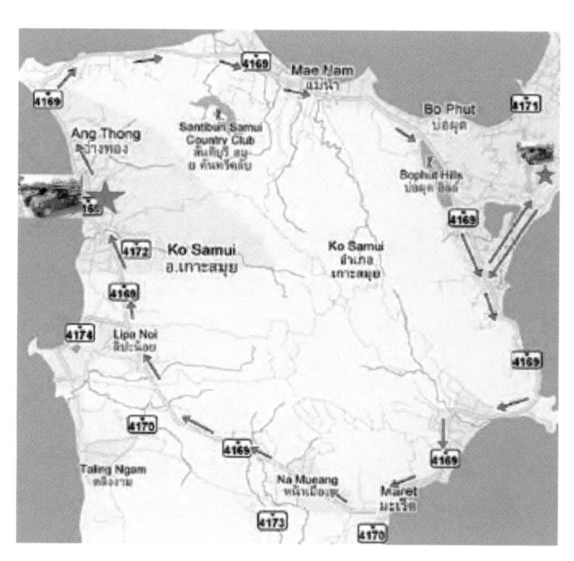

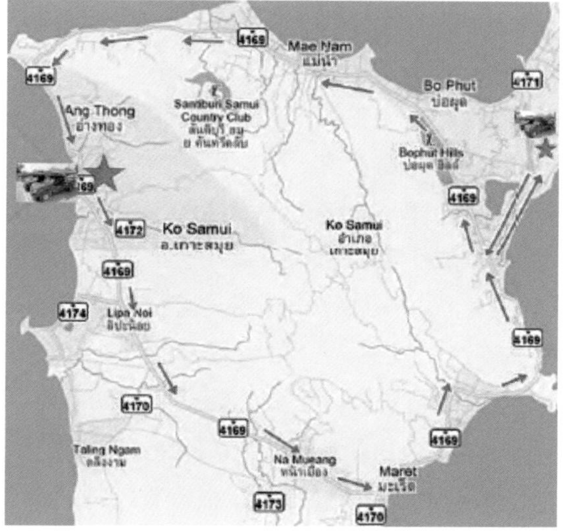

图 6–8　苏梅岛各区之间的公共交通路线

首先，从更换公共交通工具开始并逐步向私家车辆过渡，例如：使用新能源公交车（图 6-9）和出租车。因为游客对于公共交通的使用率较高，尤其是从机场和渡船码头到旅游区。其次，提倡低碳出行（图 6-10），在旅游区设置可租用的自行车，方便游客使用，从而减少汽车废气排放量。

图 6–9　苏梅岛机场新能源公交车

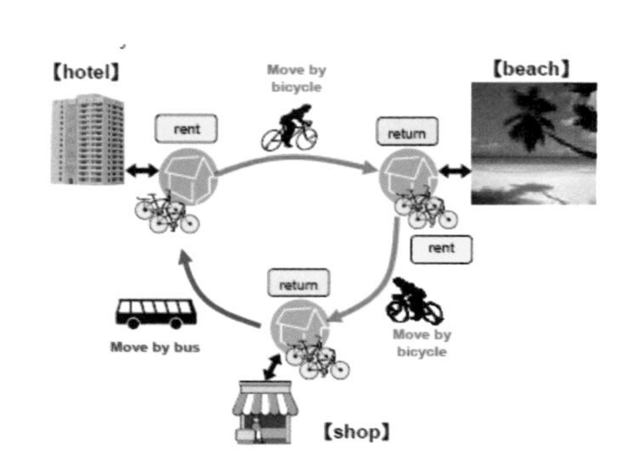

图 6–10　苏梅岛低碳交通概念

3）能源规划

苏梅岛电力消耗主要是岛上的商业与民用住宅的照明、制冷与供水系统。其中商业住宅消耗电力总供应量的 70%，民用住宅消耗 24%。岛上的电力供应由省电力局提供，主要通过海底电缆从主岛输送（图 6-11）。泰国政府计划针对苏梅岛建立智能电网，将岛上的太阳能资源和风能转化为电能（图 6-12）。

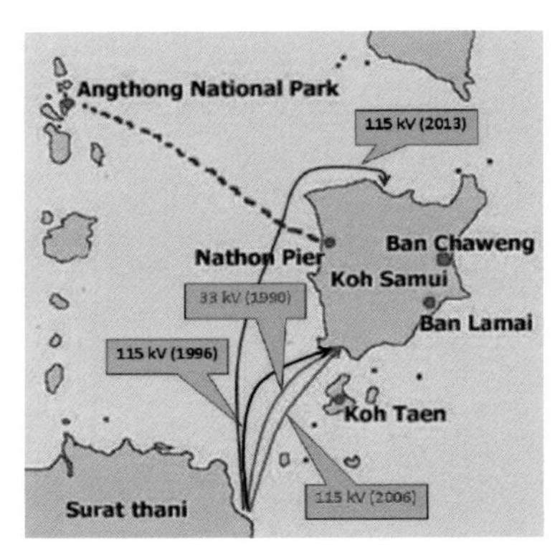

图 6-11　苏梅岛与素叻他尼府之间的海底电缆

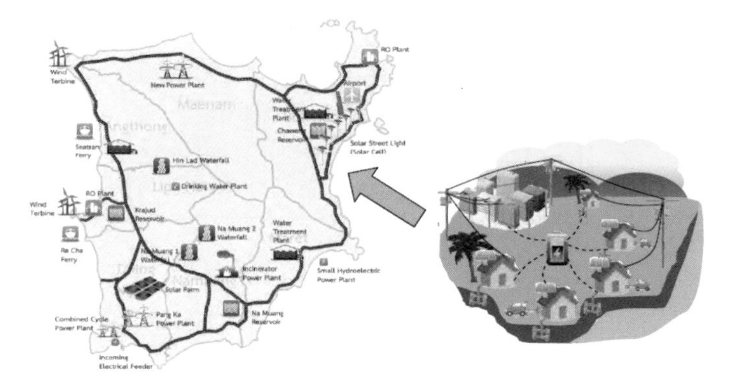

图 6-12　苏梅岛未来智能电网规划

4. 菲律宾宿务省简介

宿务省是菲律宾经济最为发达的地区之一。其中宿务市、曼达维市和拉普拉普市是省内的三大独立城市，并构成了名为“宿务大都会区”的地区经济圈。宿务大都会区内山丘面积超过 70%，而曼达维市位于宿务省海岸线平原地带，总面积为 34.87km^2，是连接宿务大都会区主要城市之间的桥梁，市内被划为 27 个村，总人口约 36 万人（2015 年）每年的人口增长率为 3.5%，曼达维市也是菲律宾人口密度较大的城市之一。宿务省拥有丰富的农产品为原料，农业与农产品加工业发展稳定，尤其水稻、玉米、椰子、芒果和香蕉的产量在国内位于前列。同时，宿务还拥有东南亚最大的椰油厂，产量占全国的 1/3。随着海外投资的推动，宿务省的加工制造业发展迅速，并解决了当地居民的就业问题。此外，菲律宾政府大力推动当地旅游业发展，致力于将本国旅游区打造成东盟的旅游首选目的地，仅 2012 年到访宿务省的游客就超过了 200 万人。据统计，2015 年宿务省的全省 GDP 有约 60% 来自服务业。

曼达维市拥有 1.3 万家商业机构，有超过 1000 家制造工厂，再加之优越的地理环境，商业投资潜力巨大。宿务省约 40% 的出口商贸公司都坐落在曼达维市。为了使曼达维市在经济与环境方面实现可持续发展，菲律宾政府对该市进行了如下规划。

5. 曼达维市低碳规划

1）交通规划

为加强曼达维市与省内其他大城市之间的联系，菲律宾政府计划建设一条轻轨线，总计 19.2km，用于连接宿务市、曼达维市以及拉普拉普市的麦克坦国际机场（图 6-13、图 6-14）。轻轨线路计划于 2022 年投入使用，预计每日可承载约 20 万乘客，并于 2030 年前减少道路交通量的 11%。轻轨的投入使用既可减少碳排放量又能减少噪声污染。

对在曼达维市内的 21 个道路交会处进行统一监管，通过道路监管控制车流量，减少交通拥堵。鼓励市民使用手机 APP 进行出租车服务，并通过软件终端进行交通监管，时刻监控城市内车流流动情况，对路况进行管理（图 6-15）。

鼓励使用电动三轮车代替使用传统燃料的三轮车，计划在 2020 年前投放 600 辆由电能驱动三轮车（图 6-16），并配套建设 15 个充电站。平均每辆电动车的使用寿命在 10 年左右，电池的寿命在 5 年左右。至 2030 年致力投放 1800 辆电三轮车，市内配套电站增加到 45 个。

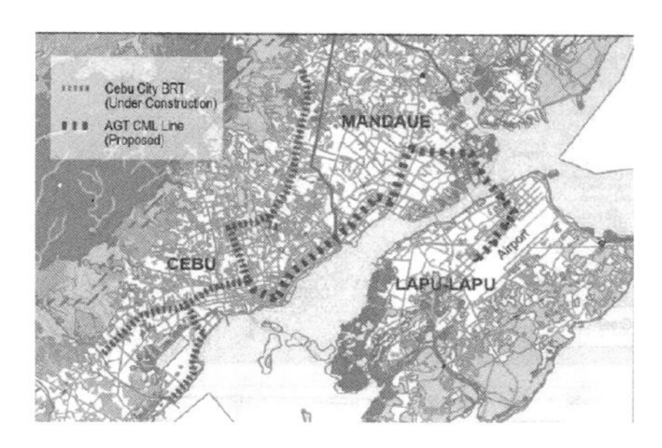

图 6–13　宿务大都会区轻轨建设路线图

图 6–14　曼达维市轻轨示例图

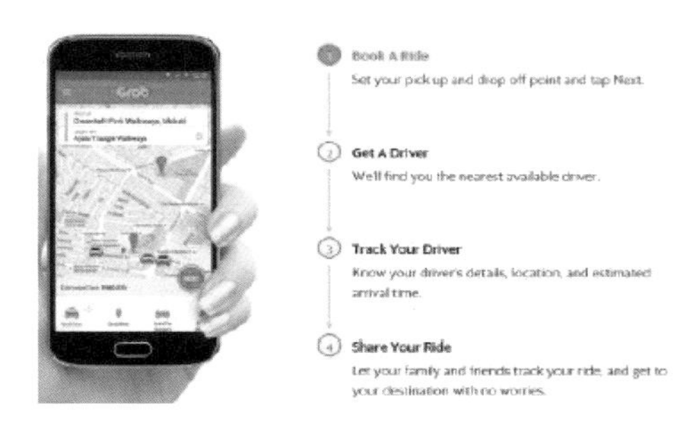

图 6–15　曼达维市 Grab 出租车 APP

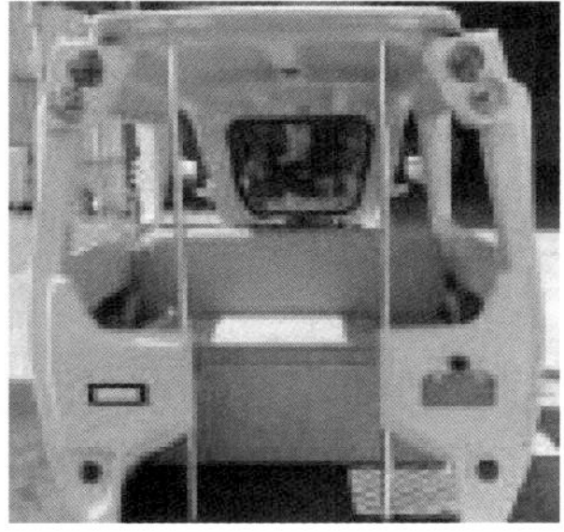

图 6–16　电动三轮车

2）能源规划

曼达维市的电力消耗大约占宿务省的 15%，约 628GW· h，超过 60% 的电力消耗来自工业。由于宿务省地处热带，太阳能资源丰富，全年太阳照射率在 5.0~5.5kW· h/（m^2· d）。考虑到曼达维市土地资源较为紧张且土地成本较高，推广分散式太阳能利用可再生资源的最合理方式。例如在商业建筑顶部安装太阳能板，尤其适用于物流港口的物流仓库（图 6-17）。

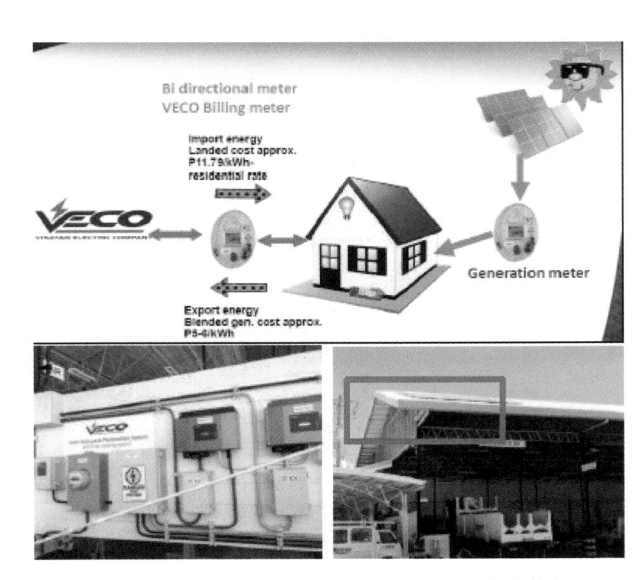

图 6–17　曼达维市物流仓库加盖太阳能光伏板

6.2.3 居住型——秘鲁利马

1. 秘鲁城市化简介

秘鲁共和国位于南美洲，以其古老的印加文明和富饶的自然资源而闻名于世，面积 1285216km^2，人口 2946 万，全国共分 24 个省和 1 个直属区（卡亚俄区）。

秘鲁城市化进程较久，最早可追溯至 1821 年，当年秘鲁宣布民族独立，到 1826 年初脱离西班牙宗主国控制，取得独立战争的胜利，政治独立使秘鲁有了自主权，具备了现代化的重要前提。独立后至 20 世纪 70 年代末，围绕“中心”国家需求的以产品出口为导向的经济增长模式在一定程度上带动了秘鲁的工业化、城市化和现代化。1970 年，秘鲁城市人口达到了 765.9 万，比例约为 57.4%，之后城市人口仍持续增加。20 世纪 80 年代后半期，秘鲁经济增长停滞。20 世纪 90 年代秘鲁实施了经济稳定和结构改革计划以恢复经济增长，但成效较低。2000 年，秘鲁城市人口约为 1892.9 万，农村人口约 698.6 万，而到 2016 年，城市人口已经接近 2400 万，农村人口约为 669.67 万，甚至出现了负增长。秘鲁发展过程中，城市与农村地区的巨大差异与经济发展分布密切相关，由于秘鲁的现代经济部门一直集中在沿海地区，沿海地区从经济增长中获益更多，而地理位置偏远、产业结构落后的山区和雨林地区的经济则一直较低增长。

总体看来，秘鲁经济表现良好，尤其是 21 世纪以来，其在 2008 年国际金融危机后仍能保持 5% 以上的增长，但是秘鲁的城市化面临诸如城市人口过度增长、与经济水平不匹配、环保问题突出等问题。2016 年，秘鲁作为主办国举办了 APEC 峰会，并将城镇化作为其中的一个重要关注点。

2. 利马概况

利马是秘鲁的首都，位于秘鲁西海岸，濒临太平洋，终年少雨，是世界有名的“无雨城”，冬季多雾潮湿。由于其便利的海港条件，利马市在 1535 年建立，在大部分殖民地时期，利马始终是南美洲最重要的政治和商业权力中心。1821 年秘鲁独立以后，利马成为全国政治、经济和文化中心。利马省由 43 个自治市组成，总人口约 970 万，是南美洲最大的特大城市之一。利马是秘鲁的经济和工业中心，主要工业包括纺织、纸、油漆和食品，占秘鲁 GDP 的 45%，约占秘鲁工业生产的 60%，拥有 35% 的劳动力。

世界银行统计发现，秘鲁是世界上环境最脆弱的经济体之一，利马目前正经历气温上升、极端温度波动、降雨模式变化和海平面上升等气候问题。尤其利马省受到温度上升的影响，在 1997—1998 年间，利马平均环境温度提升了多达 5℃。由于这些气候变化和冰川径流减少导致河流流量减少，未来利马可能将遭受缺水的影响。伴随城市化发展，预计到 2020 年，利马将成为一个拥有 1000 多万居民的“超级城市”，这将需要 60 多万户新住房，并对饮用水、市政和电力都造成了新的挑战。

3. 圣博尔哈市概况

圣博尔哈市于 1983 年成立，是经总体规划而形成的较新的城市，占地 9.96km^2，位于利马的中西部海岸附近，周边有 7 个城市与其接壤，圣博尔哈市的人口总数在利马省内排名第 23，但在教育水平和富裕程度上都是最高的。圣博尔哈市有 12 个行政区，每个行政区都有一名代表帮助进行审查、规划和城市管理，具体工作包括为制定城市功能规划及区域行政、财政、社会管理等方面的政策、过程、项目及系统等提供帮助。圣博尔哈市以居住功能为主，沿街会设有商业设施，几乎没有工业，是利马为数不多的正经历人口和分区密度增长的地区之一，2014 年平均密度为 11344 人 /km^2。由于圣博尔哈是众多国家机构的所在地，2011 年，市内大多数人口都是“白领”，他们在政府机构、公司和小企业、科学基金和学术机构、银行和贸易行业以及医疗行业等工作，大部分机构都位于该区的主要街道上。

市内土地类型包括居住、工作、商业和公共交通，但是功能混合较少，居民出行对交通造成了挑战，具体交通类型使用情况见表 6-6。

圣博尔哈市交通模式与比例　　表 6-6

模式	小型公交	汽车	公交	步行	出租车	火车	自行车
比例（%）	36	23	20	7.5	5.1	1.4	1

为了解决人口增长带来的问题，圣博尔哈市修订了分区条例以增加住宅和商业密度。例如，它放宽了对新建筑的高度限制，目的在于使多户型住宅开始取代单户住宅。住宅和商业用途的分离导致更多的温室气体排放，这是由于更依赖于汽车交通来获取货物和服务以满足日常需要。因此，交通导向的混合功能规划发展规划（TOD），即优先考虑土地使用政策以及设计城市的行人、自行车和汽车交通，减少交通相关的排放量。

圣博尔哈的公共游憩场所（包括公园、林荫道和城市森林）占土地面积的 13.5%，目前有 10% 能为居民提供林荫，场地原有的许多树木因新建建筑而砍伐掉了。因此，建议在居住区规划时应当适当增加密度，并充分利用街道拐角种植绿化。

4. 圣博尔哈市低碳城镇规划

圣博尔哈市的居民有强烈的社区认同感，承诺共同参与社区治理，居民还会参与市政项目，例如市政支持的绿色屋顶、共享单车等可持续发展项目。作为一个发展快速的区域，圣博尔哈市建立了低碳社区愿景和规划。该市还致力于发展低碳理念与改善当地居民的生活质量，并成功入选了 APEC 第四期 LCMT 项目，这也将成为秘鲁发展成低碳经济体的重要举措。

2012 年圣博尔哈市 CO_2 排放量约 207805Mt，为减少 CO_2 排放的攀升速度，圣博尔哈市制定了 2021 年的温室气体减排目标，如图 6-18 所示，同时在住宅领域、商业部门、机构部门、交通部门、城市林业和固体废物方面制定了低碳计划，见表 6-7。

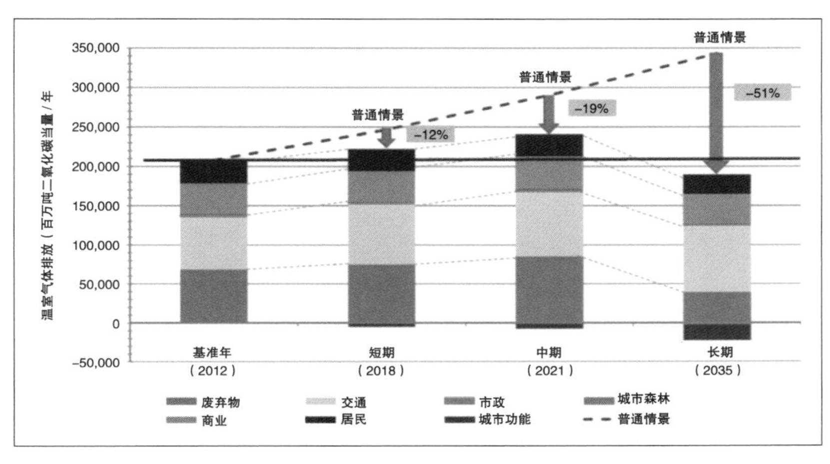

图 6-18　圣博尔哈市 2018 年、2021 年、2035 年的 CO_2 减排目标设置

圣博尔哈市 2021 年低碳行动计划　　表 6–7

行动领域	战略行动
住宅领域	增加天然气在住宅使用。 提高家庭的能源效率
商业部门	增加天然气在商业建筑中使用。 提高商业建筑的能源效率
机构部门	促进市政建筑的能源效率。 用液化石油气代替市政车辆 CNG 汽车
交通部门	增加 NMT 旅行的数量，特别是使用自行车。 增加私家车的平均入住率。 通过智能交通信号灯和交通控制提高平均交通速度。 减少乘坐小型车辆的次数。 增加公共汽车和面包车的数量。 通过环行计划、运输路线和区域内货物运输的时间表提高货运效率
城市林业	种植 5 万棵新树，使该区的树木密度达到总区面积的 23%
固体废物	确保适当地治理城市有机垃圾的废物。 改善市政固体废物收集和回收

6.2.4　环境治理型——印度尼西亚比通

"我认为低碳示范城镇关乎可持续城市的发展。在印度尼西亚，我们将建立一个智慧的低碳示范城镇，因为如果想要寻求社区实现低碳理念，就要把本地智慧放入指标体系当中。无论如何，我们将遵循低碳减排原则也正努力与当地企业合作。"

——Henriette Jacoba Roeroe，印度尼西亚北苏拉威西省省长顾问

1. 印度尼西亚城市化简介

印度尼西亚是 APEC 成员经济体之一，由约 17508 个岛屿组成，是全世界最大的群岛国家。面积较大的岛屿有加里曼丹岛、苏门答腊岛、伊里安岛、苏拉威西岛和爪哇岛。同时，印度尼西亚作为 20 国集团（G20）成员和最大的东南亚国家联盟（ASEAN）成员，拥有丰富的矿产资源与自然资源。20 世纪 70 年代前，印度尼西亚的城市化进程较慢，且发展不平衡，20 世纪 80 年代至 90 年代之后，印度尼西亚政府致力于推进农村城市化进程，效果较为显著。但是在城市环境治理上也暴露出一些问题，例如：城市废物与绿地管理，水质与污染物控制，城镇合理布局与规划等。近年，在 APEC 低碳示范城镇倡议的引领下，印度尼西亚苏拉威西省政府在可持续城市建设领域表现积极，大力发展低碳示范城镇项目并打造项目示范城市。其中，北苏拉威西省的比通市凭借对比通市经济特区的规划被评为 APEC 第五例低碳示范城镇。

2. 比通市概况

比通市位于北苏拉威西省的最东部，面向蓝碧海峡及蓝碧岛，距离省会美娜多市约 47km，是该省第二大城市，土地面积约为 31000hm^2，总人口约 19.3 万人，是印度尼西亚主要的贸易港口，其支柱产业包括：工业、水产业、农产品加工、药品制造以及国际物流。比通市地貌以丘陵（33%）和山脉（45%）为主，大部分位于比通北部，其中包括种植园、森林自然保护区及野生动物园。平原地带仅占全市的 8%，位于比通东部，较适于发展城市地区、工业、商业及民用住宅。

全市被分化为8个大区，分别为Madidir区（3045hm^2，9%）、Matuari区（3610hm^2，11%）、Girian区（516hm^2，1.5%）、Lembeh Selatan区（2353hm^2，7%）、Lembeh Utara区（3061hm^2，9%）、Aertembaga区（2611hm^2，8%）、Maesa区（965hm^2，3%）、Ranowulu区（17117hm^2，51%）。北苏拉威西省拥有较大的可再生能源开发潜力，其中包括地热、太阳能和海流能。比通市的电力供应以水力发电和地热发电为主，由国立电力公司PLN负责，该公司在印度尼西亚电力供给，电网建设领域处于垄断地位。随着印度尼西亚政府城市化发展，在2002年政府提出在5年内结束电力市场的垄断问题，并致力于扶持独立电力生产商和外资企业，使能源市场更为开放。在北苏拉威西省PLN拥有4座地热发电站，其中2座由亚洲开发银行（ADB）投资建立，当地政府正在进一步在鼓励独立电力供应商在这4座地热发电站的投资，预计未来占地热发电站总投资的75%。

3. 比通经济特区概况

比通经济特区位于比通市的Matuari区，现占地面积534hm^2，靠近比通市西北方海岸线，利于发展港口贸易及国际物流业务。自从2008年，印度尼西亚政府以低碳城镇发展为基准，对比通经济特区进行了整体规划，该规划方案为APEC区域低碳示范城镇的发展提供了系统性的实践方案。

1）比通市规划发展的5个阶段（图6-19）

（1）第一阶段（2017—2019年）

特区的首个建设阶段聚焦于完善特区内的技术设施建设，建设地区占地面积为114.90hm^2。其中包括：道路设施建设、完善垃圾处理设施、水源及电力供给。PLN公司将负责特区内的能源供给，为未来的工业区、商业区和住宅区提供电力支持。

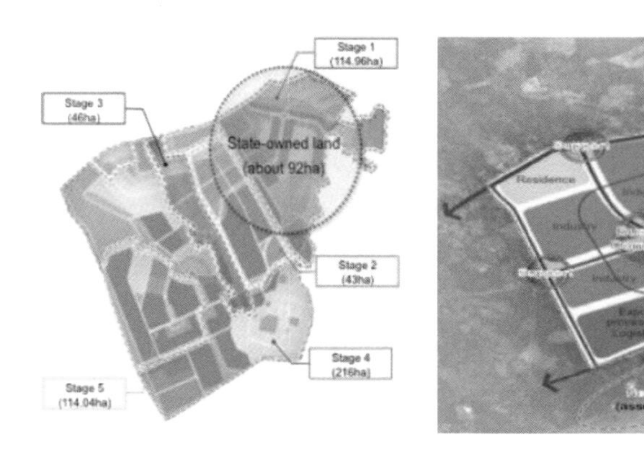

图6-19 比通经济特区规划发展的5个阶段

（2）第二阶段（2020—2023年）

第二阶段的建设以扩展特区的工业用地和商业配套设施为主，拓展面积为43hm^2。同时也包括，进一步完善道路建设、水源及电力供给，确保能源供给设施连接到工业区的各个重要连接点。

（3）第三阶段（2022—2023年）

扩展特区内的商业用地和住宅用地，完善商业配套设施。拓展面积为46hm^2。确保工业、商业及住宅地区的合理规划。

（4）第四阶段（2024—2028年）

发展比通经济特区的住宅地区及娱乐区，并将基础设施建设扩展至两个新区，共计占地面积

216hm^2。

（5）第五阶段（2029—2031 年）

最终阶段，需建设面积占 114.04hm^2。统筹特区的整体规划，为工业、商业、住宅区完善基础设施及配套设施建设，引导中型、大型企业进驻特区。

2）规划方案最终目标

比通经济特区的规划核心目标是节能减排。通过合理规划城市用地，发掘地方可再生资源潜力，减少城市温室气体排放量，并计划于 2020 年使比通经济特区减少全国 26% 的温室气体排放量，将比通经济特区打造成国家级和世界级的可持续城市特区。结合比通经济特区发展的 5 个阶段，可将规划方向分为以下 4 个方面：

（1）能源利用

结合当地自然资源优势，为城市供电和供热提供清洁能源（太阳能、地热能和生物质能）。例如：特区内建筑安装太阳能光伏板，充分利用和开发比通市地热能资源，合理利用农业垃圾和城市废弃物进行能源转化。

（2）提高能源效率及交通规划

提升特区的公共交通系统和交通设施。加强特区与比通市外界的联系，以网状结构交通为规划发展方向，提倡智慧交通，公共出行，控制交通工具数量。根据特区内常住人口及工作人员数量要做到平均每 30 人共享一辆公交车。

（3）农业、森林和土地利用

城市绿地的合理规划规划，发展绿色工业区，每一片工业区内都要有一定比例的绿色用地。

（4）城市垃圾管理

将城市废弃物进行统一管理，以垃圾填埋和堆置废料的处理方法为主，减少垃圾焚烧。

3）比通经济特区未来可行性发展

在比通经济特区的未来发展上，北苏拉威西省政府与中国交通建设股份有限公司建立了合作。中方为比通特区的未来发展提出了可行性建议，基于推动比通市的经济发展及建设环保新城的理念基础上，将特区现有规模 534hm^2，扩张到总面积 2000hm^2。其中包括，新港口和工业区的建设，以加强经济特区在物流与对外贸易方面的经济效益。

6.2.5 区域再开发型——越南岘港

1. 越南城市化概况

越南位于东南亚的中南半岛东部，北与中国广西、云南接壤，西与老挝、柬埔寨交界，国土狭长，面积约 33 万 km^2，紧邻南海，海岸线长 3260 多千米，是以京族为主体的多民族经济体。越南一直在提高其工业化的速度，并跻身东南亚增长最快的经济体行列。

越南城市化进程表现出两个显著特征，首先是在农村总人口总量增加的大背景下，农村人口占总人口比重持续下降。1990—2015 年间，越南城市化进程不断加速，在农村人口总量增长了近 800 万的大背景下，农村人口占全国总人口的比重却由 1990 年的 79.8% 持续下降到 66.4%（年均降幅 0.73%）。其次，越南的人口分布出现不断向大型城市集聚的趋势。具体而言，随着城市化进程的深入发展，越来越多的越南农村人口逐步流向包括河内、胡志明市等大城市，大型城市的规模也在不断扩张。据世界银行统计显示，2000—2010 年，越南共有 750 万人移居到主要城市。截至 2010 年，越南城市人口总数为 2850 万，占全国总人口的 32%。

为促进城市化发展进程，越南建设部发布《2012—2020 年国家城镇化发展目标》，指出力争到 2020 年使全国的城市数量达到 940 个，城镇化率达到 45%。不仅如此，越南中央政府还将投入超过 500 亿美元，投资于当前城市的基础设施和民生工程的新建、改造、升级，以确保城镇化目标朝着健康、有序的方向发展。

可以看出，越南的城镇化程度发展速度较快、优势明显，但是伴随着城市人口的扩张及城市密度越来越大，也衍生出各种典型的都市问题，例如资源短缺、交通拥堵、环境污染、生态恶化、贫富分化等“城市病”问题，并有不断加剧趋势。此外，城市人口分布并不均衡，高度集中于主要的大都市区域。2013 年，越南有一半的城市居民居住在 16 个大城市中心，给住房、就业、环境和社会基础设施带来了很大压力。此外，越南还面临海平面上升、气温上升、雨季降雨量增加、旱季降水减少、洪水泛滥和极端天气的风险，这些城市化进程中所涌现出的问题为越南的城市决策者提出了挑战。

2. 岘港城市化概况

岘港是越南中部最大的城市，位于河内与胡志明市之间，行政区域包括 6 个市区和 2 个郊区，其中还包括一个面积 305km^2 的海岛郊区。岘港总面积 1285.43km^2，人口为 95.17 万。近些年由于岘港的工业化吸引了更多的人前往该地区工作生活，2002—2011 年，岘港人口增长了约 1.3 倍。岘港的经济结构正从农业转向工业和服务业，目前该市的主要产业包括冷冻鱼类、纺织品和服装、水泥、轮胎和皮革制品。岘港的城市交通主要由道路交通构成，而由于这个城市被指定为越南的行政和经济中心，城市郊区拥有各种运输方式，包括铁路和航运，同一个线路既服务于客运，也服务于货物运输。此外，岘港港口由天山港码头和汉江港码头组成，是越南中部最大的海港，也是经济排名第四的大型港口，还是该城市中唯一的门户港口，岘港港口每年处理大约 300 万 t 货物。

岘港的自然地理优势有利于在汉江沿线发展港口与河港网络。此外，岘港还具有巨大的可再生能源潜力，该市不仅有住宅用太阳能热水，国际机场计划安装光伏电池，还有开发其他可再生能源和可持续资源如水力发电、沼气的潜力。可以看出，岘港具有非常好的城市发展基础。

伴随着城市发展，岘港的城市环境质量虽然有了很大的改善，但是还有一些环境问题没有完全解决，而城市化也使城市环境迅速恶化，例如城市生活污水和工业废水造成城市河流退化以及富营养化，交通车辆数量的增加导致城市周边的空气灰尘和噪声的浓度增加。此外，随着城市发展与人口增长，岘港的电力需求不断增长，预计每年增长 7%~8%。这些都是岘港未来发展面临的问题。

3. 岘港低碳发展措施

为促进岘港经济发展，并使岘港成为越南中部的社会经济中心，特别是考虑到它在地区国防和安全方面的重要战略地位。岘港市提出了 2011—2020 年社会经济发展总体规划，以 2020 为目标年，旨在促进可持续发展。规划由岘港人民委员会和规划与投资部（DPI）执行，规划目标涉及社会发展、经济发展等多方面。同时，为将岘港市建设成一个环保城市，该市需要减少空气污染，处理和回收利用废弃物，节约能源与利用可再生能源。2008 年 8 月，岘港人民委员会颁布了环境计划，指出城市环境规划的总体目标是：

①为居民提供安全和健康的环境，保证土地、水和空气质量；

②防止环境污染和退化；

③提高人民的环境保护意识与岘港的环保城市发展愿景。

在发展低碳城市过程中，岘港进行了国际合作。例如与日本国际协力机构（JICA）合作为岘港未来的土地利用提供了一个发展战略；以及与亚洲技术学院（AIT）一起进行岘港市碳排放现状的研究。此外，岘港制定了关于建立环境标准的计划，促进电动汽车的使用并建设充电桩，引入快速公交系统（BRT），使用沼气发电、使用原始废物生物质发电、优化能源使用等。

2013 年，岘港入选 APEC 第三批低碳示范城镇，为此，岘港制定了高水平低碳城市愿景，将目标与区域挑战相结合，通过提高城市吸引力与建立低碳发展基准，使其发展成低碳示范城镇。制定了 CO_2 减排目标：到 2030 年，每年的温室气体排放减少 1.5%~2%，能源活动相关的温室气体排放量较经济正常情况下要减少 20%~30%，如图 6-20 所示。

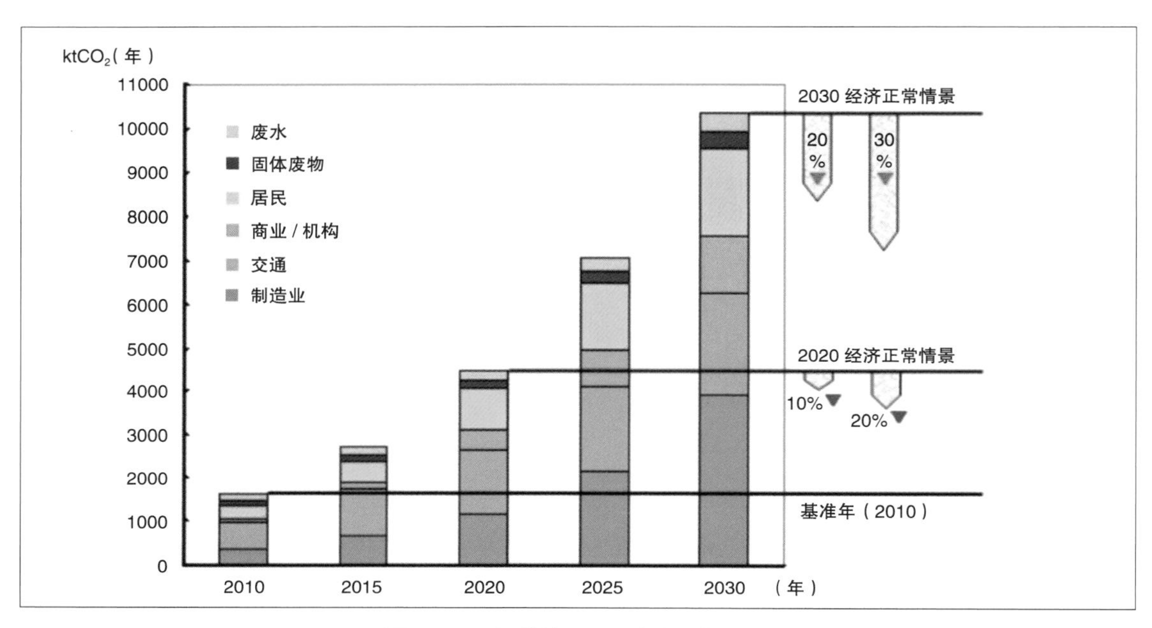

图 6-20　岘港的 2030 减排目标设置

6.2.6　严寒地区——俄罗斯克拉斯诺亚尔斯克

1. 克拉斯诺亚尔斯克

俄罗斯的克拉斯诺亚尔斯克市是第七例 APEC 低碳示范城镇。它是 APEC 首例以大尺度的百万人口大城市为对象来推进低碳示范城镇建设，以往的案例都是相对较小的城市，或者大城市的一个区域。这是一个很有挑战性也很有意义的案例，需要克拉斯诺亚尔斯克市的城市管理部门来有效平衡低碳政策和其他政策目标。

2. 克拉斯诺亚尔斯克市概况

克拉斯诺亚尔斯克市有 100 万人口，是西伯利亚联邦地区一个具有代表性的工业城市。克拉斯诺亚尔斯克市是西伯利亚东部最大的工业和文化中心，也是俄罗斯第二大地区克拉斯诺亚尔斯克地区的首府。它是以轻工业和褐煤为主的矿业城市，主要从事铝工业。

克拉斯诺亚尔斯克市位于俄东西伯利亚地区，处于亚欧大陆中心地带，南到南西伯利亚山区，北接北冰洋，南北绵延约3000km，东西最宽处为1250km，面积233.97万km^2，占俄联邦面积的13.7%，仅次于萨哈（雅库特）共和国，在俄各联邦主体中居第二位。

克拉斯诺亚尔斯克市是一个严寒的区域，一年中有233天需供暖。寒冷季平均最低温度为–26℃，最高平均温度为–17℃；夏季平均温度范围在12~25℃。3月、4月及10月的天气寒冷，气温为零下；5月和9月天气较冷，6月和8月60%的天气是凉爽的，天气较其他时间温暖或舒服。

由于地理特征，克拉斯诺雅尔斯克市支持居民的生活的基础设施主要有地区供热系统和水力发电厂。克拉斯诺雅尔斯克市的供热系统是由严寒地区的地理特征形成的。热电由大型的CHP设施和小型锅炉房供应。实际的耗电量是目前运行热源供应系统的70%左右，热源损失约为30%。此外，褐煤作为热源的主要燃料，也造成严重的碳排放。

克拉斯诺亚尔斯克拥有世界上第十大水力发电站（图6-21）。克拉斯诺亚尔斯克的水力发电厂是一个124m高、1065m长的混凝土重力坝，位于叶尼塞河上游约30km处。它始建于1956—1972年，供应6000MW的电力，主要用于供应克拉斯诺雅尔斯克市铝厂。电厂通过使用电力来减少碳排放。但克拉斯诺亚尔斯克水力发电厂对当地气候也有不利影响，通常情况下，河流会在寒冷的西伯利亚冬季结冰，但由于水力发电厂全年都在解冻，所以这条河在200~300km的河段上不会结冰。在冬季，寒冷的空气与温暖的河水相互作用产生雾，使克拉斯诺雅斯克和其他下游地区受到影响。

图6–21　克拉斯诺雅茨克水电站

3. 克拉斯诺雅尔斯克市低碳理念

克拉斯诺雅尔斯克市一直是西伯利亚联邦地区的中心城市。城市不断扩大，人口不断增加，使克拉斯诺雅尔斯克城的经济增长面临着许多威胁。LCMT概念作为一种新的实现方法，可以引导克拉斯诺雅尔斯克市实现高水平的低碳生活。为了使严寒地区的城市工业可持续增长和低碳发展得以实现，克拉斯诺亚尔斯克市的LCMT部门将会采取一系列行动，包括有制定高标准的建筑节能标准；推广CHP避免使用煤（褐煤）和废除锅炉房的政策；促进公共交通的政策发展；促进舒适的室内和室外环境。以下将从城市结构、建筑、运输、能源、绿色植物、水资源、污染等方面阐述克拉斯诺雅尔斯克市低碳策略。

1）城市结构

城市结构的特点是由叶尼塞河切断，此外，由于连接南北地区的低效率交通基础设施，以及城市地区和行政组织集中在北部，城市的平衡发展受到阻碍。

以中心城区和主要交通节点作为基础，促进城市功能的积累，将整合基地和其他地区与公共交通网络有机地联系起来，实现可持续发展。根据城市主要道路、公共交通的维护状况、城市功能的积累情况等特点，努力向集约化的城市结构转变。在巩固基础之上，改善城市地区，努力积累住宅等多种功能。抑制其他地区的城市化，引导低密度使城市郊区的居住环境不会恶化。减少 CO_2 和能源消耗，减少造成环境影响的城市活动。

2）建筑

随着城市人口的增加，新建筑的建设，以及能源短缺、气候影响以及温室气体排放增加等环境影响，人们越来越关注能源消费的趋势。在能源节约的背景下，建筑节能已成为焦点，因为建筑占总能源消耗和温室气体排放的 40% 左右。综合节能战略应考虑需求侧和供应方的低碳技术，包括减少负荷、自然能源利用和高效设备引进的战略。采用能量仿真软件（如 Energyplus）对低碳策略的效果进行分析。仿真中采用了高性能立面、高效设备和自然能源利用等不同的低碳策略，展示了其节能潜力。

3）运输

重组和加强公共交通网络，成立新的公共交通流线，以方便区内的流动。通过控制街道停车来减少交通负荷。在中心区域内，不断统一规范街道停车，建议在街道单位内按街区的使用情况实施停车许可计划，以控制中心区域的街道停车。通过将区域内的停车信息准确地传递给用户，创造一个高效、易于使用的停车环境。在小区内设置公交站，形成与周围街区相连的综合步行网络，改善现有公交系统的便利性。公共汽车终点站周围的商业设施将会形成一个繁华的空间，与周围街区的商业建筑、电影院等相结合。

4）能源

多能源系统的建立，由于克拉斯诺亚尔斯克市处于一个极其寒冷的地区，地区供热系统覆盖了大部分城市，大约 8 个月的供暖期。因此，地区供热系统是克拉斯诺亚尔斯克市民的生命线。在地区供热段，需要考虑由于老化的传输网络造成的热量损失。战略包括通过现代化传输网络减少供应中的热量损失。

在未来，建议关闭那些低效、小型的锅炉房，并逐步利用高效的热电联产进行将热供应，同时促进热电联产的废热回收和提高能源效率。实时能源监测系统和能源管理，也有助于为决策者寻找有效的方法来增加能源安全；降低能源成本、地方污染和温室气体排放；创造新的商机，推动新能源创新。

积极利用可再生能源，一方面，推广光伏发电的低碳战略；另一方面，推广生物质能的低碳战略。为了促进克拉斯诺亚尔斯克市的生物质能源利用，将鼓励废物分离，并在短期内建立废物回收指导方针。将建在郊区一个焚化厂（也被称为垃圾焚烧发电厂），利用垃圾作为燃料发电和供热。

5）区域能源管理系统

区域能源管理系统（AEMS）是一种基于信息的管理系统，可以收集需求侧和供应方的信息来进行分析和管理，以实现最优运行。它是环境与能源（低碳）的一种方式，也是一种通过建筑之间的合作来实现、维护和改善环境的支持系统。AEMS 可以有效地在整个区域运行、监控和控制能源。

6）绿色植物

城市绿化有助于减少温室气体的排放。绿色植物的作用有很多，比如赋予城市景观功能。通过对路边的沿街树木进行系统的建设，将通过绿色植物和生物多样性减少 CO_2。通过保护自然和将分裂的自然联系起来，保护了野生动物的运动路径，恢复了自然的各种功能。

7）水资源管理

该市人口预计将持续增加。在不采取任何措施的情况下，水的消耗量将继续增加。用水量的加大增加了水和污水基础设施的负担，并导致资源枯竭和污水处理方面的能源消耗。因此，有必要制定一些政策，例如节水设备的引进和建筑物用水的强制再利用。尤其在克拉斯诺亚尔斯克市有许多大型的住宅设施，预期采取措施是有效的。

开发能够进行适当水处理的供水和污水基础设施是很重要的。此外，无论住宅和办公建筑，减少使用的水量也很重要。在一定规模的设施中，将尝试采用灰色水处理设施系统，引进节水设备，从而减少节水和水再加工的能耗。根据建筑物的规模，使用中水、雨水的组合是最有效的。在独立式住宅和小型建筑中，通过使用雨水，以保证水资源的高效利用。

8）污染

工厂、汽车、取暖燃料等各种因素都涉及复杂的环境污染。对环境污染进行适当的治理。如果未能在污染前进行适当的治理，未来将要耗费更多的时间、能源和成本。

本章参考文献

[1] 中国国家能源局 . APEC 低碳示范城镇项目中国发展报告 2012[R]. 北京：中国电力出版社，2012：11-12.

[2] 于家堡低碳示范城镇指标体系课题组著 . APEC 首例低碳示范城镇：于家堡金融区低碳指标体系研究 [M]. 北京：中国建筑工业出版社，2014.

[3] 韩琦 . 秘鲁现代化迟缓原因探析 [J]. 世界历史，2003（4）：83-93.

[4] 李婕 . 秘鲁贫困状况变化特点及原因分析（2001 ~ 2010 年）[J]. 拉丁美洲研究，2014，36（2）：54-59.

[5] 陈宁 . 越南的城市化进程 [J]. 南洋问题研究，1998（3）.

[6] 闫慧云 . 越南城市化的现状、问题及对中国城市化建设的借鉴意义 [J]. 延安职业技术学院学报，2017，31（1）：15-16，19.

[7] APERC. The Concept of Low-Carbon Town in the APEC Region（Sixth Edition）[R].2016.

[8] APERC. APEC Low-Carbon Town Indicator（LCT-I）System Guideline[R].2016.

[9] APEC. Low Carbon Model Town（LCMT）Project Tianjin Yujiapu Feasibility Study Final Report[R].2011.

[10] Final Report for APEC Low Carbon Model Town（LCMT）Project Phase 2 at SAMUI Island[R].2012.

[11] APEC Low Carbon Model Town（LCMT）Project Phase 3 Finalization of Feasibility Study Report with Executive Summary[R].2013.

[12] Final Report：Low Carbon Model Town（LCMT）Project Phase 4 Feasibility Study San Borja，Lima Province，Peru[R].2014.

[13] Low Carbon Model Town（LCMT）Phase 5 Feasibility Study Special Economic Zone（SEZ），Bitung，Indonesia[R].2015.

[14] Final Report APEC Low Carbon Model Town（LCMT）Project Phase 6：Feasibility Study for Mandaue

City，Cebu Province，The Philippines[R].2016.

[15] APEC Low Carbon Model Town（LCMT）Project Phase 7 Feasibility Study for KRASNOYRASK City，Russia[R].2017.

[16] IPCC. Climate Change 2013-The Physical Science Basis：Working Group I Contribution to the Fifth Assessment Report of the Intergovernmental Panel on Climate Change[M].Cambridge s.l.：Cambridge University Press，2013.

[17] DoNRE & AIT. Carbon Emission Situation Study at Danang City，Viet Nam[R]. Da Nang：People's Committee of Danang City Department of Natural Resources and Environment，2011.

[18] CCCO of Da Nang City[EB/OL].2013 http：//www.iges.or.jp/files/research/climateenergy/PDF/20131022/AM_08_Ha_e.pdf.

7

APEC 可持续城市发展

在 2014 年 9 月于北京召开的第 11 届 APEC 能源部长会议期间，国家能源局对外正式宣布成立 APEC 可持续能源中心（APSEC）。APSEC 的成立是中国政府积极响应 APEC 领导人提出《亚太经合组织城镇化伙伴关系合作倡议》的重要成果，已写入 2014 年的《第 11 届 APEC 能源部长会议声明》和《第 22 届 APEC 领导人宣言》。2014 年 9 月，国家能源局与天津大学签署《关于合作运营管理 APEC 可持续能源中心的协议》，委托天津大学负责 APSEC 的日常运营管理。作为中国国家能源局牵头成立的第一个能源国际合作机构，APSEC 肩负着为我国参与 APEC 框架下能源合作提供智力支持和保障，为 APEC 各经济体提供可持续能源技术合作平台、整体解决方案与专业化服务，为 APEC 区域能源和环境协调可持续发展积极贡献力量的重要任务。

在 APEC 机制下，APSEC 与 1995 年成立的日本政府主导的 APERC 并行为两大常设研究机构，接受能源工作组的直接管理；在国内接受由中国外交部、国家能源局和天津大学组成的指导委员会的工作指导。

APSEC 组建了 APEC 高级别专家咨询委员会、国内专家委员会和天津大学校内学术委员会，整合国内外能源领域高端智力资源，对可持续发展的重大问题开展研究，持续推动 APEC 可持续城市合作网络的实施，形成有国际影响力的研究成果。

APEC 可持续城市合作网络（CNSC）是“亚太经合组织城镇化伙伴关系合作倡议”的重要内容，于 2014 年 APEC 领导人非正式会议上获得通过，2015 年 APEC 会议文件中认定 APSEC 作为该领导人倡议的官方落实机构。结合 APEC EWG 机制下正在开展的能源智慧社区和低碳示范城镇项目，APSEC 将 CNSC 设立为两大支柱项目之一。CNSC 着眼于依托城市为载体，推动能源技术转移与应用，实现城市的低碳能源转型。CNSC 建立项目运营管理机制，围绕“城市与能源”主题，序列开展亚太城市可持续发展模式、能源规划、能源技术和能源低碳转型的专题研究，组织技术培训和专家研讨，形成专题核心出版物，发表高水平学术论文成果。

CNSC 的建立在国内外产生了巨大的影响。通过 CNSC 提升中方项目在 APEC 区域内乃至国际上的知名度和影响力，对外讲好“中国故事”和中国经验，做好中国宣传，为项目树立国际品牌，打造国际影响力。CNSC 真正实现了为政府、企业和科研机构建立产、学、研、商一体化服务的合作平台，实现了国际化合作，推进 APEC 区域内政府和企业之间的沟通协作；同时提供政策咨询服务，协助成员争取更多的政策支持，推动 APEC 区域内可持续城市发展。目前 CNSC 包括一个论坛、两个网络以及培训，即 APEC 可持续城市研讨会以及 APEC 低碳能效城市合作网络和 APEC 可持续城市服务网络。

本章还收录了 APEC 低碳示范城镇推广活动中五例城镇项目：北京雁西湖生态发展示范区、深圳国际低碳城、青岛动车小镇智能低碳园、富阳经济技术开发区银湖科技新城、昆明呈贡新区。以及 APEC 低碳能效城市合作网络中三个入网城市作为重点案例分享：澳大利亚阿德莱德市、印度尼西亚比通市、中国吐鲁番市。

7.1 APEC 低碳示范城镇推广活动

7.1.1 APEC 低碳示范城镇推广活动背景

随着全球经济的发展，能源需求也在不断地增长，因此在应对气候变化、减缓碳排放等问题上面临的挑战更加突出。通过建设低碳城镇，降低城镇发展过程中的温室气体排放，可有效缓解日益突出的能源与环境问题。

2010 年 6 月，APEC 第九届能源部长会议上推出 APEC 低碳示范城镇项目并确定天津于家堡金融区为首例低碳示范城镇。2010 年 11 月，APEC 领导人齐聚横滨，围绕“变革与行动”的主题，共同探讨 21 世纪亚太地区更加整合的愿景和实现途径，提出创建低碳社会、推进低碳政策、发展低碳产业的 APEC 增长战略。我国领导人在出席 APEC 领导人峰会时，提出积极发展低碳示范城镇项目的倡议。2012 年，国家能源局向 APEC 第 20 届领导人峰会提交了《APEC 低碳示范城镇项目——中国发展报告》。

2014 年我国成功主办 APEC 第 22 届领导人峰会。本次会议是我国新一届政府成立后主办的最高级别重大多边外交活动，重要性不言而喻。

为配合 2014 年 APEC 峰会的召开，我国开展低碳城镇全球推广活动，建设低碳城镇项目库，选取典型代表城镇试点，通过 APEC、世界能源理事会（WEC）、国际能源署、上海合作组织、东盟、世界银行、亚洲开发银行等有影响力的国际组织进行全球招标，在全球范围征集先进的城镇开发技术、理念、发展模式和解决方案，通过实体项目合作，推动低碳城镇发展。

“APEC 低碳示范城镇项目”和“APEC 低碳中国行”两大活动，为计划进行或正在进行低碳发展的中小城镇或区域提供示例，APEC 将低碳理念、策略、低碳技术研究与实际的案例相结合，以中国中小城镇的低碳转型为主题，旨在：

第一，通过活动及理论研究，总结各项研究与实践成果，形成中国低碳城镇转型的新思路、新途径及新案例；

第二，在活动过程中逐渐形成一个稳定的低碳发展研究团队或组织，聚集更多的专业人士参与其中，形成全产业链的低碳城市发展建设的全面问题解决方案；

第三，将活动以及研究产生的相关成果与经验进行有效的积累与汇总，形成可持续的城镇低碳转型模版。

通过中央政府政策的有力推进、地方政府的主动实践和国际合作的积极推动，中国低碳城镇涌现出了一批各具特色的优秀实践案例。活动邀请了国内外知名的各级政府部门领导、能源和城市规划专家、投资与发展企业家、低碳技术及材料企业家以及新闻媒体记者，全程参与到“APEC 低碳城镇中国行”以及中国中小城镇低碳转型课题研究项目的活动中。为一些重要城镇的建设把脉诊断、分析症结、开方解决。

2013 年 7 月，国家能源局在钓鱼台大酒店召开“APEC 低碳示范城镇推广活动启动会”。2014 年 APEC 中国年第 22 届领导人峰会在北京召开，为了促进中国低碳城镇的建设，提升 APEC 区域能源可持续发展水平，在天津于家堡首例 APEC 低碳示范城镇项目的基础上，国家能源局启动了“APEC 低碳示范城镇推广活动”。

2014 年 1 月，国家能源局主持召开了低碳示范城镇指标体系评审会暨项目单位座谈会，会上宣布了 26 家低碳城镇项目成功进入 APEC 低碳城镇推广活动首批项目库。

2014 年 8 月，开展了首批 26 个低碳示范城镇项目评审工作，并评选出首批优秀低碳发展规划城镇项目。其间，“APEC 低碳城镇中国行”活动汇聚低碳城镇建设所需各方优势资源，为中国的新型城镇建设提供全周期、全方位的指导与支持。

从 2012 年 11 月起，专家团队赴 APEC 首例低碳示范城镇——天津滨海新区于家堡实地考察，迈开了低碳城镇中国行的第一步。随后，中国行陆续走进了大连亿达科技生态城、黑龙江松花江农场、江西东乡、内蒙古巴彦淖尔、江苏镇江、新加坡能源署、深圳国际低碳城和连云港徐圩新区。

2014 年 9 月，在北京钓鱼台国宾馆举办了“APEC 低碳示范城镇项目成果展”（图 7-1），活动获得国家能源局的高度评价。“APEC 低碳示范城镇推广”活动成果成功写入了 APEC 能源部长声明和 APEC 领导人宣言，对于推动中国的新型城镇化沿着低碳可持续方向发展和对外宣传我国低碳城镇建设成果，起到了积极的作用。

图 7-1　APEC 低碳示范城镇项目成果展

7.1.2　APEC 低碳示范城镇推广活动成果

为积极落实 APEC 领导人会议精神，到目前为止已有 30 多项 APEC 低碳示范城镇项目，为 APEC 可持续城市的推广起到促进作用。APEC 低碳示范城镇项目在中国已经处于大范围的试点示范阶段，并出现了一批各具特色的优秀城镇实践案例，并且 APEC 框架下的国际合作在不断深入，对中国低碳城镇发展起到了重要的推动和促进作用。本小节首先介绍了已有 APEC 低碳示范城镇项目类型以及 APEC 低碳示范城镇实现途径，并从这些示范案例中选取 5 项典型案例，每个案例重点从功能定位、规划布局和技术实现三个方面进行简单的介绍。

1. APEC 低碳示范城镇项目类型

30 多项 APEC 低碳示范城镇项目大体可分为六种类型，分别为商务型、旅游度假和康复疗养型、产业型、居住型、农业型和综合型。其中综合型是主要包括商务区、旅游区、产业区、居住区中三种或四种类型综合的示范城镇。如图 7-2 所示，这六种类型中产业型所占比例最大，其次为综合型，接着依次为旅游度假和康复疗养型、居住型、商务型和农业型。产业型和综合型城镇因其功能完备、布局完善，政策推动力强，对于低碳发展产生的经济社会效益有较为乐观的估计，因而对于低碳发展倡议响应比积极。

2. APEC 低碳示范城镇实践途径

1）六大途径

《APEC 低碳示范城镇项目——中国发展报告》初步提出了中国发展低碳示范城镇的六大实践途径：低碳产业、低碳布局、低碳能源、低碳建筑、低碳交通和资源再生，如图 7-3 所示。

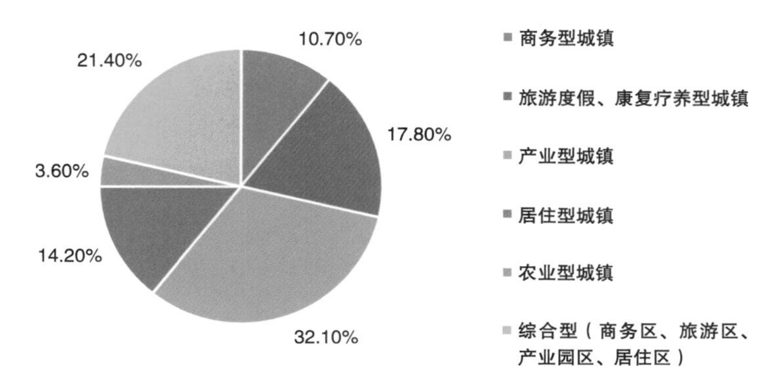

图 7–2　APEC 低碳示范城镇项目城镇类型分布

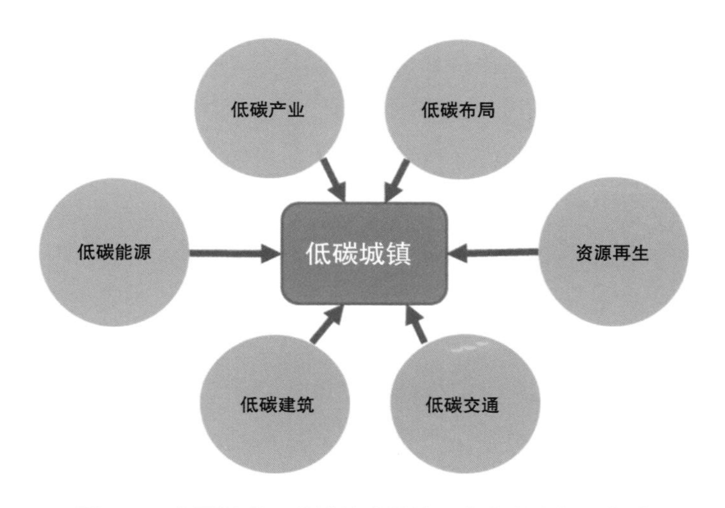

图 7–3　中国低碳示范城镇发展的六大实现途径示意图

2）三个层面

结合 APEC 低碳示范城镇推广活动和试点项目的实践经验，上述六大途径可以通过三个层面进行综合实施，以促进形成低碳生产和低碳生活的功能定位为引领，以低碳规划、布局和管理为保障，通过低碳技术的综合应用，实现对现有城镇（区）的低碳改造和新建城镇（区）的低碳建设（图 7-4）。具体内涵如下：

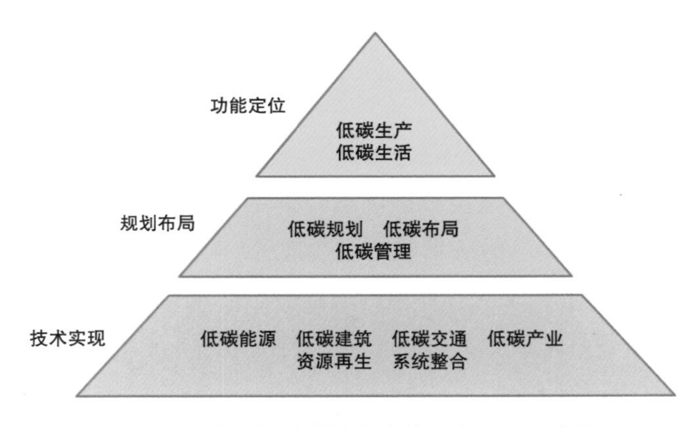

图 7–4　中国低碳城镇实践的三个层面示意图

（1）功能定位

无论是现有城镇（区）改造和新建城镇（区）项目，均应定位于促进形成符合时代潮流的、适合当地情况的先进低碳生产和低碳生活方式。如开发区、产业园区类项目，主要定位于加速城镇经济发展转型和调整产业结构，重点发展高技术产业和高端服务业等；如城乡结合部的社（城）区类、新城类项目，主要定位于分散城镇中心功能，缓解主城区交通拥堵、基础设施不足和居住环境恶化等方面的压力，促进形成低碳的基础设施和生活方式；上述项目只是各有侧重，实际上大多同时具备对低碳生产和低碳生活的双重要求。

（2）规划布局

低碳城镇项目必须有长期的低碳战略规划和详细的近期实施计划，以保障近中期碳排放强度的降低和远期形成低碳的经济和社会形态。低碳布局则是对规划的空间落实，包括：通过空间结构优化和与之配合的城镇（区）功能优化，引导和实现机动交通总量的减少和公共交通分担量的增加；在建设过程中尽量保护当地生态环境；避免基础设施过度建设、重复建设和错误建设；通过能源、水处理等基础设施的空间布局优化，提高资源利用效率和降低能耗，并为未来新低碳技术和基础设施的引入预留空间等。除了规划布局外，还应通过设立指标体系、开展碳盘查、促进碳交易、加强低碳宣传、加强国际合作等多种管理手段，保障项目的顺利实施和低碳目标的最终实现。

（3）技术实现

低碳技术涉及了能源供应、消费和资源回收的整个生命周期过程。在能源的开发 / 生产和分配、建筑的建设和运行、交通设施的购置、建设和运行、工业生产过程和资源的回收利用上，应尽量采用先进技术提高能效和降低碳排放，构建低碳的能源体系。此外，还可进一步通过能源系统的整合，应用先进的信息和网络技术，对整个能源体系的生产和消费进行监测、调度和网络化管理，进一步提高能效和减少排放。

在一般意义上，上述六大途径和三个层面适用于各类的低碳城镇项目。但由于城镇的具体情况不同，各自的侧重点和技术、管理路线并不尽相同，上述途径可本着因地制宜、因时制宜的原则灵活采用。

3. APEC 低碳示范城镇典型案例介绍

1）北京雁栖湖生态发展示范区——低碳建筑典范

北京雁栖湖生态发展示范区（以下简称“示范区”）位于北京市东北部、怀柔新城以北的雁栖湖地区，规划总面积 20.9km^2，是 2014 年 APEC 峰会的举办地。

（1）功能定位

示范区重点发展高端服务业，定位为：

①国际一流的生态发展示范区：实践低碳生态环保建设理念，达到国际最新生态标准，发展绿色产业。

②首都国际交往职能的重要窗口：建设雁栖湖国际都会，使之成为举办国家领导人峰会、国际组织高端会议、跨国企业总部会议等高端服务功能的重要地区。

③世界级城市旅游目的地和生态文化休闲胜地：建设国际高端的旅游、度假、文化、休闲、娱乐等配套设施，将区域型自然景观打造成世界级城市旅游目的地。

（2）规划布局

①新建建筑达到国家绿色建筑三星标准，改扩建建筑达到国家绿色建筑二星标准以上。

②生活垃圾无害化处理率达到 100%，资源化利用率达到 85%，餐厨垃圾处理资源化利用率达到 100%。

③大型新建、改扩建建筑的可再生能源利用比例达到 10% 以上，小型新建、改扩建建筑的可再生能源利用比例达到 6%~8% 以上。

如图 7-5 所示为示范区空间布局和风景示意图。

图 7–5　示范区空间布局

（3）技术实现

示范区低碳建设的特色主要体现在低碳建筑和低碳能源上。

①低碳建筑：园区内建筑将尽量采用被动式节能设计和充分利用可再生能源来最小化碳排放。以会议中心为例，重点措施包括：会议中心内部走廊和会议室全部采用光导照明技术，导入自然光；外围护结构挑檐外延，实现有效遮阳，玻璃幕墙采用真空玻璃提高保温效果；屋面采用太阳能光伏发电系统，满足部分照明需求。同时，采用湖水源热泵或地源热泵满足基本能源需求；公共区域全部采用 LED 灯，最大限度实现照明节能。

②低碳能源：重点技术措施包括：充分利用可再生能源，包括光伏发电、太阳能热水器以及与建筑的一体化，既有建筑和新建建筑的地热能利用等；大力发展清洁能源汽车，包括纯电动车、超级电容车和燃料电池车等新能源车，并建设快速充电站；推进智能化能源运行管理，包括建设区域微电网，实现电力资源的统一调度，引入物联网技术联接区内能源设施，建设统一的智能能源监控管理系统等。

2）深圳国际低碳城项目——国际合作典范

深圳国际低碳城位于深圳龙岗区坪地街道。当地经济较为落后，属经济发达地区的边缘地带，该项目是小城镇探索可持续低碳发展模式的典型案例，也是国内唯一获得保尔森基金会“2014 可持续发展规划项目奖”的项目。

（1）功能定位

以国际合作为主要特色，重点发展低碳技术服务产业，定位如下。

①气候友好城市先行区：秉承低碳绿色、节能环保、可持续发展的理念，将能源消耗和碳排放强度作为约束性指标，着力解决经济社会发展过程中的环境污染、生态系统承载空间有限等突出问题。

②新兴低碳产业集聚区：大力引进低碳研发、教育和产业化机构入驻，推动传统产业向高端低碳转型升级，打造高水平低碳技术创新中心和低碳产业集聚基地。

③低碳生活方式引领区：构建低碳便捷的公共交通体系，建设高效智能的基础设施，营造低碳生态的宜居环境，推行绿色消费、绿色出行、低碳生活，开展低碳、零碳社区示范。

④低碳国际合作示范区：打造具有国际竞争力的低碳技术集成应用和低碳产业聚集发展高地，成为中国应对气候变化行动的重要窗口和国家低碳国际合作的重要平台。

（2）规划布局

①规划目标：2025 年，人均生产总值超过全市平均水平的 1/2（2012 年为全市 1/5），万元 GDP 碳排放强度小于 0.32t/ 万元，人均碳排放强度低于 5t/ 人，低碳发展达到国际先进水平。

②空间布局：构建“一轴一带、一核三心、十字拓展、组团布局”总体空间结构，合理布局城市功能区，形成 TOD 导向的空间布局模式。“一核”为低碳综合服务核心，主要发展低碳技术服务、低碳展示、低碳金融、生产性服务、文化产业、居住等，为整个低碳城提供低碳综合服务；“三心”为坪西、教育路、六联组团三个 TOD 中心；依托地铁、有轨电车公交走廊，形成服务于各个组团的 TOD 片区中心，主要发展片区级服务；以绿色 TOD 为导向，形成“汤圆 + 串”有利于交通节能的空间结构。

③低碳管理：精心设计了一套用于引导和评估项目的低碳发展全过程的综合指标体系，涉及了低碳产业、环境、生活、运营和管理五类过程应用指标，和碳排放、生态环境、公众满意三类综合结果指标，如图 7-6 所示。

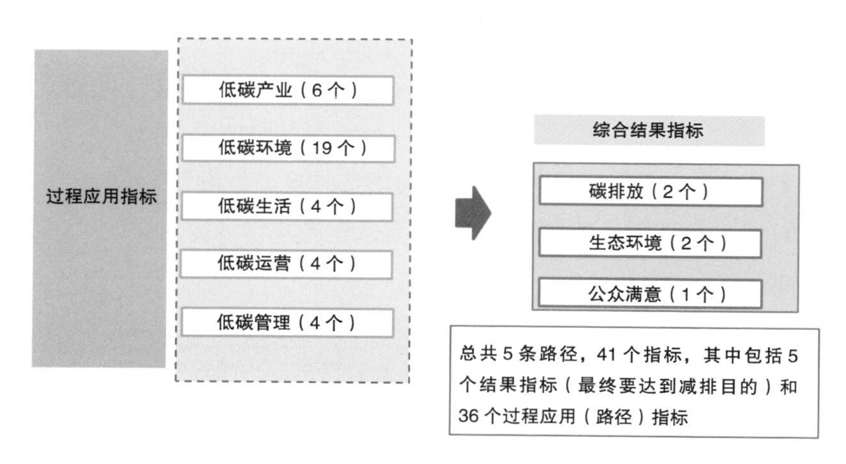

图 7–6　深圳国际低碳城的低碳发展指标体系示意图

（3）技术实现

①低碳能源：力争 2020 年低碳城内非化石能源占一次能源比重达到 30%，形成以分布式能源为

基础，以可再生能源为重点的绿色、低碳、智能的能源体系。重点项目包括：区内热电冷三联供系统，包括 5 台 9.5MW 内燃机、2 台 3.3MW 双燃料内燃机、4 台余热利用发电机组、溴化锂制冷机组等。低碳城能源供应与资源综合利用中心，集中应用垃圾焚烧发电、污水处理、中水回用、光伏发电、污泥焚烧、沼气利用、热能回收等技术，主要能源项目包括：东部环保电厂子项目，处理规模为 5000t 垃圾 /d；沼气发电子项目；太阳能光伏发电子项目等。

②低碳建筑：率先普及绿色建筑技术应用，规模化推广绿色建筑。力争 2020 年，建筑可再生能源消费量占建筑能耗总量的比例达到 30% 以上，新建建筑全部达到绿色建筑设计和运营评价标识二星级以上。

③低碳交通：搭建多层次绿色交通网络，逐步构建以高快速路为基础，大中运量轨道交通为骨干，清洁能源公交为主体，公交站点 TOD 开发为纽带，慢性系统与公交交通零距离换乘的多层次绿色公共交通系统，2020 年清洁能源公交车辆使用率 100%，轨道站点 TOD 开发 100%。

④资源再生：建设循环高效市政设施，2020 年基本实现污水、垃圾等废弃物 100% 无害化处理。

⑤系统整合：探索建立以碳监测为特征的多领域智慧碳云体系，实现能源消耗、资源消耗、污染物排放的动态监测。搭建智慧运营管理平台，贯穿低碳城的规划、建设与运营等全过程，以实际数据为基础进行评估考核。

3）青岛动车小镇智能低碳园示范项目——低碳交通典范

青岛动车小镇地处城阳、即墨、胶州三区市交界处，是进出青岛的西大门，位于青岛轨道交通产业开发区内。动车小镇规划面积 20.5km^2，该区域是青岛市城镇建设和生态建设的重点区域。目前，区域内总投资约 3000 亿元的十大新旧动能转换重点项目正加速布局。预计到 2020 年，动车小镇轨道交通全产业链产值（收入）可达 1200 亿元以上，产业本地配套率可达 50% 以上，出口产品占有率达 50%，每年全国运营动车组的 65% 从这里驶出。2015 年底前，入驻生态园的企业形成规模，城市功能基本完善，园区产业发展格局和建设布局基本形成；2020 年底前，园区建设完成。力争通过 10 年时间，将生态园建设成为具有国际化示范意义的高端生态示范区、技术创新先导区、高端产业集聚区、和谐宜居新城区。

图 7-7 为青岛轨道交通产业园区布局及产业园区、动车小镇、智能低碳园的关系示意图。

图 7-7　青岛轨道交通产业园区布局（左）及产业园区、动车小镇、智能低碳园的关系（右）示意图

（1）功能定位

青岛动车小镇的城镇发展定位如下。

①国家低碳交通示范区：发展特色低碳交通，并与青岛市低碳交通网络整体接轨，打造完整的国家低碳交通示范区；

②主题低碳旅游特色镇：以动车为主题，以保护自然环境为前提全方位管控，成为低碳旅游的典范。

在安居乐业、产城共建、环境和发展共赢等理念下，上述定位可具体分解成“低碳宜居城”“动车文化城”“共生旅游城”“多元活力城”四个方面。

（2）规划布局

①低碳规划：动车小镇的整体低碳发展目标是 2020 年碳排放总量比 2010 年减少 20%，2030 年碳排放总量比 2010 年减少 32%。已完成规划的智能低碳园的建设目标是：以绿色交通、公共交通为主的城镇；发展特色低碳交通，并与青岛市低碳交通网络整体接轨，打造完整的国家低碳交通示范区；100% 绿色建筑的城镇；高碳汇低碳景观、生态和谐的城镇；有地方特色、主题明确的产业城镇；能源清洁、高效利用的城镇；智能化管理高效运营的城镇等。

②低碳布局：完成该规划的智能低碳园将通过街区布局、开放空间、立体都市、TOD 等一系列低碳布局策略，实现产城共建、生态和谐、慢性优先、公交优先等目标，打造宜居低碳园区。

③低碳管理：制定了围绕低碳交通、低碳建筑、环境保护、低碳产业、低碳能源、低碳运营为主题的详细指标体系，来引导、评估和控制智能低碳园的整个规划、建设和运营过程。

（3）技术实现

低碳交通是智能低碳园的主要特色，具体技术路线如下。

①公交优先：综合建设地铁、快速公交 BRT、低地板现代有轨电车、“最后一公里” 主题列车、PRT 个人捷运交通系统；其中有轨电车将形成环绕产业开发区的环线，平均按 800m 设一处站点，并规划有处于相邻绿地中的四处有轨电车停车场。

②文化体验：定制一条交通文化特色体验的电车线路，可换乘历史主题、田园主题、卡通主题、未来科技主题的电车。

③未来科技：发挥产业优势，打造未来汽车技术的实验田，发展未来科技主题电车。例如将发展的 PRT 是“全自动无人驾驶小车，专用轨道、运行过程中无需换乘和中专”。

④清洁能源：建设电动车租赁系统、电动车充电站，实现公交电动化。

⑤慢性系统：建设高速自行车系统 + 自行车系统 + 城市慢性系统。

⑥智能辅助：建设个人交通智能管理系统 + 公共交通智能管理系统。

4）富阳经济技术开发区银湖科技新城项目——低碳产业典范

富阳经济技术开发区银湖科技新城（以下简称新城）位于浙江省富阳市，是富阳经济技术开发区的创新创意产业区块。该区距杭州主城区 15min 车程，是富阳融入杭州城市圈的桥梁。新城共 $1.56km^2$。

（1）功能定位

科技城定位：创新创意低碳产业科技城：大力培育创意产业，提升信息产业、科技研发、文化创意、高新技术等低碳产业，发展总部楼宇、信息文化创意等城市经济业态，全面推广新型节能智慧建筑，充分利用清洁能源，减少温室气体排放，构建产城融合、生态和谐的科技城。

（2）规划布局

①低碳规划：2013 年完成了新城低碳发展规划。新城低碳试点城镇示范项目里列入富阳经济开发区的发展重点，重点低碳产业的引进项目列入富阳市经济发展“十二五”规划。目标是到 2020 年，科技城建设成为富阳市融入杭州大都市的先导区、城乡统筹发展的样板区、转型升级的示范区、低碳经济的试验区、高新产业的核心区，形成产值超千亿元的生态科技园区，第三产业增加值占地区生产总值的比重达 60%。

②低碳布局：已完成《富阳市银湖科创园城市设计》，按照九龙大道及祝闲线沿线规划，融入低碳理念，通过空间塑造、功能复合和形象提升，打造银湖低碳科技城。在空间上遵循“一心一带四区”的布局：一心即公共中心；一带为自然生态山水带；四区即文化创意区、科技研发区、总部基地、商务科研区。此外，重点布局新城的 2 个轨道交通站点综合体，运用 TOD 开发模式，大力构建绿色交通体系，倡导和实施公共交通主导的交通模式，实现地铁、公交车、出租车、免费单车、步行道系统等交通方式便捷换乘。

（3）技术实现

①低碳产业：大力发展文化创意、绿色创智、健康休闲三大产业，重点项目包括文化创意产业的杭州天安 • 富春硅谷项目、颐高圣泓（SUNHOO）工业设计园项目、神州图骥数字文化创意园项目；绿色创智产业的浙大网新（银湖）创新研发园项目、中国智谷富阳园区项目（银江科技）、赛锦国际科技园项目；健康休闲产业的艾健杭州银湖国际科创园项目、天鸿文化创意产业园项目等。

②低碳能源：按照“因地制宜、多能互补、重点突破、政策配套”的原则，大力推进电力为主、天然气为辅、新能源和可再生能源为补充的清洁能源供应体系。力争到 2020 年，争取实现 1~2 个商业集中区域 1~3MW 规模天然气冷热电三联供系统，建成 30MW 分布式光伏发电示范项目，全面推广居民住宅的太阳能热水器利用。鼓励应用地源热泵技术、空气源热泵技术以及垃圾资源回收利用等。推广应用风光互补路灯、透水路面和 LED 照明技术等。将银湖科技城建成浙江省新能源与可再生能源的高水平示范区，2020 年新能源应用量占能源消费总量大于等于 10%。

5）云南省昆明市呈贡新区低碳社区——新城建设典范

云南省 2010 年被列入国家第一批低碳试点省，省会昆明市 2012 年被列入第二批国家低碳城市试点。呈贡新区地处昆明主城区东南，距昆明主城区 15km，规划控制面积 160km^2，规划新城建设面积 107km^2，是昆明面向东南的门户，也是“一湖四环”“一湖四片”的现代新昆明战略部署的率先启动区。

（1）功能定位

呈贡新区作为现代新昆明建设的先行区和实验区，将建成为昆明现代化城市的示范区。发展定位为：现代新昆明的行政文化教育中心、社会服务中心、国际物流中心、会展中心、新兴产业中心，现代新昆明的鲜花之城、山水之城、文化之城、生态之城及最适合人类居住的现代新城。

在低碳发展上，将结合新区城市设计概念规划，在城市化进程中以低排放、高能效、高效率为特征来进行“低碳城市”的规划设计与建设。定位于“APEC 低碳示范城镇”（新城建设）、“生态文明先行示范区”“面向西南开放桥头堡”等。

（2）规划布局

①低碳规划：呈贡新区规划建设历程如下，国际合作起到了重要的推动和促进作用：结合当地情况，出台了《呈贡区低碳经济发展规划（2011—2020）》《昆明呈贡低碳城市示范区规划实施管理规定》

等意见，以指导新城低碳规划建设。在建设低碳示范城镇时，按照近期、中期以及远期的计划，进行新区低碳建设：近期（2013—2014 年）发展初步阶段，中期（2015—2017 年）稳步完善阶段，远期（2018—2020 年）强化提升阶段。规划到 2020 年，全区单位 GDP 二氧化碳排放量比 2010 年下降 35% 以上，单位 GDP 能耗比 2010 年下降 32% 以上，非化石能源占一次能源消费比重达 20% 以上，清洁能源利用比例占能源消费总量的 60% 以上，全面建成低碳生态示范城区。

②低碳布局：秉承“多层次、多组团、多中心”“快捷、低耗、绿色交通体系”“网络化生态系统”“节点、廊道和区域”架构的城市绿地系统等理念，以“一核六分区”的功能划分片区。一核：昆明未来新的政治、文化核心区。六分区：吴家营分区（商务中心）、斗南分区（亚洲最大的花卉交易中心）、雨花分区（高校教育中心）、乌龙分区（体育休闲中心）、雨花东南分区（泛亚小语种信息服务中心）、环湖湿地分区（城市绿肺）。其中，核心区邀请了著名的城市规划专家、公交导向开发（TOD）创始人彼得·卡尔索普完成了概念性规划，以吸收国外先进理念，改善现有控制性详细规划存在的问题，打造低碳城市示范区。在该概念规划指导下，目前已深化进入控制性详细规划逐步实施。重点措施包括：采用“窄断面、小街坊”密路网格局，减少步行出行时间，营造适宜人行的空间环境；公交优先，采用 TOD 发展模式，实现交通与土地利用协同共生；强调步行、自行车及公共网络空间的连续，实现交通出行行为的集约化低碳化（图 7-8）。

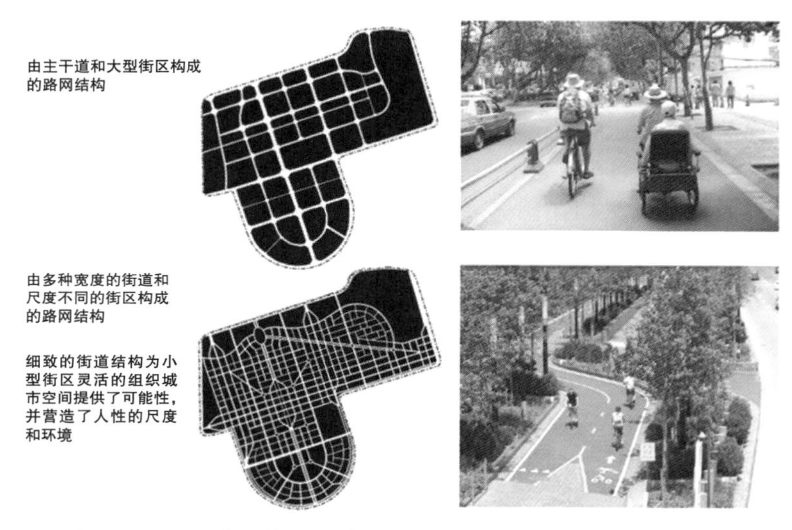

图 7-8 呈贡新区核心区有利于人行和自行车出行的空间布局

（3）技术实现

①低碳产业：重点发展医疗医药康体产业，建设高原健康生活、服务基地；高科技信息产业，建设泛亚小语种信息服务基地；文化传媒产业，建设传统文化展示、现代文化传媒基地；楼宇经济产业，建设城市 CBD 金融、商务服务基地等。重点项目例如斗南国际花卉产业园区，目标是建设“花卉产业总部园区”“亚洲花都”，依托云南白药集团发展的医疗医药康体产业园区，信息产业园等。这些重点项目也将各自成为低碳示范的重点片区。

②低碳建筑：通过推广绿色建筑、加强建筑节能管理，推广应用建筑节能材料、产品和技术，推进清洁能源和可再生能源的建筑应用，有效控制和降低建筑领域及相关的城乡生活用能的碳排放。实

现新建绿色建筑 100%，二星级以上绿色建筑达到 30% 以上。

③低碳能源：大力发展可再生能源，包括生活垃圾焚烧发电、风力发电、地源热泵和空气源热泵制冷、太阳能光伏发电、太阳能热利用，2020 年可再生能源占全区能源消费比重达到 20% 以上；提高电力和天然气的比重，2020 年电力和天然气等清洁能源占全区能源消费比重达 60% 以上。其中，将与天津大学合作发展一系列创新技术，如：太阳能辐射板集热制冷技术体系、光伏辐射板电热冷三联产技术、中倍线性聚光太阳能光热 / 光伏技术、生物质气肥联产技术，药渣与生物质混烧技术等。

7.2 APEC 可持续能源中心成立

在 2014 年 9 月于北京召开的第 11 届 APEC 能源部长会议期间，国家能源局对外正式宣布成立 APEC 可持续能源中心（图 7-9）。APSEC 的成立是中国政府积极响应 APEC 领导人提出"亚太经合组织城镇化伙伴关系合作倡议"的重要成果，已写入 2014 年的《第 11 届 APEC 能源部长会议声明》和《第 22 届 APEC 领导人宣言》。2014 年 9 月，国家能源局与天津大学签署《关于合作运营管理 APEC 可持续能源中心的协议》，委托天津大学负责 APSEC 的日常运营管理。

图 7–9　APEC 可持续能源中心标志[①]

作为国家能源局牵头成立的第一个能源国际合作机构，APSEC 肩负着为我国参与 APEC 框架下能源合作提供智力支持和保障，为 APEC 各经济体提供可持续能源技术合作平台、整体解决方案与专业化服务，为 APEC 区域能源和环境协调可持续发展积极贡献力量的重要任务。

在 APEC 机制下，APSEC 与 1995 年成立的日本政府主导的 APERC 并行为两大常设研究机构，接受能源工作组的直接管理；在国内接受由外交部、国家能源局和天津大学组成的指导委员会的工作指导（图 7-10）。

APSEC 组建了 APEC 高级别专家咨询委员会、国内专家委员会和天津大学校内学术委员会，整合国内外能源领域高端智力资源，对可持续发展的重大问题开展研究，持续推动 APEC 可持续城市合作网络的实施，形成有国际影响力的研究成果。

① APSEC 官方网站：http：//apsec.tju.edu.cn.

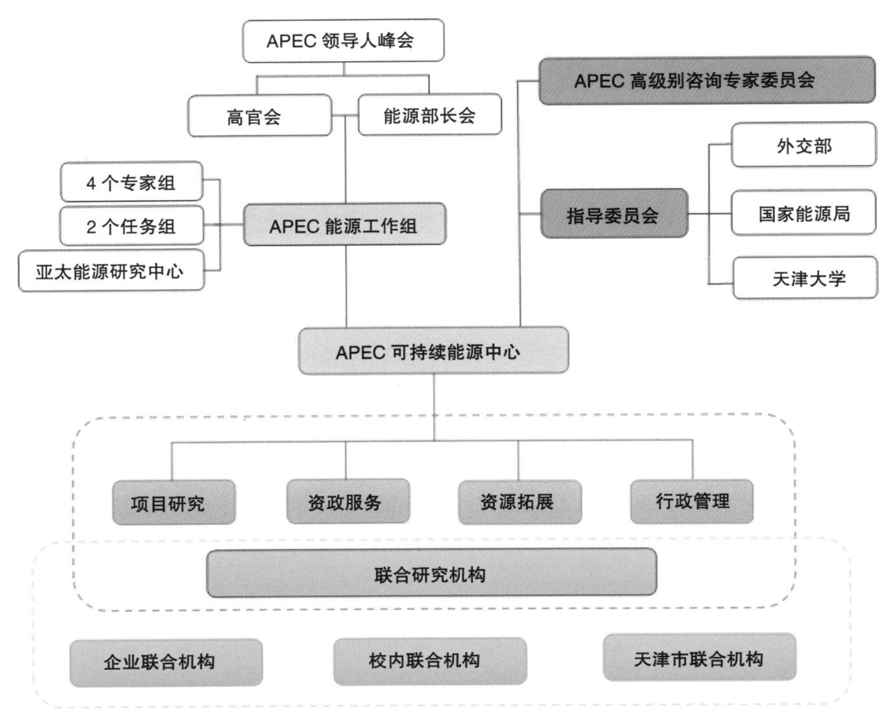

图 7-10　APEC 可持续能源中心组织机构图

7.3　APEC 可持续城市合作网络

APEC 可持续城市合作网络（CNSC）是“亚太经合组织城镇化伙伴关系合作倡议”的重要内容，于 2014 年 APEC 领导人非正式会议上获得通过，2015 年 APEC 会议文件中认定 APSEC 作为该领导人倡议的官方落实机构。结合 APEC EWG 机制下正在开展的能源智慧社区和低碳示范城镇项目，APSEC 将 CNSC 设立为两大支柱项目之一。CNSC 着眼于依托城市为载体，推动能源技术转移与应用，实现城市的低碳能源转型。CNSC 建立项目运营管理机制，围绕“城市与能源”主题，序列开展亚太城市可持续发展模式、能源规划、能源技术和能源低碳转型的专题研究，组织技术培训和专家研讨，形成专题核心出版物，发表高水平学术论文成果。

CNSC 的建立在国内外产生了巨大的影响。通过 CNSC 提升中方项目在 APEC 区域内乃至国际上的知名度和影响力，对外讲好中国故事和中国经验，做好中国宣传，为项目树立国际品牌，打造国际影响力。CNSC 真正实现了为政府、企业和科研机构建立了产、学、研、商一体化服务的合作平台，实现了国际化合作，推进 APEC 区域内政府和企业之间的沟通协作；同时提供政策咨询服务，协助成员争取更多的政策支持，推动 APEC 区域内可持续城市发展。

7.3.1　APEC 可持续城市研讨会

“APEC 可持续城市研讨会”作为 APSEC 年度旗舰论坛之一，服务于 APEC 可持续城市研究工作的整个过程，从主题选定、计划制定、考察调研、报告编制、报告评估、成果报送到研究深化全面支持项目研究工作。截至目前，已成功举办两届，每届会议于 APEC EWG 会议期间召开。

首届“APEC 可持续城市研讨会”①2016 年 5 月在堪培拉召开。会上举行了“APEC 低碳能效城市合作网络”和“APEC 可持续城市服务网络”入网仪式。来自澳大利亚、印度尼西亚、中国等经济体 7 座城市成为首批加入 APEC 低碳能效城市合作网络的城市，城市代表表示将共同致力于 APEC 区域内低碳能效城市的可持续发展。来自澳大利亚、新西兰、中国香港、镇江市、天津市的 10 家企业成为首批加入 APEC 可持续城市服务网络的产、学、研机构，企业代表也表示将共同致力于在 APEC 区域对可持续能源技术的研发，从而引领城市的可持续发展。随后，APSEC 分别和中国吐鲁番市、印尼比通市 2 座城市代表签署了战略合作协议。签约双方将建立长期战略合作伙伴关系，APSEC 将在打造城市品牌、产、学、研、商一体化服务、组建国际智库和促进人才交流等方面为各签约城市提供服务。

第二届“APEC 可持续城市研讨会”② 于 2017 年 4 月在新加坡召开。APSEC 主任朱丽和印尼拉都朗逸大学校长 Ellen Kumaat 就围绕印尼比通市的合作签署协议，APEC 秘书处主管 Penelope 女士、APEC EWG 主席陈炯晓先生、国家能源局副调研员朱轩彤女士、印度尼西亚北苏拉威西省省长代表 Muhamad Mokoginta 先生见证了签约仪式。

7.3.2 APEC 可持续城市两大网络

CNSC 建设了两大网络，即“APEC 低碳能效城市合作网络”和“APEC 可持续城市服务网络”。两个网路将搭建 APEC 低碳可持续城镇数据平台、APEC 政府对接服务平台、APEC 区域交流合作平台和 APEC 区域协同创新资源平台。“APEC 低碳能效城市合作网络”主要以城市为网络主体及服务主体，“APEC 可持续城市服务网络”主要以企业、高校为网络主体及服务主体。旨在建立一个城市管理者和企业、高校之间的合作服务网络，最终服务于城市发展。

目前两个网络分别包括澳大利亚首都特区、澳大利亚南澳、印尼比通市、新疆维吾尔自治区吐鲁番市、云南昆明市呈贡区、镇江市生态新城、天津市于家堡金融区 7 个城市和澳大利亚国立大学、新西兰电网集团、香港中华电力有限公司、天津市新金融低碳城市设计研究院等 10 家成员单位，签署战略合作城市 2 座。鼓励各成员支持城镇化合作及城镇化相关项目，强调生态城市和智能城市合作项目的重要性，探讨实现绿色城镇化和可持续城市发展的途径。

APEC 低碳能效城市合作网络代表城市

新能源与可再生能源专家组在 APEC 可持续城市方面扮演着促进整个 APEC 区域可持续城市目标达成的角色。在可持续城市里面导入可再生能源技术可以使能源供给端提供相对低碳和清洁的能源。在可持续城市的新能源和可再生能源的利用推广方面，除了技术的推广，更需要让城市中的居民和地方政府形成一种意识。现在 APEC 区域我们基本上借助低碳示范城镇，但是能否在 APEC 区域中选定一些城市把它当作示范，让各个不同的成员经济体能够提供不同类别的城市来做参考，借用这种模式来达到一种复制推广、扩大规模的目的。

——陈崇贤，APEC 新能源与可再生能源专家组原主席

① 来源 APSEC 官方网站：http：//apsec.tju.edu.cn/Home/Qijian/article/id/10.html.

② 来源 APSEC 官方网站：http：//apsec.tju.edu.cn/Home/Qijian/article/id/6.html.

1）澳大利亚阿德莱德市

目前各个经济体都很关注可持续城市，不管从建筑层面还是从城市发展的层面，包括像阿德莱德也在推广零碳城市。一个城市要达到零碳或者低碳会包括方方面面的内容，不管是建筑还是能源系统。所以低碳城市需要从一个系统的概念、角度去推动它的发展，而不只是其中的某一个方面，那样就很难达到这样一个系统的目标。比如阿德莱德做的低碳城市，从交通、建筑、能源等各个方面看目前碳排放的指标是什么，潜力是什么，最终怎样才能达到这样一个目标。当然很多也取决于系统边界的问题，因为像阿德莱德城市的系统边界就很大，不管怎样节能减排最终还是达不到零碳的目标。所以可持续城市的发展是各方都需要努力去完成的一个目标。

——左剑，澳大利亚阿德莱德大学副教授

（1）阿德莱德概况

阿德莱德是南澳大利亚州的州府，是澳大利亚的第五大城市。2018 年人口超过 130 万，其中超过 75% 的人口居住在阿德莱德市区及其郊区。阿德莱德的气候属于地中海式气候，夏天最高温度 35℃左右，冬天最低温度 10℃左右，每年日照时间超过 2500h。

（2）功能定位

作为南澳大利亚州的首府，阿德莱德将作为南澳大利亚州建设低碳城镇化的样本城市，发展定位是一个经济发展不以增加碳排放为代价的碳中性城市。

在低碳城市发展的基础上，优化产业结构，逐步淘汰高污染行业，鼓励低排放、高附加值的行业，培育新兴环保企业，为整个南澳大利亚州乃至澳大利亚服务。

2015 年 2 月，南澳大利亚州政府与阿德莱德市政厅发表联合声明，阿德莱德将于 2025 年成为全球第一个碳中性城市，而整个南澳大利亚州在 2050 年前实现碳中性。碳中性（Carbon Neutral Adelaide）的含义是，所有阿德莱德市区及其郊区范围内产生的温室气体排放通过各种方式减少为零。

（3）规划布局

南澳大利亚州的《气候变化与温室气体减排法案（2007）》明确提出了可再生能源开发与减排的目标。该法案规定，南澳大利亚州在 2050 年底将全州的温室气体排放减少至 1990 年排放水平的 40%。根据联邦政府环境部的统计数据，南澳大利亚州 2012—2013 年度的温室气体净排放为 2925 万 tCO_2 当量，与 1990 年的基准相比降低了 9%。

2015 年阿德莱德市的温室气体排放总量约为 95 万 t，其中商业、民用住宅能耗贡献值超过 60%。

（4）技术实现

①提高建筑环境（建筑、基础设施、开放空间等）的能源效率。这些措施包括：确保社区的相关行为带来实质性的经济效益；在 2020 年前，实现超过 100 万 m^2 的市区内建筑面积加入“碳中性阿德莱德合作伙伴计划”；州政府与市政厅所属建筑的能耗效率在 2020 年前提高 30%；南澳大利亚州的电力供应在 2025 年前达到 50% 来源于可再生能源；在 2021 年前，实现 20% 的市区办公建筑面积（约 40 万 m^2）加入“市区绿色办公室计划”；在 2020 年前，对所有阿德莱德市政厅辖区内的公共街灯进行升级，改造成高效率的 LED 灯；在 2021 年前，将市区内的商业停车场改造成高效率的智能照明系统；截至 2020 年 6 月前，在建成区植树 1000 棵；在 2017 年前，开发一个绿色城市规划，通过树木、花园、植被、绿色屋顶等来改善城市绿化；在 2020 年前，建成区的绿化面积增加 10 万 m^2。

②交通系统零排放。这些措施包括：火车电气化，购买太阳能公交汽车。在 2020 年前，将工作日的公共交通乘客数量增加 10%；在 2020 年前，将市区内的自行车使用数量翻番；在 2020 年前，拥有安全自行车停车位的写字楼数量增加到 200 栋以上；在 2020 年前，拥有安全自行车停车位以及冲凉设施的写字楼数量增加到 100 栋以上；在 2025 年前，逐步取消对使用传统石化能源汽车的采购；在 2021 年前，新注册的客用汽车 15% 以上为电力汽车或者混合动力，这个比例在 2025 年前达到 30%；在 2020 年前，将市区内公共使用的电动汽车充电桩数量增加到 250 个；在 2019 年前，州政府与市政厅车队中低排放车辆的比例达到 30% 以上；在 2021 年前，分享汽车注册数量达到 1 万辆以上。

③能源系统实现 100% 可再生能源。这些措施包括：大力开展太阳能发电、风电等清洁能源；并为分布式太阳能发电以及热水器等安装提供补贴，为家用蓄电池安装提供补贴等。目标包括：在 2021 年前，市政厅辖区内的太阳能发电的装机容量达到 15MW 以上；在 2019 年前，碳中性阿德莱德的合作伙伴每年至少从大型可再生能源发电厂购买 50GWh 的电力；保证南澳大利亚州所有的电力供应在 2050 年前接近零碳化；在 2018 年前，交付可再生能源批量采购方案；在 2025 年前，南澳大利亚州 50% 以上的电力来源于可再生能源。

④减少废弃物排放。这些措施包括：提供蓝色、黄色以及绿色三种垃圾桶来进行垃圾分类以利于资源再利用；通过经济激励以及收费双管齐下的办法来降低送往填埋场的废弃物数量；为回收每个塑料瓶提供 0.1 澳元的奖励；为每户人家提供可降解塑料袋处理餐厨垃圾。目标包括：在 2020 年前，市政垃圾只有 40% 送往填埋场；在 2020 年前，餐饮行业的废弃物回收率达到 50%；在 2020 年前，25% 的市政厅辖区内公园浇灌用水来自循环利用水。投资数千万澳元创建废弃物资源化企业。

⑤阿德莱德市政厅可持续激励计划：

阿德莱德市政厅还为了实现可持续发展制定了一系列经济激励计划，包括：为安装太阳能发电设备的居民提供 5000 澳元的补贴；为安装储能设备（电池）的居民提供 5000 澳元的补贴；为安装太阳能热水器的居民提供 1000 澳元的补贴；为安装雨水收集设备的居民以及写字楼用户分别提供 500 澳元和 3000 澳元的补贴；为那些进行能耗效率升级的公寓楼提供 5000 澳元的补贴。

2）印度尼西亚比通市

比通市是印度尼西亚北苏拉威西省的第二大城市，凭借对比通经济特区的规划与建设，比通市于 2016 年被评为 APEC 第三例低碳示范城镇。比通经济特区（以下简称“特区”）位于印度尼西亚比通市西南部的 Matuari 区，现占地面积 534hm^2（未来计划扩张到 2000hm^2）。

（1）功能定位

特区以治理城市垃圾污染，促进国际港口（图 7-11）发展为未来的发展方向，定位如下。

①国际一流的国际物流港口：推进集装箱港口建设工程，将比通市港口达到国际水平，促进印度尼西亚北苏拉威西省的经济发展。

②城市垃圾管理：将城市废弃物进行统一管理，增强垃圾处理能力，控制垃圾填埋方法，同时减少垃圾焚烧。

③节能减排：城市绿地的合理规划，发展绿色工业区。

（2）规划布局

在现有规模 534hm^2 的基础上，将比通经济特区扩建至占地面积 2000hm^2，其中包括了比通市港口的建设。

完善比通市交通规划，其中包括比通市与美娜多市之间的快速路，比通市区与蓝碧岛之间跨海大桥的修建及蓝碧岛国际机场的建设规划。

发掘当地可再生能源潜力，结合当地自然资源优势，为城市供电和供热提供清洁能源（太阳能、地热能和生物质能等）

图 7–11　比通市港口示意图

（3）APEC 可持续能源中心与比通市的合作

在 2017 年 5 月举行的“一带一路”国际合作高峰论坛上，将印度尼西亚北苏拉威西省作为“一带一路”合作的优先区域。

APSEC 作为中国政府主导的第一家且唯一一家国际能源合作机构，为落实两国领导人的共识，多次通过国际会议平台与北苏拉威西省代表进行沟通，推进可持续城市项目进程，并最终在 2017 年 11 月 20 日在新西兰惠灵顿召开的第 54 次 APEC 能源工作组会期间，以朱丽主任为首的 APSEC 团队与比通市市长 Max Jonas Lomban 先生及北苏拉威西省省长顾问 Henriette Jacoba Roeroe 女士为首的印尼团队进行了双边会谈，明确了将北苏拉威西省比通市蓝碧岛（Lembeh-Island）作为可持续城市项目试点。

蓝碧岛隶属比通市，岛上以生态旅游和多样性的海洋生物而闻名，全岛拥有超过 60 个潜水点。双方计划将蓝碧岛建设成 APEC 区域内的示范项目，并在海岛多能互补，蓝色经济及低碳社区方面展开重点工作（图 7-12）。

图 7–12　比通市项目规划

3）中国吐鲁番市

（1）吐鲁番市概况

吐鲁番隶属于新疆维吾尔自治区，地处亚欧大陆腹地，是中国中东部连接中亚地区及南北疆的交通枢纽。全市总面积约 7 万 km^2，是举世闻名的历史文化旅游名城、瓜果之乡。

吐鲁番是古丝绸之路上的一颗璀璨明珠，历史悠久，文化积淀深厚，文物古迹众多，曾经是古西域政治、经济、文化中心之一，是世界上影响深远的中国文化、印度文化、希腊文化、伊斯兰文化四大文化体系和七大宗教交融的交会点，是华夏灿烂文明进化的活化石，是西域丝路之路上精妙绝伦的博物馆。迄今已发现文化遗址 200 余处，出土文物 4 万多件，历史上至少使用过 18 种以上古文字、25 种语言，现有国家级文物保护单位 13 处，自治区级文物保护单位 36 处，交河故城、高昌故城为世界文化遗产。

（2）规划布局

2009 年经新疆维吾尔自治区政府批准，吐鲁番开始建设国家新能源示范城市暨自治区和谐生态城区和城乡一体化示范区（以下简称“吐鲁番示范区”）（图 7-13）；2010 年中国国家能源局批准吐鲁番示范区创建国家新能源示范城市，由此吐鲁番开始可持续城市发展新里程。吐鲁番示范区规划核心区面积 8.8km^2，控制区面积 30km^2，规划常住人口 6 万人，预计用 10 年左右时间（2010—2020 年）分三期建设。截至目前，核心区建成区面积已达 5.5km^2，其中保障性住宅建筑面积 75 万 m^2 已建设完成。

图 7–13　吐鲁番示范区现状

（3）功能定位

将吐鲁番示范区打造为“六大中心”，即新能源示范中心、新能源试验检测中心、新能源研发中心、碳排放权交易中心、新能源产业培训中心和新能源产业孵化中心。将吐鲁番是打造为“四大城市”，即旅游城市、文化城市、森林城市、智慧城市。

7.3.3 APEC 可持续城市培训活动

2010 年 APEC 领导人峰会上首次提出能源智慧社区倡议（Energy Smart Communities Initiative，ESCI），次年 APEC 能源工作组建立智慧分享平台（Knowledge Sharing Platform，KSP）。ESCI 提供智慧交通、智慧建筑、智能电网、智慧工作与消费、低碳示范城镇共 5 个类别的案例信息。内容涉及案例研究、政策简讯、研究发现和研究数据。为便于向 APEC 区域政府决策人告知有关绿色增长、可持续发展和创造长期就业机会的成就，2013 年第 46 届 APEC 能源工作组会议上，首次设立并颁发能源智慧社区最佳实践奖（ESCI Best Practices Awards），隔年颁发 5 个类别共 10 个奖项。

目前，ESCI 案例库内中国参与的项目数量为 54 个。APSEC 为对外讲好“中国故事”，推介好中国技术和中国经验，APSEC 已与 ESCI 评审团队建立战略合作关系，并多次参加 ESCI 最佳实践奖评分专家组，同时也已着手开展针对申报 ESCI 奖项的培训工作。为了提高中方项目在 APEC 的知名度和影响力，APSEC 现开展项目征集工作，并编制了《APEC 能源智慧社区（ESCI）最佳实践奖中国项目申报流程与管理办法》。

2017 年 7 月 13 日，“首届亚太城市可持续发展高端培训”① 在天津大学建筑设计规划研究总院举行。来自美国宾夕法尼亚大学城市研究院、泰国 Richmond 集团（ESCI 金奖得主）、美国节能联盟（ESCI 银奖得主）的专家任培训讲师。

2017 年 9 月 21 日—22 日，APSEC 在天津举办了第二届 APEC 可持续城市高端培训，来自美国劳伦斯伯克利国家实验室、新加坡国立大学、深圳低碳发展研究院、中节能咨询有限公司、中科院广州能源所、北京商和投资有限公司的专家担任讲师。

本章参考文献

[1] APEC 可持续能源中心 . APEC 低碳城镇项目库（中国）[R].2014.

[2] Pitt & sherry.Carbon Neutral Adelaide – Foundation Report，Prepared for：SA Department of Environment，Water and Natural Resources[R].2015.

[3] State Government of South Australia and Adelaide City Council. Carbon Neutral Action Plan[R]. Adelaide，2016.

① 来源：APSEC 官方网站 http：//apsec.tju.edu.cn/Home/Peixun/article/id/8.html.

8

中国城市化的可持续发展之路

本章介绍中国的城市化进程，面临的问题以及中国的可持续发展战略。中国城镇化的起步比世界平均水平至少晚半个世纪，然而，中国的城镇化进程虽然起步较晚但发展速度很快，在时空上呈现出一种“浓缩式”的发展模式。1996 年中国城镇化率达到 30.48%，2011 年超越 50% 进入以城市为主导的社会经济发展阶段，2014 年已达到 54% 的世界平均水平，2017 年城镇化率增至 57%，预计 2030 年中国的城镇化率将升至 70%。未来 10~20 年中国城镇化仍然处于快速发展期，城镇化带来的需求是支撑未来中国经济平稳较快发展的最大潜力所在。

近 20 年内，中国在庞大人口基数的国情之下，构成了世界上史无前例的、发展迅猛的、波澜壮阔的巨幅城市化画面。这种超速发展的同时也带来了中国特色的城市化进程的问题。

①人口问题：人口数量增加在城镇化初期促进城市的高速发展，但是人口基数过大，人口素质不高和发展后期家庭人口小型化带来的人口老龄化等问题也造成了包括教育、就业、交通、医疗、环境、资源等一系列社会问题。

②资源问题：人口和产业不断向城市聚集，城市生活和工业用水需求量的大增，加重了城市污染，给城市水资源带来巨大压力，中国 600 多个城市中，已有 400 多个存在不同程度的缺水问题；城市盲目向周边摊大饼式的扩延建设造成土地资源短缺，城市化进程中城市建设规模偏大、用地偏松的现象突出。同时，对资源的不合理开发利用，加剧了资源的短缺。

③生态问题：城市人口迅速增加除了造成城市本身的资源超载外，城市环境污染问题也进一步加剧。环境污染主要包括水污染、大气污染、噪声污染和未经过正确处理的城市固体废弃物，这些污染问题在城镇化进程中产生的，影响居民生活、健康、社会的积极发展，不利于可持续的发展。

④功能布局定位不当问题：人口过度向东南部大城市集聚，城市经济结构和社会结构没有随着城市本身的资源、产业结构、空间布局进行适应性变化。产生了相似的社会发展和城市建设模式，忽略了中小城市、乡村共同发展，造成城市空间、产业结构不合理，城市规模结构不协调，城乡区域发展不协调等问题。

面对众多问题，可持续发展是中国城镇化的必然选择。在城市可持续发展的大背景下，中国走一条符合国情的“可持续城市”道路是必须的，这是关乎中国城市乃至全国的国家发展战略。

8.1 中国城市化的进程与特征

“在过去的五年里，我国的城镇化率从 52.6% 提高到 58.5%，8000 多万农业转移人口成为城镇居民。”在 2018 年的政府工作报告中，提到了这样的一组数字。按照国际惯例，在城镇化率达到 70% 之前，仍处于一个快速发展时期；也就是说在未来的十年内，中国仍旧处于城市化的快速发展阶段。回顾中国的城市化发展进程（图 8-1），1949 年以后，开始步入正轨，并取得了较大的进展。改革开放后，进入稳定发展阶段；1996 年，城镇化率超过 30%，开始步入快速发展阶段。

中华人民共和国成立以后，城市化发展才逐渐步入正轨，并取得了较大的进展。根据城市化发展的阶段性特征，将 1949—1994 年的城市化进程分为三个阶段。

1. 起步阶段（1949—1957）

中华人民共和国成立初期，我国城市化处于较低的水平，各地区城市化进展相差较大，同时城市化发展建设也存在不同问题。因为长期战乱影响，政治经济文化都处于较落后的阶段。随着中华人民

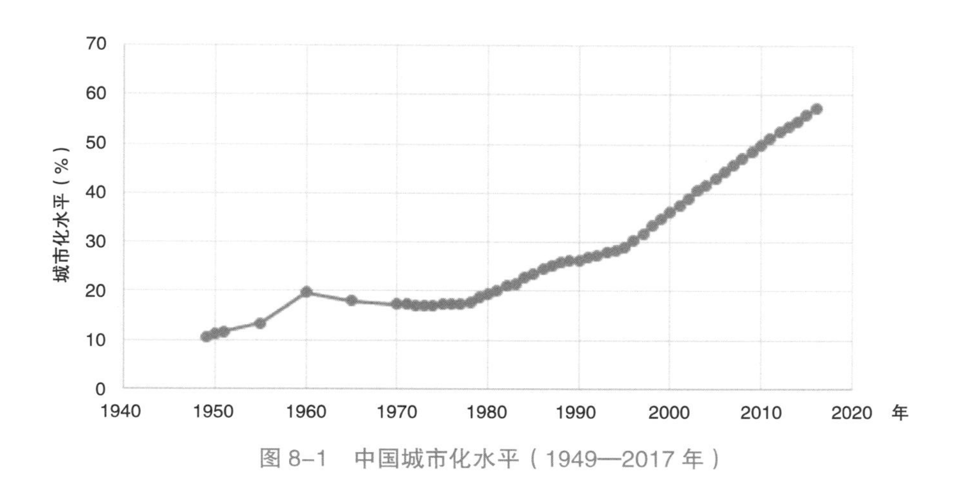

图 8-1 中国城市化水平（1949—2017 年）

共和国的成立，各地区解放、国家统一和民族独立，面对低水平的城乡发展状况，我国政府在政治经济层面采取一系列措施，展现了我国对现状改造的决心，也给予人民艰苦奋斗的动力。

在“一五”时期，有 100 多个重大项目在各区域主要城市发布实施，发展城乡结合，带动城市发展。与苏联结盟打造了一个稳定的政治环境，为城市化经济建设打造了坚实的基础。在苏联的援助下，对 156 个单位进行建设，打造成为各区域经济发展的中心，带动我国城市化进程飞速提高。同时将原本城市化进程落后的地区得到了建设发展，使全国城市化发展趋于平衡。但快速的工业化发展也对我国造成了一定不利的影响，单纯追求经济的快速增长脱离了我国的实际情况，产业结构向重工业倾斜，成为 20 世纪 60 年代经济停滞不前的原因之一。

这段时期，我国城市化有了小幅度的上升，取得了较快的发展，城市数量增加，城市人口上升，城市经济总量提升，各区域城市化水平逐渐接近，城市化水平从 1949 年的 10.64% 增加到 1957 年的 15.39%，每年平均增长 0.53 个百分点。

2. 波动时期（1958—1977 年）

度过了起步阶段，我国城市化发展进入了波动时期。波动的原因主要来自于我国政府缺乏社会主义经济发展经验，摸着石头过河，虽然在不断探索发展的各种办法，但取得的成果不尽如人意，并且没有持续发展的动力，政治的不稳定性和经济的停滞发展成为我国发展的最大阻碍。

从 1958 年到 1960 年，这三年是我国经济的“大跃进”时期。1958 年 5 月，中共八大二次会议，正式通过了“鼓足干劲、力争上游、多快好省地建设社会主义”的总路线。全国范围牵起了大炼钢铁赶超英美的热潮，鼓励农村人口进入城市，参与工业建设，再加上“三年困难时期”，致使本来基础就薄弱的农业倒退，粮食产量下降，粮食供应不足。虽然总路线的提出展现了国家对经济快速发展的美好愿景，但忽略了我国还处于发展较为落后阶段的国情，忽略了客观的经济发展规律，使我国的城市化发展又进入了另一个困境。为解决“大跃进”产生的问题，1961 年 1 月，中共八届九中全会通过了“调整，巩固，充实，提高”的方针（简称“八字方针”）。1962 年 1—2 月，在北京举行的中共中央扩大的工作会议，参加会议共 7000 多人。会议初步总结了 1958 年以来社会主义建设的基本经验教训，分析了产生缺点错误的原因，指出当前的主要任务是踏踏实实地、干劲十足地做好国民经济的调整工作。到 1963 年 6 月，全国城市人口减少，城市化发展出现了倒退，到年底，城市化水平从 1961 年的 19.29% 下降到 1963 年的 16.84%，平均每年下降了 0.82 个百分点。1966—1976 年，中国经历了十年“文化大革命”，党、国家和人民遭受到严重的挫折和损失，经济文化进入了一个极其混乱的时期。在这段时期，国民经济发展缓慢，城市化进程停滞，主要比例关系长期失调。但在这十年中，我国国民经济仍然取得了进展。粮食生产保持了比较稳定的增长，工业交通、基本建设和科学技术方面取得了一批重要成就，对外工作也打开了新的局面。由于大量城市青年参与下乡运动，这一阶段的城市化进程出现下降现象，到 1977 年，城市化水平仅有 17.55%，比 1966 年还降低了 0.31 个百分点。从总体上看，1958—1977 年这 20 年的波动时期，我国的城市化水平仅增加了 1.3 个百分点。

3. 稳步发展阶段（1978—1994 年）

1978 年 12 月十一届三中全会中国开始实行的对内改革、对外开放的政策。中央政府在政治、土地制度、经济等各方面实施全面改革。改革开放首先提出了家庭联产承包责任制，发挥了集体的优越性和个人的积极性，既能适应分散经营的小规模经营，也能适应相对集中的适度规模经营，因而促进了劳动生产率的提高以及农村经济的全面发展，为城市化进程提供了发展的物质基础。改革开放期间，随着下乡城市青年陆续返乡，恢复了高考制度，农村青年进入城市学习，城市乡镇进一步开放，城市人口迅速增加。1978 年以后，积极发展小城镇成为我国主要的城市化政策。1980 年，全国城市规划工作会议提出了“控制大城市规模，合理发展中等城市，积极发展小城市”的发展方针。随后，国家提出“离土不离乡，进厂不进城”的方针政策，使乡镇企业得到了较为迅速的发展，小城镇规模不断扩大，使农村的剩余劳动力得到合理分配。城市人口从 1978 年的 17245 万人增加到 1995 年的 35174 万人，共增加了 17929 万人，平均每年有 996 万人从农村转移到城市。城市化水平也从 1978 年的 17.92% 增加到 1995 年的 29.04%，平均年增长了 0.62 个百分点。

1984 年 10 月党的十二届三中全会通过的《中共中央关于经济体制改革的决定》，我国经济体制改革重心由农村转向城市，加快以城市为重点的整个经济体制改革的步伐，以利于更好地开创社会主义现代化建设的新局面。1984 年出台的《中共中央关于 1984 年农村工作的通知》和《国务院关于农民进集镇落户的通知》，进一步对小城镇的发展给予肯定，增大了城镇化发展的规模。1992 年党的十四大的召开标志着我国进入了社会主义市场经济体制。城市化水平也从 1978 年的 17.92% 增加到 1995 年的 29.04%，平均年增长了 0.62 个百分点。

8.2 中国城市化进程中出现的问题

与先进经济体相比，中国城市化的起步比世界平均水平至少晚半个世纪。然而，我国的城市化进程虽然起步较晚，但发展速度很快、在时空上呈现出一种“浓缩式”的发展模式。1996 年中国城市化率超过 30%，达到 30.48%，中国城市化步入快速发展时期，2011 年超越 50%，进入以城市为主导的社会经济发展阶段，2014 年已达到 54% 的世界平均水平，2017 年城市化率增至 57%。预计 2030 年中国的城市化率将升至 70%[①]。近二十年内，中国在庞大人口基数的国情之下，构成了世界上史无前例的、发展迅猛的、波澜壮阔的巨幅城市化画面。这种超速发展的同时也带来了中国特色的城市化进程的问题。

① World Bank，2014. Urban China：toward Efficient，Inclusive，and Sustainable Urbanization. Retrieved from：http：//www.worldbank.org/content/dam/ World bank/document/EAP/China/urban-china-overview-cn.pdf.

8.2.1 人口问题

据国家统计局2017年统计数据，我国城镇常住人口将近8.1347亿人。人口数量对社会的进步和经济的发展有着重要的影响，人口数量是人类社会存在的前提。人是生产力最活跃的因素，在一定条件下，人口数量的增加可以促进生产力的发展，与此用时，庞大的人口基数也成为经济和社会进步的障碍。人口数量过多必然带来教育、就业、交通、医疗保险等一系列的社会压力。对于处于发展中阶段的中国来说，每年新增的数量巨大的城市人口还会导致资源消耗过快、环境污染加剧以及交通堵塞以及基础设滞后等种种矛盾。

近二十年来，我们的教育事业有了很大的发展，但是人口基数大，国民文化素质总体上仍然不高。相比发达经济体，我国国民素质的差距主要表现在接受高层次教育人口比例过低。人口素质的高低直接影响城市化的进程。城市化的进程不仅体现在城市人口数量的增长，即用城市化率来表征的城市化水平，更体现在城市文明，作为城市化的标志在全社会的推广传播。当前我国人口素质的现状决定了我国城市化进程的艰巨性。

伴随着人口基数大与人口素质不高的基本国情，中国在城市化的进程中还面临着人口老龄化的问题。我国的老龄化现象表现出“两高两大两低”的基本特征，即高速、高龄、基数大、差异大、社区养老水平低、自我养老和社会养老意识低，由此而带来了一系列与老龄化相关的社会经济问题。老龄化人口的增长会改变人口的抚养比，被扶养人口的增加必然加重劳动人口的负担，社会用于老年人的支出加大，社会积累下降。随着越来越多的人口退出劳动生产，我国的劳动资源率下降，劳动资源的减少直接影响物质财富的创造，社会消费结构也将发生变化。同时，也要求社会增建能够满足老年人生活需求和精神需求的公共设施和公共场所。宏观上，老龄化对于社会生活保障制度、医疗保险制度、文化教育、居住环境乃至法律法规产生了新的要求；在微观上，家庭结构的变化，家庭养老的传统养老方式给独生子女组成的小型化家庭带来了挑战。由此带来的老人赡养、日常照料和精神慰藉乃至住房问题日益突出。

8.2.2 资源问题

据最新统计，我国目前660多个城市中约有400座城市不同程度的缺水，正常月份全国城市年缺水量达500多亿立方米。由于缺水，每年给国家造成经济损失巨大。区域水资源短缺是我国城市发展的一个主要制约因素，然而我国城市同时又存在着对于水资源的巨大浪费。工业企业的工艺、技术和设施落后，水的重复利用率很低，与发达经济体相比有着明显的差距。我国城市供水资源的主要特点是：南方城市的水源丰富，且以地表水为主；北方城市的水源相对匮乏，且以地下水为主。就全国城市总体而言，新老城区的水源是可以满足用水需求的。但是，水资源的不均衡导致水源相对短缺的北方地区，现阶段有些城市的水源已“入不敷出”，仅靠传统方法开发当地传统资源根本无法满足这些地区城市用水需求。

相比较区域水资源的短缺，我国的土地资源主要表现在人均耕地资源十分短缺，仅有每人1.43亩，不足世界平均水平的40%。在城市化进程中，我国城市郊区、新城区土地占用增长速度惊人，一些地方片面的理解工业化和城市化，提出不切实际的城市发展战略互相攀比，行成新形势下的用地“热潮”“圈地”现象。部分城市房地产用地供应出现失控，一些地区忽视当地经济发展水平和实际需要，缺乏科学论证和统一规划，以促进小城镇建设发展的名义建设试点，规模偏大、用地偏松的现象突出，导致土地资源和投资的大量浪费。

城市化进程中，越来越多的农村居民转变为城市居民，城市人均用地，特别是居民住宅用地会普遍增加；城市基础设施建设，改善城市生态环境都需要大量土地。如果没有足够的土地供应，城市化的目标就难以实现。

我国国土面积大，地广物博，能源生产总量大，然而人口众多，人均占有能源消费量较低，只有世界平均水平的一半。中国矿产资源总量居世界第 5 位，人均却为第 53 位。矿产资源中，石油、天然气是衡量综合国力和人们生活水平不可或缺的重要指标，是有着战略意义的能源。然而我国石油、天然气储备相对匮乏，使能源成为制约国民经济发展的重大因素。城市化进程中出现的能源消耗增加；不可再生资源的不合理开发和利用，更加加剧了资源的短缺。

8.2.3 生态问题

随着城市数量和规模的扩大，人类大幅度地改变了赖以生存的生态环境的组成与结构，改变了生态系统的物质循环与能量转化功能。虽然扩大了人类的生存空间，改善了人类的物质生活条件，与此同时也带来了严重的生态环境危机。

自 20 世纪 80 年代以来，由于工业化快速增长，以及人口和生产发展的多重压力，农药使用量大幅度增加，地面水和地下水的质量严重下降。城市化过程中生活、工业、交通、运输以及其他服务业所排放的大量污染物流入水库，使水质恶化。依据 2016 年中国环境状况公报显示，全国地表水 1940 个评价考核排名断面中，Ⅳ类、Ⅴ类和劣Ⅴ类水质断面分别占 16.8%、6.9% 和 8.6%。以地下水含水系统为单元，潜水为主的浅层地下水和承压水为主的中深层地下水为对象的 6124 个地下水水质监测点中，水质为较差级和极差级的监测点超过六成，分别占 45.4% 和 14.7%。

城市化和工业化进程的加快，带来水质恶化的同时，城市中生产、生活释放出来的大量废热以及 SO_2、CO_2 等有害气体和各种气溶胶颗粒物，还造成大气污染，改变了局部气候。依据最新中国环境状况公报显示，2016 年，全国 338 个地级及以上城市中，254 个城市环境空气质量超标，占 75.1%。474 个城市（区、县）开展了降水监测，降水 pH 年均值低于 5.6 的酸雨城市比例为 19.8%，酸雨频率平均为 12.7%，酸雨类型总体仍为硫酸型，酸雨污染主要分布在长江以南、云贵高原以东地区。

与水污染和大气污染的微观生态危机相比，城市固体废弃物的处理成为另外一个亟待解决的难题。城市固体废弃物包括工业固体废弃物和生活垃圾；随着工业化的进程的加快，工业固体废弃物的产生量在今后相当长的时间会持续增长，城市化进程中城市规模的不断扩大，非农业人口的比例不断增长，大大加重了城市生态系统的负荷，导致城市生活垃圾迅猛增长。城镇垃圾已构成一种公害，它占有大量耕地，污染农田，污染水源，任意堆放还会污染地下水，传播疾病，已成为围绕我国各级村镇、影响居民生活、健康、社会经济发展和城乡生态卫生的一个瓶颈问题，不利于可持续的发展。大量未经处理或者仅做了简单处理的垃圾堆积在城市周围郊区，形成垃圾包围城市，并逐渐向农村蔓延的趋势。

城市人口的相对集中，工业生产、建筑施工、商业经济、交通运输等活动都产生一定的噪声直接影响人的身体健康。这些污染破坏了城市原有的声景观，打破了城市居民生活长期以来形成的声环境。

8.2.4 功能布局定位不当问题

在城市化进程中，人口急速向城市流动，给城市的生产、就业、生活、消费带来了积极的作用，也对整个区域的城市体系形成了冲击，给城乡关系赋予了新的内涵。对于快速城市化的到来，许多城市准备不足或者应对不当，也引起了一些矛盾和问题。

城市自身出现结构性衰退与功能性衰退。所谓结构性衰退是指随着城市经济结构和社会结构变迁，要求城市功能、产业结构和空间布局进行适应性变化，但由于种种原因，城市结构往往难以及时适应外部环境和城市自身发展变化的要求，从而导致城市结构性衰退。如我国的一些资源型老工业基地城市的衰退，主要是因为资源枯竭、产业结构未能及时优化升级造成的结构性衰退；所谓功能性衰退指的是城市内部各个系统不能有效协调，导致城市功能不能正常运转，甚至系统功能相互抵消，城市出现功能性失调。在城市发展的过程中。随着人口增长和规模扩大，合理的城市环境容量往往被突破。如水资源紧缺造成的城市整体功能下降，从而造成城市超负荷运转，整体机能下降，出现城市功能性衰退,例如我国北方一些城市的缺水情况。城市化滞后于工业化也是这方面的表现。因为城市意识淡薄、管制政策失当、政府管理乏力等，造成公共设施与公共物品补给不足的现象。中国在积极推行城市化的进程中，由于体制的影响，各类城市的发展不平衡，尤其是大城市。流入城市的农村人口大多流入大城市，只有少部分人流入中小城市，导致了城市体系结构的严重失衡。一方面城市规模结构不协调、空间结构的不平衡，沿海与内陆地区以及西部地区城市发展的空间差异较为显著；另外一方面是城市产业结构的不合理，很多城市出现产业虚高度化和同构化，大中小城市之间也没有形成合力的分工体系，处于中国城市体系顶尖位置的特大城市，虽然人口规模和地域空间与发达经济体的顶尖城市相当，但经济结构层次、综合实力以及效益指标还远不够。

城市和农村作为人类生活的主要聚落，具有互相弥补性和支撑性。但在中国城市化的进程中，城乡矛盾一直十分突出，城乡差别日益显著。改革开放以来，城市改扩建和道路、机场、水利、矿山等建设，尤其是开发区建设占用了大量土地，但村民及村集体最终只得到微不足道的补偿；再加上农村土地的不合理使用，农民失去了生活最后的倚仗——土地，却依旧享受不到城市居民的最低收入保障等政策，以致广大农民陷入贫困和购买力低下之中，不能为城市和工业的可持续发展提供有力的支撑。城乡二元结构现象影响城市健康发展。

从我国社会的整体上来分析，城市和乡村之间的反差极大，是典型的二元结构。这种二元结构表现为既有发达先进的城市，同时，也有落后贫穷的农村地区。从而构成城乡之间人均收入、基础设施、文化科技水平等多方面的差距。由于城乡二元结构存在，体制与政策障碍造成城市和乡村的封闭，除了造成社会的不公平性不稳定性外，在经济上导致效率的损失，生产要素不能自由流动，资源配置效率低下，削弱了城市聚集效应，聚集经济不能充分发挥。效率与公平的失衡，也就是说在追求经济增长速率与保障社会发展公平之间失调，区域之间、城乡之间、居民之间的收入和消费差距进一步拉大，二元结构在此扩大。

中国幅员辽阔、历史悠久，五千年的灿烂文化在城市中沉淀，不同的气候与民族地域特征塑造了不同的城市形象；然而近些年来的粗放式建设，使历史文明的载体城市风貌受到严重破坏，自然风光不再，民族文化特色和地域特色逐渐消失。新建建筑与街道毫无辨识度，出现千城一面的现象，城市的可识别度大大降低。其次，在城市进程中，城市交通基础设施在社会经济中的作用日益加强。城市规模的扩大带来了城市交通量的急剧增长。大中城市出现交通拥堵，尤其在北京这种超大型城市尤为严重。我国城市普遍存在道路密度、道路面积率偏低的问题，这是我国城市尤其是大城市拥挤的一个重要原因。近年来，各地都在增加城市道路、轨道交通建设力度，但仍尚未赶上车辆数量的增长速度。城市地区，机动车数量和私家车比例的增加更是加剧了城市道路的拥堵情况。大多数城市的路网肌理与城区的发展一脉相承，沿袭着几十年甚至上百年的路网结构已无法适应现有的交通需求，更有甚者经常出现很多地段路面狭窄，瓶颈、断头的现象，路网的连续性、连通性、可达性较差，严重影响了城市道路的通行能力。

城市公共交通包括常规的公共汽车、地铁、地面和高架的轨道交通、城市高速铁路等。城市公共交通在占用道路空间、道路环境和能源消耗三个方面具有其他交通方式无法比拟的优越性。近年来，我国在城市高速铁路的发展上势头迅猛。相对高铁的便利，城市内部的交通就成为一个亟须解决的问题。鉴于城市公共交通基础设施不足，路网结构不合理以及公共交通滞后的现状，交通拥堵的问题已经十分突出，且严重影响城市的经济和社会发展。

8.3 可持续发展是中国城市化的必然选择

在我国城市化进程中出现的诸多问题，如人口问题、资源问题、生态问题和城市功能结构问题。针对这些问题，国家“十二五”规划纲要明确指出，积极稳妥推进城市化，不断提升城市化的质量和水平。意味着我国的城市化将从单纯追求速度型向着力提升质量型转变。当前我国城市化进程中所面临的主要矛盾，已经不是速度不快的问题，而是质量不高的问题。客观上要求我们必须改变过去那种重速度、轻质量的倾向，坚持速度与质量并重，在提高质量的基础上推进我国的城镇化。只有这样，才能使我国的城市化纳入科学发展的轨道，即可持续发展的轨道。

8.3.1 可持续发展的概念

可持续发展的基本精神是在人与人、人与社会、人与自然关系不断优化的过程中，追求天人合一，谋求一种人类社会与自然环境和谐共生、持续发展的良性循环关系状态。20 世纪中期以来，人类逐渐意识到人类与环境，人类与资源之间的相互关系，环境问题成为全球性问题，人类的现代生态意识和可持续意识开始觉醒。可持续发展注重长远发展，既要满足当代人的需求，又不损害后代人满足其需求的能力，是科学发展观的基本要求之一。从城市发展理论的演进看，霍华德提出的“田园城市”、赖特提出的“广亩城”、沙里宁提出的有机疏散理论、勒·柯布西耶提出的“明日城市”“光辉城市”等，都是针对城市化过程中出现的城市问题而提出的解决方案或理想目标，一定程度上可以看作是可持续城市理论的源起与基础。

在城市的发展史上，“分散”与“集中”这两种不同发展理念贯穿于城市发展的全过程，又统一在不同尺度的城市空间结构的演化进程中。这两者的交锋与融合，衍生了“分散化集中”理论，它强调对高密度的城市核心区与其他功能中心区之间进行生态分隔，以公共交通为连接纽带，形成“多中心”的城市空间结构。从“田园城市”到“光辉城市”，都可以归结为城市可持续发展的空间策略，其核心是空间，虽然涉及生态环境建设，但不是重点。1971 年联合国教科文组织开展了“人和生物圈计划”，提出从生态学角度来研究城市，生态城市的概念由此问世。生态城市主要关注现代城市发展中人与环境的关系。城市生态学家理查德·瑞吉斯特在《生态城市：重建与自然平衡的城市（修订版）》一书中提出，要以立足长远的生态学原则为指导，以可持续性、文化上充满活力、健康的地球生物圈为出发点，重建城市和城镇。

随着全球城市化的推进、气候变化和能源危机的加深，人们对于城市的可持续发展不再局限于以往侧重的某一视角，比如空间或者单一的生态理念，来研究城市的可持续发展。对于城市发展的可持续性有了更为全面的概念。

8.3.2　城市可持续发展的内涵

1. 人口可持续

人口的可持续是一个国家发展的根本。针对我国人口基数大，城市化进程中出现的人口素质相对不高、新生儿比例降低、人口老龄化加剧以及这些问题附带的城市医疗、教育、社会保障以及养老问题。想要实现城市的健康良性发展，必须解决我们正在面临的人口问题，实现人口可持续发展是城市可持续发展的基本要求。

2. 资源可持续

资源是人类赖以生存的基础。土地资源的不合理开发、产业扩张导致的水资源、大气资源污染以及不可再生能源的过度消耗在很大程度上破坏了资源利用的可持续。缺乏土地资源城市无法发展，水、大气以及能源是人类赖以生存的基本资源，资源的可持续开发与利用是城市可持续发展的必然要求。提高土地利用效率、减少水资源浪费、减少大气污染物排放、提升能源利用效率，增加可再生能源使用比例，实现城市发展过程中资源的可持续发展。

3. 生态可持续

实现城市可持续发展的基础，必须要有良好的自然生态系统和城市绿化，产生较低、可负担的环境污染，还要有完善的资源循环利用体系，以消减城市化过程中生态系统绝对面积减少、生态足迹增加对环境的不利影响。生态可持续与城市功能结构布局可持续相辅相成，且以功能空间布局可持续为基础。在推进我国城市化进程中，应科学划定城市建设边界，通过城市合理的城市功能布局，使城市与城市之间、城市内部留下大尺度的绿色生态空间，使城市群落镶嵌于田野、森林、绿地之中，既为城市创造优美舒适的生态环境，也为城市产生的各类废弃物留下足够的生态消解空间。

4. 城市功能可持续

城市是一个多功能的空间集聚体。城市汇集了人口、资源、信息、机遇等正面因素，产生规模经济效应，形成发展的向心力。当城市规模超过一定限度，会转向它的反面，即出现规模不经济或拥挤效应，使城市运行效率受损，污染、交通拥挤和犯罪等负面因素的影响凸显，形成城市发展的离心力。在规模效应和拥挤效应的相互作用、向心力与离心力的相互制衡下，城市的规模、空间结构、福利水平等发生着动态变化。然而我国很多城市仍旧以粗放式方式发展，形成了产业结构不合理，功能空间分布不合理，城市公共交通系统落后、城市文化的特色丧失造成的文化传承断层的不可持续发展现状。这些问题必须通过城市功能的可持续发展来解决。提升城市产业结构升级，完善城市功能体系，城市内部、城市之间形成差异定位与分工合作；建立高效、多样化的公共交通体系；城市建设过程中注重传统文化和历史文脉的保留，实现城市功能的整体可持续。

8.3.3 城市可持续发展——中国在行动

党的十八大报告指出，建设中国特色社会主义，总布局是经济建设、政治建设、文化建设、社会建设、生态文明建设五位一体，并将其纳入生态文明建设，提出要从源头扭转生态环境恶化趋势，为人民创造良好生产生活环境，努力建设美丽中国，实现中国民族永续发展。经历了五年的奋斗，在城镇化进程不断加速的进程中，党的十九大报告指出生态文明建设成效显著。大力度推进生态文明建设，全党全国贯彻绿色发展理念的自觉性和主动性显著增强，忽视生态环境保护的状况明显改变。生态文明制度体系加快形成，主体功能区制度逐步健全，国家公园体制试点积极推进。全面节约资源有效推进，能源资源消耗强度大幅下降。重大生态保护和修复工程进展顺利，森林覆盖率持续提高。生态环境治理明显加强，环境状况得到改善。引导应对气候变化国际合作，成为全球生态文明建设的重要参与者、贡献者、引领者。

在 2018 年 3 月的政府工作报告中，对实施区域协调发展和新型城镇化战略的成果以及生态文明建设成果，做出了总结和报告。积极推进京津冀协同发展、长江经济带发展，编制实施相关规划，建设一批重点项目。出台一系列促进西部开发、东北振兴、中部崛起、东部率先发展的改革创新举措。加大对革命老区、民族地区、边疆地区、贫困地区扶持力度，加强援藏援疆援青工作。海洋保护和开发有序推进。实施重点城市群规划，促进大中小城市和小城镇协调发展。绝大多数城市放宽落户限制，居住证制度全面实施，城镇基本公共服务向常住人口覆盖。城乡区域发展协调性显著增强。坚持人与自然和谐发展，着力治理环境污染，生态文明建设取得明显成效。树立绿水青山就是金山银山理念，以前所未有的决心和力度加强生态环境保护。重拳整治大气污染，重点地区细颗粒物（PM2.5）平均浓度下降 30% 以上。加强散煤治理，推进重点行业节能减排，71% 的煤电机组实现超低排放。优化能源结构，煤炭消费比重下降 8.1 个百分点，清洁能源消费比重提高 6.3 个百分点。提高燃油品质，淘汰黄标车和老旧车 2000 多万辆。加强重点流域海域水污染防治，化肥农药使用量实现零增长。推进重大生态保护和修复工程，扩大退耕还林还草还湿，加强荒漠化、石漠化、水土流失综合治理。开展中央环保督察，严肃查处违法案件，强化追责问责。积极推动《巴黎协定》签署生效，我国在应对全球气候变化中发挥了重要作用。面对我国的基本国情——13.7 亿人口，57.35% 的城镇化人口，我国的城市化发展体制是有着中国特色的。中国城市和小城镇改革发展中心理事长、首席经济学家李铁认为：“一方面，政府正极力矫正粗放的城市化发展趋势，提出以人为本的城市化发展目标；另一方面，市场也在自动选择发展空间，比如特色小镇，实际上大城市房价高、土地成本高，企业必须寻找新的发展空间。”针对我国当前城镇化的目标和任务，国家发展改革委城市和小城镇改革发展中心学术委秘书长冯奎认为：“现在我们的城镇化率达到了 57%，在未来的发展过程当中，城镇化发展一边要推动我们城市的发展，一边要注意做到乡村振兴。一边要推动农业人口进城，一边还要考虑在农村能不能培养新生的发展的动力。一边要照顾到经济的发展，一边还要平衡好资源环境。”

2018 年，3 月 26 日上午，国家发展改革委召开推动新型城镇化高质量发展电视电话会议，会议指出，新型城镇化是现代化的必由之路，事关发展全局。2018 年新型城镇化工作的总要求是：深入学习贯彻习近平新时代中国特色社会主义思想和党的十九大精神，全面贯彻落实中央经济工作会议、中央农村工作会议和政府工作报告的部署，坚持稳中求进工作总基调，坚持新发展理念，紧扣社会主要矛盾变化，推动新型城镇化高质量发展，努力实现在新起点上取得新突破。

本章参考文献

[1] 中华人民共和国国家统计局 . 中国统计年鉴 2017[M]. 北京：中国统计出版社，2017.
[2] 柳随年，吴群敢 . “文化大革命”时期的国民经济 [M]. 哈尔滨：黑龙江人民出版社，1986 .
[3] 付晓东 . 中国城市化与可持续发展 [M]. 吉林出版集团股份有限公司，2016.
[4] 中华人民共和国环境保护部 . 2016 年中国环境状况公报 [J]. 环保工作资料选，2017（6）.
[5] 任成好 . 中国城市化进程中的城市病研究 [D]. 沈阳：辽宁大学，2016.
[6] 吴乐 . 城市空间经济结构优化研究 [D]. 西安：西北大学，2016.

9

中国在可持续城市建设方面的探索

“城镇化”首次在 2000 年 10 月中共中央《关于制定国民经济和社会发展第十个五年计划的建议》中正式采用，在经历了高速、粗放式的城镇化发展后，中国的城市快速发展，但是在经济、社会、环境方面集聚了一系列不容忽视的问题。为探索解决城镇化发展中的问题，提高城镇发展质量，实现城市的可持续发展，2007 年党十七大提出要走以人为本的新型城镇化道路。之后我国进行了包括全国发展改革试点小城镇、绿色低碳重点小城镇、低碳试点城市、新能源示范城市、达峰城市等一系列试点城市探索，在试点城市探索经验的基础上 2014 年《国家新型城镇化规划（2014—2020 年）》正式出台，标志着新型城镇化将进入全面科学的发展建设阶段，实现我国城市可持续发展道路。

全国发展改革试点小城镇，2004—2012 年由国家发展改革委发布。“以人为本”，针对城镇化进程中与农民切身相关的户口、土地、社会保障、行政管理体制等问题，根据各地实际情况分三批、大范围的逐步探索解决居民在城镇工作学习居住生活中实际问题的具体方式，目的是打破城乡二元体制，增强城乡互动，实现城乡基本公共服务均等化。2004 年，国家发展改革委下发了《关于开展全国小城镇发展改革试点工作的通知》，之后分别于 2005 年和 2008 年公布并确定了两批全国发展改革试点镇。从 2011 年开始的第三批试点的范围从小城镇扩大到了中小城市，第三批试点确定了 64 个中小城市为全国发展改革试点城镇，覆盖范围较广。三批试点共确定中小城市和小城镇试点单位 711 家，分布在全国 31 个省区市。

绿色低碳重点小城镇，2011 年由国家财政部、住房城乡建设部、发展改革委发布。绿色低碳重点小城镇通过基础设施建设、城区生态环境营造、污染整治、发展绿色建筑和应用可再生能源和新能源等方面的实际项目建设，解决小城镇建设过程中资源能源利用粗放、基础设施和公共服务配套不完善、人居生态环境治理滞后等问题，落实小城镇绿色低碳发展的建设目标，对推进新型城镇化和特色小镇建设做好基础工作，积累建设经验。第一批国家级绿色低碳重点小城镇名单，共有北京古北口镇、天津市大邱庄镇、江苏省海虞镇、安徽省三河镇、福建省灌口镇、广东省西樵镇、重庆市木洞镇 7 个城镇成功获得国家级“绿色低碳重点小城镇”荣誉称号，小城镇分布以东部地区为主，依托经济圈的发展带动试点小城镇的建设。

低碳生态试点城市，2010 年起由国家住房城乡建设部、发展改革委发布。与国际合作，借鉴国际有关生态建设方面的先进模式，以低碳、生态理念应对城市区域协调发展、城乡空间质量提升、管治体制改革等不断涌现的结构性问题，在交通、建筑、产业、规划、生态等各个方面结合试点城市具体情况进行低碳生态城市建设探索。先后与美国、欧洲、德国、新加坡、法国等地区和经济体开展国际合作共同探索和建设低碳生态试点城市。国家发展改革委于 2010 年 7 月确定了 5 个省和 8 个市为首批低碳试点省市并启动试点工作；2012 年 11 月国家发展改革委确定 29 个城市和省区成为我国第二批低碳试点城市，两批试点覆盖 6 个省份、36 个城市，人口占全国 40% 左右，GDP 占全国总量的 60% 左右，碳排放量约占全国 40%。2016 年 4 月在第三批低碳城市试点通知中确定 45 个城市作为低碳试点城市，三个批次的数量成逐年递增的态势。

新能源试点城市，2010 年起由国家发展改革委、能源局发布。新能源示范城市的建设重点集中在新能源利用方面，立足自身资源禀赋，因地制宜地开发利用太阳能、地热能、风能、海洋能、生物质能等新能源，优化能源结构，控制能耗总量，构建新型能源消费体系。2014 年国家能源局根据新能源示范城市评价指标，确定了 81 个城市和 8 个产业园区为第一批创新新能源示范城市和产业园区。

达峰城市，2015 年起自下而上的机制，建设达峰城市目的减少城市温室气体排放，共 23 个省市确定峰值目标和达峰时间，依据目标和时间在建筑、交通、能源、产业方面确定城市达峰路径。在对达峰城市跟踪、评估之后根据政策背景摸清城市现状，编制温室气体清单，确定减排潜力和达峰目标，在对重点领域和政策措施优选之后，为确保达峰目标的顺利实现制定达峰行动方案，建立一套全面综合的减排措施。目前，我国已有 23 个省区和城市试点提出 2030 年前（含 2030 年）达到 CO_2 排放峰值。

我国地域辽阔，城市之间发展阶段不一致，地方政府在各部委的推动下在可持续发展道路上从绿色、低碳、生态、改革、资源消耗等不同角度进行实践探索，在实践探索的过程中既取得了一定的成效，也存在很多的不足。因此，在之后的城镇化的发展过程中，各地政府应注意总结梳理实践过程中的经验和不足，利于更好地促进我国新型城镇化建设，探索经济、社会、环境协调发展的城市发展模式。在政策、产业、交通、建筑、能源等实践中探索适合国情的中国特色可持续城市发展道路。

9.1 小城镇的绿色低碳发展之路

我国小城镇数量众多是城镇化过程中的重要载体，通过绿色低碳重点小城镇和全国发展改革试点小城镇的试点建设，我国从绿色低碳的城镇建设和解决农村人口转移到城市之后一系列的社会问题两个角度探索小城镇的可持续发展道路。

9.1.1 绿色低碳重点小城镇

1. 绿色低碳重点小城镇建设模式

绿色低碳重点小城镇是基于可持续城市发展经济、社会、环境三要素来达成绿色和低碳的目标，在强化基础设施建设，宜居生态环境构建，环境污染治理，政府配套政策制度支持等方面因地制宜开展探索与实践。

国家财政部、住房城乡建设部、发展改革委等相关部委为创建一批生态环境良好、基础设施完善、人居环境优良、管理机制健全、经济社会发展协调的绿色重点小城镇在 2011 年启动绿色低碳重点小城镇试点建设。之后财政部、住房城乡建设部联合发布《关于绿色重点小城镇试点示范的实施意见》，全面阐述了绿色重点小城镇试点示范的意义、原则、试点内容及具体要求，开始正式探索小城镇的绿色低碳发展道路；2011 年 9 月，财政部、住房城乡建设部、发展改革委员会联合发布关于印发《绿色低碳重点小城镇建设评价指标（试行）》的通知，并在随后发布《关于开展第一批绿色低碳重点小城镇试点示范工作的通知》。

绿色低碳重点小城镇共 7 个，根据其地域分布可以看出一个位于中部地区，一个位于西部地区，古北口镇、海虞镇、西樵镇等 5 个位于东部地区；除重庆木洞镇外，其他 6 个小城镇均处在中国长三角、珠三角、环渤海三大经济圈内，可以看出试点小城镇分布以东部地区为主，依托经济圈的发展带动试点小城镇的建设。

时间上看从试点启动到评选结果公布只有仅仅 9 个月的时间，大多城镇是在政策发布之前就已经开始以绿色和低碳为目标规范城镇建设，做出了先行的探索。

在政策发布之后，地方政府在中央出台的评价体系和建设要求的指导下制定专项实施方案推进小城镇建设，从城镇薄弱环节入手，完善基础设施建设，发展经济，健全公共服务体系，保障农民权益，通过一系列实施方案和项目建设解决实际问题，为建设符合我国小城镇建设发展模式积累经验，探索城镇可持续发展模式。

1）实施方案

①总体实施方案：包括试点示范镇建设发展目标，以及加强基础设施、公共服务，降低单位 GDP 能耗和碳排放强度、减少主要污染物排放的主要措施、资金概算和政策保障等内容。

②专项实施方案：推广应用可再生能源和新能源实施方案、建筑节能及发展绿色建筑实施方案、城镇污水管网建设实施方案、环境污染防治实施方案、商贸流通服务业发展实施方案等五项。

2）主要建设项目

村镇污水管网和设施建设、村镇垃圾收运和处理、太阳能和浅层地能可再生能源建筑应用、既有建筑节能改造、保障性住房建设、园林绿化、农村危房改造、镇区道路、历史文化名镇名村和特色景观旅游名镇（村）、商贸流通设施等项目建设。

3）评价指标

分为社会经济发展水平、规划建设管理水平、建设用地集约性、资源环境保护与节能减排、基础设施与园林绿化、公共服务水平、历史文化保护与特色建设 7 个类型，分解为 35 个项目和 62 项指标。其中 6 项指标为一票否决项是绿色重点小城镇的先决条件。

在总体和分项实施方案指导下，试点小城镇发展重点主要集中在城市建设，涉及基础设施和公共服务建设、建筑节能、能源利用、环境整治、产业发展等方面，目的是在城市建设层面探索适合本地区发展并且易于推广的绿色低碳发展建设路径。

2. 绿色低碳重点小城镇案例分析

7 个试点城镇位于中国的不同区域，小城镇地理位置、经济基础、空间结构、资源环境都有所不同，在国家示范镇的统一要求和评价指标指导下，各地小城镇积极探索适合本地区的绿色、低碳城镇建设模式。

1）天津市大邱庄镇

（1）基本概况

大邱庄镇位于天津市静海县中东部，团泊新城的南区，处于天津“双城双港、相向拓展、一轴两带、南北生态”空间布局的西部城镇发展带上，地理位置优越，总面积 123.4km^2，总人口 11 万人。由于天津滨海新区开发已纳入国家发展战略规划，大邱庄镇作为天津市城市建设规划的一部分，将建设成为功能完善、环境良好、设施齐全、辐射面广、带动性强，具有高度产业聚集的钢铁生产和深加工基地。

（2）建设重点

天津市大邱庄绿色低碳重点小城镇建设实施类别主要包括应用可再生能源和新能源、建筑节能及发展绿色建筑、城镇污水管网建设、环境污染防治。主要建设内容见表 9-1。

（3）试点经验

针对大邱庄现有建筑节能比例较低、建筑耗能占比较大的现状，低碳试点工作主要集中在建筑节能及绿色发展方面，对新建住宅强制执行国家绿色建筑一星级标准，新建公共建筑要求建筑节能率达到 50% 以上；对城镇内政府办公建筑、大型公共建筑等既有建筑实施从围护结构、采暖照明、设备使用等方面进行节能改造；逐步推广可再生能源利用，降低建筑能耗对于传统能源的依赖程度；增加城市绿化面积，丰富城市绿化形式美化城市形象，创造良好的人居环境。

天津市大邱庄建设内容　　表 9-1

	实施类别	主要内容
1	应用可再生能源和新能源	利用太阳能光热一体化技术、土壤源、水源、污染源热泵供热冷技术，工业余热技术等，降低建筑能耗对于常规能源的依赖程度，促进低碳生态城市建设工作。已按计划完成主干道的太阳能路灯安装，公共建筑实施了浅层地源热泵应用工程
2	建筑节能及发展绿色建筑	安置区建设工程中，新建建筑主要执行强制性标准及绿色建筑推广目标，实现供暖的分户计量，建设规模约 187.8 万 m^2，建设标准为一星级绿色建筑。新建公共建筑节能率达到 50% 以上，实现供暖的分户计量
3	城镇污水管网建设	进行了原有污水处理厂升级改造和新建污水处理厂，水质可达到一级 B 标准，同时对城镇污水管网进行雨污分流工程，范围包括：老城区、示范镇新城、老工业区、示范工业区和新建污水处理厂配套管网工程
4	环境污染防治	针对镇区主要公路进行绿化，包括行道树、分隔带、中心环岛、人行道和林荫道五个组成部分，新增绿地 7500 亩

2）重庆市木洞镇

（1）基本概况

木洞镇位于重庆市巴南区东北部，长江南岸之滨。城镇地处城市东部重要发展区，总面积 104.3km^2，是建设“主城第三增长极”的重要组成部分，镇区依水而建，生态环境优良，但是受地形限制，镇区用地较为集约。木洞镇根据自身实际情况围绕重庆市麻柳沿江开发区和桃花岛和中坝岛旅游区开展以可再生能源应用、建筑节能减排、环境污染治理等为重点的绿色低碳小城镇建设。

（2）建设重点

重庆市木洞镇绿色低碳重点小城镇建设实施类别主要包括应用可再生能源和新能源、建筑节能及发展绿色建筑、城镇污水管网建设、环境污染防治、商贸流通服务业。主要建设内容见表 9-2。

重庆市木洞镇建设内容　　表 9-2

	实施类别	主要内容
1	应用可再生能源和新能源	根据本地可再生能源应用资源条件分析，确定本地可再生能源应用的实施内容为太阳能浴室热水系统、江水源热泵系统、农民新村太阳能热水和农村沼气联户集中供应
2	建筑节能及发展绿色建筑	对公共建筑能耗统计，加大能源审计力度，对相关公共建筑等实施围护结构隔热保温改造；到 2014 年，完成公共节能改造面积 20 万 m^2；同时大力促进绿色建筑发展，桃花岛和中坝岛开发项目实现绿色建筑比例 100%
3	城镇污水管网建设	新建污水处理厂 1 座，使镇区生活污水集中处理率达 95% 以上；在人口相对集中的村落推广小型实用污水处理系统，新建分散式污水处理站 4 座，使村庄污水排放达标率 90% 以上；同时延伸污水管网的覆盖区域
4	环境污染防治	通过生态环境保护与建设工程、水环境治理和水生态建设工程来增加公共绿地面积和提升库区水环境质量；推广生态农业，增加有机肥用量，控制化肥农药使用量增加生物质能的利用优化农村生态环境；对工业废水、噪声、固体废弃物进行防治和综合利用
5	商贸流通服务业	进一步按照“万村千乡市场”工程建设的规划与改造要求，新建改造农家店 30 家；新建一座 2 万 m^2 以上城镇商贸中心，集农贸市场、超市、批发市场于一体；打造国家旅游度假区，包括桃花岛、中坝岛、长坪山河五布河一带

（3）试点经验

木洞镇试点建设集中在通过发展地区工业和旅游业带动社会经济的发展和生态环境的改善，完善居民公共服务设施；将绿色低碳理念引入规划，通过制定新能源应用比例、节能建筑与绿色建筑比例、污水处理率、公共绿地和绿化覆盖率等强制性约束指标促进建筑节能减排和环境污染治理达到小城镇绿色低碳发展的目标；主要通过对包括敬老院、学生宿舍、医院职工宿舍等公共建筑建设太阳能浴室以及居住建筑太阳能建筑一体化应用来推广可再生能源应用，减少传统化石能源煤炭利用，增加经济、社会、环境效益。

3）福建省灌口镇

（1）基本概况

灌口镇镇区位于厦门城市中心城区规划建设用地范围内，具有较好的规划基础。镇区以生态文明建设为核心建设宜居宜业的生态环保新城镇，把生态建设作为灌口镇发展全局的重要方向，以绿色产业作为经济持续、跨越发展的必然路径，把环境质量作为营造宜居家园的目标，因地制宜突出地域特色，探索创新发展路径；从产业转型、园林绿化，资源保护的角度进行生态宜居的绿色低碳重点小城镇建设。

（2）建设重点

福建省灌口镇绿色低碳重点小城镇建设实施类别主要包括应用可再生能源和新能源、建筑节能及发展绿色建筑、城镇污水管网建设、环境污染防治、商贸流通服务业。主要建设内容见表 9-3。

福建省灌口镇建设内容　　表 9–3

	实施类别	主要内容
1	应用可再生能源和新能源	推广使用清洁能源，辖区内所用用户均使用电、液化气、太阳能等清洁能源作为燃料，使用清洁能源的村（居）民户数比例 100%
2	建筑节能及发展绿色建筑	推广绿色节能建筑，实行太阳能屋顶与夜景工程实现低碳节能减排；引导和支持机械工业集中区内 170 多家工业企业开发和推广新技术，新工艺，新产品，努力实现节能减排和发展循环经济，促进产业低碳与绿色发展的结合
3	城镇污水管网建设	对污水管道进行改造，加强农村污水、垃圾和面源污染治理，对具备接管条件的村（居）生活污水就近接入城市污水管网，同时对近期不具备接管条件的村开展生活污水处理试点项目，使建成区生活污水处理率 88.44%，开展生活污水处理的行政村比例 57%，建设农村垃圾处理中转站
4	环境污染防治	丰富城镇绿化资源，一是在点上突破，主要在城区公园、小区公园、企业厂区绿地和在建、待建工地、三角地的绿化美化；二是线上开花，沿防护林带形成绿道、绿廊等景观带；三是面上提升，依托灌口镇的山地景观资源，沿灌口西北面的山脉打造旅游休闲景观区，整体提升灌口的生态环境水平和层次
5	商贸流通服务业	利用边界的交通区位优势，建设 $2km^2$ 的现代物流园区，拟建物流总部设立公共服务平台；配合软三建设发展软件信息服务业；建设一批包括山地休闲，农事体验、生态旅游和农业参与性项目为主的山地生态文化旅游产业；与国家住房与城乡建设部科技发展中心签订“碳交易”减排合作协议，灌口市民中心建筑群成为联合国建筑节能减碳项目，建成后可以再国际上进行碳交易

（3）试点经验

福建厦门灌口镇通过完善市政配套设施，建设城区绿化景观带，提升生态环境水平建设宜居生活环境；构筑低碳产业，推进农业转型，工业减排，发展新兴产业；保护历史文化古迹和非物质文化遗产推进绿色低碳小城镇建设。在平衡产业发展、城市建设与生态文化资源保护三者之间关系做出了有益的探索。

9.1.2 全国发展改革试点小城镇

1. 全国发展改革试点小城镇发展历程中的问题

中国正在以前所未有的规模和速度推进城镇化进程，中国的城镇化改革，实际上是一场全面深刻地社会变革，寻找到改革发展方法和实现路径，才能达到城镇化改革稳步有序的推进效果。

1）全国发展改革试点小城镇的政策梳理

庞大体量的农村人口进入城市，首先需要考虑的是他们是进入城市还是进入城镇，以什么样的规模和速度进入到什么样的城市；其次与进城农民工作学习生活相关的社会公共服务如何保障，农民最关注的户籍问题如何解决，土地问题如何平衡；最后人口大量涌入城镇造成城镇规模变大带来一系列问题，如何通过城镇行政管理体制改革来解决，未来城镇化走什么样的发展道路，我国政府一直在实践中探索，见表 9-4。

全国发展改革试点小城镇政策梳理　　表 9–4

年份	名称	主要内容	发展改革重点
1995 年	全国小城镇综合改革试点指导意见	第一个从全方位改革政策入手，重点指出县级市以下有稳定居住、就业条件的农民工，在落户时可无条件保留农村的承包地、宅基地	土地制度改革
2000 年	关于促进小城镇健康发展的若干意见	选择影响大而震动较小的小城镇，开始了户籍制度的改革探索	户籍制度改革
2001 年	关于推进小城镇户籍管理制度改革的意见	明确要开放县级市以下城镇农民进城落户的限制	户籍制度改革
2002 年		明确了“大中小城市和小城镇协调发展”的中国特色城镇化道路的方针	
2003 年	关于做好进城农民工管理和服务工作的通知	要求取消对农民进城务工就业的不合理限制，改善进城农民工生产生活条件，解决农民工子女就学问题，把农民工纳入到流入地管理	人口市民化
2004 年	关于开展全国小城镇发展改革试点工作的通知	明确了小城镇试点的主要内容	第一批全国发展改革试点小城镇
2005 年	关于公布第一批全国发展改革试点城镇名单的通知	第一批试点确定了 119 个中小城市为全国发展改革试点城镇	第一批全国发展改革试点小城镇
2006 年	关于在全国部分发展改革试点小城镇开展规范城镇建设用地增加与农村建设用地减少相挂钩试点工作的通知	探索进城农民的宅基地退出机制，对失地农民的补偿考虑其长远生计和社会保障，城市用地空间逐步由增量扩张向存量挖潜转变，多种主体利用集体建设用地参与城市开发建设	土地制度改革
2008 年		统筹城乡基础设施建设和公共服务，依法赋予经济发展快、人口吸纳能力强的小城镇相应的行政管理权限，促进中大小城市和小城镇协调发展；允许农民以多种形式流转土地承包经营权，允许农民通过多种方式参与开发经营集体土地建设非公益性项目	土地制度改革、行政管理体制改革
2008 年	关于公布第二批全国发展改革试点城镇名单的通知	第二批试点确定了 160 个中小城市为全国发展改革试点城镇	第二批全国发展改革试点小城镇
2012 年	关于公布第三批全国发展改革试点城镇名单的通知	第三批开始试点的范围从小城镇扩大到了中小城市，第三批试点确定了 369 城镇和 64 个中小城市为全国发展改革试点城镇	第三批全国发展改革试点小城镇

续表

年份	名称	主要内容	发展改革重点
2012 年	关于积极稳妥推进户籍管理制度改革的通知	首次放开地级市户籍，引导非农产业和农村人口有序向中小城市和建制镇转移，逐步满足符合条件的农村人口落户需求，逐步实现城乡基本公共服务均等化；从政策上清理和解决暂住人口及暂不具备落户条件的农民工密切相关的学习、工作、生活不便的有关政策措施，尊重农民在进城和留乡问题上的自主选择权	土地制度改革、人口市民化
2012 年	国家基本公共服务体系"十二五规划"	最显著的特征是基本公共服务与户籍制度将逐步分离，国家基本公共服务体系的建立与完善，将有助于推动户籍制度的改革	户籍制度改革、行政管理体制改革

在城镇发展过程中需要认识到：小城镇作为城镇化进程中的重要载体，要研究小城镇的发展问题，全面认识小城镇的作用。针对城镇化的战略目标，把重点放在解决人的问题上，要认识到小城镇是农民进城就业的载体，也是农民返乡创业的载体；认识到小城镇不但是解决城镇化过程中农民进城就业的重要载体，也是东部传统劳动密集型产业向中西部转移的载体。我们需要将小城镇的发展与城镇化的发展结合起来。

2）全国发展改革试点小城镇的分布

2004 年，国家发展改革委下发了《关于开展全国小城镇发展改革试点工作的通知》，之后分别于 2005 年和 2008 年公布并确定了两批全国发展改革试点镇。从 2011 年开始的第三批试点的范围从小城镇扩大到了中小城市，第三批试点确定了 64 个中小城市为全国发展改革试点城镇，覆盖范围较广。3 批试点共确定中小城市和小城镇试点单位 711 家，全国发展改革试点小城镇分批次的数量统计如图 9-1 所示。

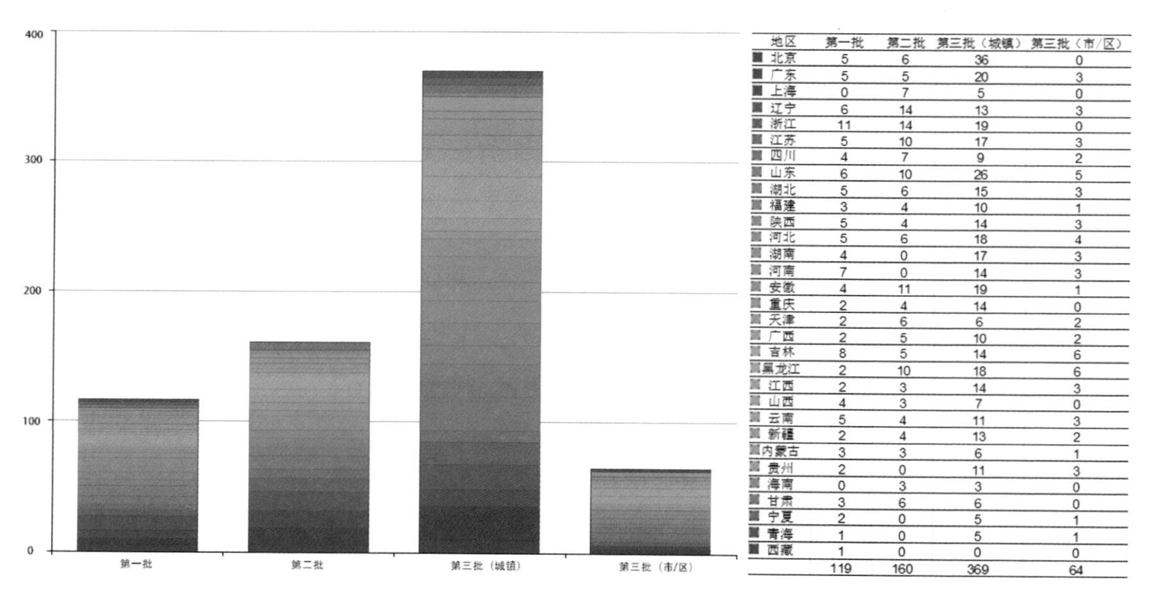

地区	第一批	第二批	第三批（城镇）	第三批（市/区）
北京	5	6	36	0
广东	5	5	20	3
上海	0	7	5	0
辽宁	6	14	13	3
浙江	11	14	19	0
江苏	5	10	17	3
四川	4	7	9	2
山东	6	10	26	5
湖北	5	6	15	3
福建	3	4	10	1
陕西	5	4	14	3
河北	5	6	18	4
湖南	4	0	17	3
河南	7	0	14	3
安徽	4	11	19	1
重庆	2	4	14	0
天津	2	6	6	2
广西	2	5	10	2
吉林	8	5	14	6
黑龙江	2	10	18	6
江西	2	3	14	3
山西	4	3	7	0
云南	5	4	11	3
新疆	2	4	13	2
内蒙古	3	3	6	1
贵州	2	0	11	3
海南	0	3	3	0
甘肃	3	6	6	0
宁夏	2	0	5	1
青海	1	0	5	1
西藏	1	0	0	0
	119	160	369	64

图 9-1 全国发展改革试点小城镇数量统计图

2. 全国发展改革试点小城镇试点案例

由国家发展改革委组织开展的服务于城镇化发展的全国城镇发展改革试点工作已进行了近十年，各个地方小城镇在因地制宜的基础上，国家政策的指导下，根据农民的自主性，发展适合解决本地问题的措施和方式，在发展过程中集合了很多值得借鉴学习的案例。试点城镇围绕我国城镇化特别是在农业转移人口市民化、户籍制度改革、土地制度改革、特大镇行政体制改革等方面进行了有益的探索，为中央制定有关城镇化的政策，推动城市和小城镇的发展，起到了很好的试验、研究、咨询和示范作用。

1）人口市民化

我国城镇化率高于非农业户口人口占全国人口的比重，说明还有大部分人口处于半城市化状态，这些已经进城生活的农民工在教育、医疗、住房、户籍、公共服务、社会保障等方面方面存在很多问题，完善进城农民工的管理服务是试点的主要内容。

（1）保障农民工子女接受义务教育

试点城市：广州市番禺区。

主要做法：政府通过对民办学校的消防设施、食堂卫生和校车管理等进行专项检查，对民办学校与公办学校进行一体化管理，规范民办学校的办学行为和办学标准。成立民办教育发展专项资金，用于引导、扶持和促进民办学校自觉规范管理，各区可以根据本地区的实际情况，设立相应的民办教育发展资金，支持本地区民办教育发展。

试点成效：有效地解决外来工子女就学问题，2006 年番禺区领取办学许可证的民办学校有 25 所，2011 年达到 33 所；2006 年，番禺区民办学校吸收的非本地户籍学生有 1.9 万人，2011 年达到 4.39 万人，增长了 1.3 倍；义务教育阶段非户籍学生 2011 年达到 8.9 万人，比 2006 年增长了近 1 倍。

（2）农民出租屋

试点城市：北京市昌平区北七家镇。

主要做法：流动人口增多，本地农民开始将原有平房翻建为楼房，楼房的层数也在逐渐增高，将房屋租给外来人口，农民可以获得房租租金收入，若宅基地拆迁，也可以获得更多拆迁补偿。政府对农民自建楼的现象没有明确鼓励也没有加以禁止，在外来人口集聚的村庄，农民自建楼迅速发展起来。

试点成效：农民通过出租屋，充分发挥宅基地的资产属性，房租收入已经成为当地农民收入的主要来源；新建出租屋内一般都配备了厨房，洗手间，出租屋改善条件后提高了农民工居住条件，满足了农民工的居住需求，进而保障了城市发展对劳动力资源的需求。

2）户籍改革

二元化的户籍管理制度，明确将居民分为农村户口和城市户口，并严格规定非经城市有关管理部门同意，农村人口不得进入城市；这种制度限制了农村人口进城就业和定居生活，制约了农村剩余劳动力的合理、有序转移，妨碍了城镇化进程。各个城市通过不同的做法进行了探索，目的为了在充分尊重农民工自主选择权的基础上通过户籍改革打破体制障碍保证农民工转户进城即可平等享受城市居民的就业、养老、医疗、教育、住房等待遇。

（1）积分制入户

试点城市：广东省中山市。

主要做法：2010 年 6 月，广东省出台了《关于开展农民工积分制入户城镇工作的指导意见（试行）》，在全省范围内试行农民工积分制入户城镇政策。针对已办理居住证，进行就业登记、缴纳社会保险的农民工有资格申请积分入户，当累计积分达到规定分值时，农民工可申请入户城镇，其配偶和未成年子女可以随迁。积分入户指标体系由省统一指标和地级市自定指标组成，原则上积满 60 分可申请入户。按照“总量控制、因地制宜、统筹兼顾、稳妥有序”的原则，农民工入户城镇计划指标重点向中小城市和县城、中心镇倾斜。

试点成效：截至 2010 年 7 月底统计，广东已有 1.7 万名农民工通过积分制入户城镇。

（2）居住证制度

试点城市：江苏省苏州市

主要做法：实行“暂住证”换“居住证”的试点工作，向全省流动人口发放“居住证”。申请者需要提交五项证明材料，比如“出具居民身份证或者其他有效身份证明；固定居住处所证明材料；在居住地就业或者就学的证明材料；不满 49 周岁的已婚女性需提供《婚育证明》或《苏州市非户籍人口计划生育管理服务卡》；携带未满 16 周岁子女的，应出示子女户籍证明或者户口簿”，而居住证持有者可以部分地享受苏州市的公共福利。

试点成效：到 2012 年 1 月底，苏州全市 1240 个居住证受理点，已累计受理申请 242 万人，219.5 万新市民领到了居住证，约占外来总人口的 33.8%。

（3）一元化户籍管理制度改革

试点小镇：江西省新余市双林镇。

试点做法：通过实行城乡统一户口登记制度，建立城乡统一的户口迁移制度，取消农业户口、非农业户口性质划分，将公民户口统一登记为“居民户口”，对具有合法固定住所、稳定职业或生活来源为基本条件的户口准入迁移；明确农村集体资产权归属，一元化户籍管理制度改革之后，原村集体经济组织成员，不改变原集体经济组织成员身份、权利和义务。调整农业和非农业人口的统计途径，实行按经常居住地划分统计城镇人口和农业人口。

试点成效：2010 年 12 月底，双林镇 28058 名农业户口和 1710 名非农业户口一次性转为居民户口，同时建立城乡统一的户口迁移制度，实行按居住地划分的人口统计制度。

3）土地改革

我国城镇化进程中存在土地城镇化快于人口城镇化，城镇建设用地过于粗放；农村人口减少，但同期村庄建设用地总量并未减少；现有土地征收补偿标准偏低，政府强拆强建引发大量征地纠纷和矛盾，影响城乡社会稳定等问题。从 2005 年开始试点城镇在集约用地、促进集体建设土地流转，村庄整治、土地整理方面做了一些工作，引导农民向城镇、中心村适度集中居住，还有些试点城镇对征地制度改革，逐步建立城乡统一的建设用地市场等方面也进行了探索。

（1）宅基地换房：

试点城市：天津市东丽区华明镇。

主要做法：建设新型小城镇，把全部农民集中到小城镇生活居住，在小城镇完善公共设施和社会服务的配套体系，改善农民居住和生活条件。对于农民的原宅基地和住房，采用置换的方法，以宅基地折合成新建城镇住房的面积，分配给农民。制度方面在小城镇实施新型的管理体制，确保小城镇政府的职能能够满足刚刚进城集中居住的农民公共服务的需求。

试点成效：以宅基地换房，促进村庄整治，农民向小城镇集中，既解决了资金问题，又节省了用地指标。由于孩子们的教育水平，居民生活水平都得到提高，当地农民对宅基地改革基本上持赞同意见。

（2）一分一换一流转：

试点城市：浙江省嘉善县姚庄镇。

主要做法：建设土地增减挂钩主要通过一分——承包地与宅基地分开，一换——以宅基地换镇区房产，一流转——承包地由原农户经营或流转来实现，其核心是农户以自由宅基地置换镇政府在镇区提供的新房。镇政府做好宣传工作，保证每个农户能明白补偿细节、置换方式及参加条件，并且通过设置连户连片奖励的方式试点规模化置换，方便土地复垦和指标认定，便于之后农业规模经营。姚庄镇留给 8 村 40 亩建设用地指标，引导村集体与镇政府合建厂房、统一招租、租金分红，增加就业和村民收入。

试点成效：2008 年 6 月至 2010 年 7 月，位于镇区占地 350 亩，基础设施配套齐全的新区全面竣工，来自全镇 8 个村的 869 民农户顺利迁入镇区。镇区发展为以光伏能源、精密机械为两大主导产业的现代工业格局。

（3）三旧改造

试点城市：广东省韶关市。

主要做法：采用城市用地空间逐步由增量扩张向存量挖潜转变，对城镇内部的旧城镇、旧厂房、旧村庄进行了“三旧改造”。

试点成效：将该市 14000 多亩低效废气用地整理复垦成为优质高效的耕地资源，以此置换城市用地。

4）特大镇行政体制改革

特大镇是指在人口吸纳能力、经济集聚能力等方面已经达到过去的城市设置标准，但仍然实行镇级管理机构和权限设置。特大镇存在政府权限不足，责任太多，影响公共服务的供给；城镇财政收入能力非常强，但是留存本级的比例太低，对于城镇来说缺乏稳定的、可预期的资金等问题。针对存在的问题，从城镇化发展的角度出发，明确特大镇的相关改革要和户籍管理制度改革挂钩，扩大特大镇经济社会管理权限，根据实际需求推行特大镇机构设置和人员编制的改革，建立特大镇与上级政府的分税体制。

（1）强镇扩权

试点城市：诸暨市店口镇。

主要做法：强镇扩权实际上就是行政管理机制改革，店口镇实行强镇扩权改革，向绍兴市和诸暨市申请下放 225 项权限，实际已下放 157 项权限。通过委托、托管、延伸机构的运作方式扩大店口镇职能权限，有利于进一步调整理顺市、县、镇三级政府的权责关系，提高镇级政府的行政管理水平。

试点成效：通过减少审批环节和程序，加快投资项目审批，完善了建设投融资体制，缓解了城市发展的融资难题；机构调整后，职权得到扩大，加强镇级政府管理能力，方便百姓办事，增强政府的公共服务能力，财政留成比例从 2007 年的 1% 提高到 2011 年的 10%，镇级可支配财力大大增强。

（2）财政管理体制改革

试点城市：佛山市顺德区北滘镇。

主要做法：顺德实行区和镇两级的财政关系，顺德区对各镇、街道实行“划分事权、划分收入、比例分成、核定补助技术”的财政管理体制，对不同类型的镇实行不同的税收分成比例，税收收入和土地出让收入是区和镇财政收入的主要构成部分，建立与人口规模相匹配的财政收入分配机制，将区和镇实际承载的外来人口数量也考虑进来，研究制订以实际管理人口规模来确定税收分成比例的办法。

我国城市数量多，城市规模结构不合理，小城镇占比较大，通过对全国范围内小城镇行政体制改革，提高其整体辐射和带动作用。改善城乡二元对立，缩小城乡差别，真正提高我国整体的城镇化水平。城镇化水平是一个国家或地区经济社会的整体水平的反映，而不是通过人口增加、行政区变更、大量建设基础设施、扩大城市规模这些指标或者现象来呈现一种同质化的繁荣。

9.2 关注能源与气候的低碳城市建设

城镇化高度发展需要大量能源的消耗，带来不容忽视的资源短缺、气候变化等问题，在城市建设过程中树立低碳发展理念，探索未来城市发展方向。通过借鉴发达国家低碳生态建设模式结合我国实际情况探索实践低碳生态城市建设模式，同时优化能源利用结构，鼓励将新能源应用于城市建设，以此减少化石能源的使用对环境带来的危害。

9.2.1 低碳生态试点城市

1. 建设低碳生态城市是我国可持续城市发展的必然选择

2009 年 12 月，中国政府在哥本哈根世界气候大会上郑重承诺，到 2020 年单位国内生产总值 CO_2 排放比 2005 年下降 40% ~ 45%。“低碳生态城市”作为一个新概念于 2009 年首次提出，是指有效运用具有生态特征的技术手段和文化模式，实现人工－自然生态负荷系统良性运转以及人与自然、人与社会可持续和谐发展的城市。我国占全球 7% 的耕地、7% 的淡水资源、4% 的石油储量、2% 的天然气储量，但是承担着推动占全球 21% 人口的城市化进程的重任，在资源有限的情况下建设低碳生态城市成为城市可持续发展的必然选择。为了探索可以系统解决资源环境问题的方案，我国开展了低碳生态试点建设包括国际合作共同建设，也包括国内的一些实践探索。

1）国际合作的低碳生态试点城市

从 2010 年开始为了应对气候变化和实现建筑节能减排目标，我国推动与多个经济体全方位多层次多方式的科技合作交流。在国内低碳生态城市建设过程中，住房城乡建设部与多个经济体合作共建低碳生态试点城市，先后与新加坡国家发展部、法国生态部、美国能源部、德国联邦环境部、欧盟能源总司、加拿大自然资源部等开展了生态城市建设合作。

2010 年根据《中美建筑与社区节能领域合作谅解备忘录》,在“中美能源与环境十年合作框架”下，与美国能源部开展建筑节能领域的合作；落实中欧《关于建筑能效与质量的合作框架》协议内容，推进能效标识、能源效率及低碳技术项目的实施；落实中法可持续发展合作协议住宅建筑节能有关活动。2012 年工作重点积极推动低碳生态城市发展，包括中欧低碳生态城市合作项目；落实与德国、美国等在低碳生态城市建设技术方面的合作，开展低碳生态城市建设示范；做好中德“中国城市可持续发展项目”，完成《中国低碳生态城市发展指南》并开展宣传推广工作。中国与各个合作经济体以低碳生态为建设主旨的主要试点城市和重点建设内容见表 9-5。

合作经济体在城镇化发展方面有较好的经验并取得了良好效果，通过经济体间合作建设低碳生态城市试点示范，学习各个经济体在低碳生态方面的先进技术和经验，转变城市发展思路，注重城市内涵发展，建设充满活力和吸引力的低碳生态城市。

2）国内低碳试点城市

（1）低碳试点城市发展历程

国家发展改革委于 2010 年 7 月发布了《关于开展低碳省区和低碳城市试点工作的通知》，将广东、

国际低碳生态试点城市基本情况

表 9-5

合作国家	试点城市	建设重点
中美	河北廊坊，山东潍坊、日照，河南鹤壁、济源，安徽合肥市	从城市规划、基础设施低碳绿色设计建设与运营管理、建筑节能与绿色建筑、可再生能源应用、绿色交通体系、生态绿地系统等方面开展研究和建设
中欧	2 个综合试点城市（广东珠海、河南洛阳）和 8 个专项试点城市（江苏常州，安徽合肥，山东青岛、威海，湖南株洲，广西柳州、桂林，陕西西咸新区）	主要围绕城市紧凑发展规划、清洁能源利用、绿色建筑、绿色交通、水资源与水系统、垃圾处理处置、绿色产业发展、城市更新与历史文化风貌保护等九大领域开展试点
中德	河北张家口（含怀来），山东烟台，江苏宜兴、海门，新疆乌鲁木齐	在城市规划、基础设施、被动式超低能耗建筑、绿色交通灯多领域开展务实合作，推动试点城市实现低碳生态发展
中新	天津生态城	起步区已基本建成，绿色建设标准得到有效实施，大批企业落户，节能环保等企业群初具规模。2014 年国务院同意中国 - 新加坡天津生态城建设国家绿色发展示范区
中法	武汉生态示范城	中法双方开展了示范城总体规划相关工作，生态示范城选址区域的现状调查和登记工作已经完成

辽宁、湖北、陕西、云南五省和天津、重庆、深圳、厦门、杭州、南昌、贵阳、保定八市确定为首批低碳试点省市并启动试点工作，目的是通过低碳城市建设，促进城市的清洁发展、高效发展、低碳发展，实现减排目标。

在第二批试点申报的过程中，全国共有 40 多个城市进行了申报，2012 年 11 月国家发展改革委确定包括北京、上海、海南和石家庄等 29 个城市和省区成为我国第二批低碳试点城市。两批试点覆盖 6 个省份、36 个城市，人口占全国 40% 左右，GDP 占全国总量的 60% 左右，碳排放量约占全国 40%。在六年中，前两批低碳试点在全国低碳发展理念的普及、低碳模式的探索等方面取得了很多成果。

2016 年 4 月在第三批低碳城市试点通知中国家发展改革委将“明确碳排放峰值及试点建设目标”作为申报条件之一，最终在 52 个申报城市中确定 45 个城市作为低碳试点城市，三个批次的数量成逐年递增的态势，如图 9-2 所示。

过去的十年中，中国的低碳发展从“十一五”期间以行业约束为主的节能减排措施，逐渐过渡到“十二五”期间以城市为主的多领域低碳试点。“十三五”时期，低碳试点将进一步突破低碳政策的行业局限，从宏观规划的角度对全经济领域乃至国家的发展模式产生影响。

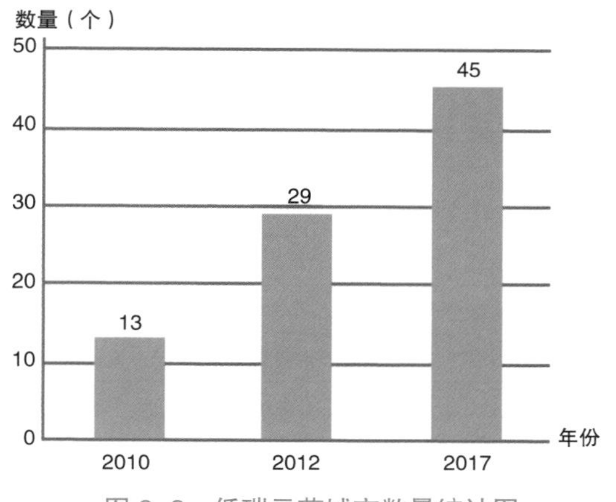

图 9-2　低碳示范城市数量统计图

（2）低碳试点城市发展建设特点

①试点选择以城市为主：考虑省区面积过大不便进行试点，所以试点主要以城市为单位第二批试点城市除海南为省区之外，其余 28 个均为城市。

②范围覆盖面扩大：试点范围规模都在逐步扩大，我国幅员辽阔，东中西部地区发展阶段都不一样，而各个试点地区的资源禀赋、试点目标、工作重点和实现路径都不一样。更广泛的试点覆盖范围，是为了更加有效地探索不同地区之间有效控制温室气体的路径。

③试点申报要求越来越严格：试点城市要求有自己的特色：第一批试点的经验来看，各地试点方案大同小异，仿佛是从一个模子里面出来的，面面俱到，但又毫无特色。在第二批试点城市方案确定时国家发展改革委明确要求要试出特色来，杜绝形象工程，体现地方和城市的特色。试点城市要求明确建设体系目标：明确提出碳排放峰值目标和在“十三五”期间降低单位国内生产总值二氧化碳排放、碳排放总量控制、非化石能源占一次能源比重以及森林碳汇等目标，并提出相应的政策措施。

④建立低碳管理机制体制：在地方政府的重视下，绝大部分试点成立了低碳发展领导小组，统筹和协调各部门之间的工作，以市长或副市长为组长；很多地方也成立了应对气候变化的专门科室、处室，以及低碳发展的专门研究机构，这些机制体制的建设为下一步减排奠定了制度基础。

（3）低碳试点实施方案内容

开展低碳省区和低碳城市的试点，被视为是推动落实我国控制温室气体排放行动目标的重要抓手。从产业结构和能源结构、低碳交通、低碳建筑、低碳生活和低碳消费以及碳汇能力建设等方面进行了积极探索。

①在产业转型升级方面：淘汰了电力、钢铁、化工、水泥、印染等行业的落后产能，建立了高耗能落后机电产品和设备的登记、淘汰退出制度；支持信息、新材料、节能环保、服务业等产业的发展。

②在能源结构方面：优化火电，更新改造了低效燃煤锅炉，推广低耗能低污染燃烧等技术的运用；积极推动清洁能源的发展，使水电、核电、风电、太阳能、光伏发电在整体能源中的比重上升。

③在碳汇能力建设方面：积极培育森林资源，增加森林碳汇；开发运用二氧化碳捕集、利用与封存技术。

④在低碳交通等方面：倡导低碳绿色生活方式和消费模式；积极发展轨道交通等快速交通系统和由自行车和步行构成的慢性交通体系，推广应用新能源汽车。

⑤在标准编制方面：编制低碳建筑标准，推广应用新型节能建材。

2. 低碳生态试点城市案例分析——中欧低碳生态城市合作项目珠海市

珠海是中国最早设立的国家经济特区（1980 年）之一，是珠江口西岸核心城市和滨海风景旅游城市。珠海具有良好的生态本底，自然山水格局良好，在低碳生态城市建设方面起步较早，坚持低强度集约化土地开发，积极发展清洁能源和低碳交通模式，促进节能减排，为中欧生态城市合作奠定了相对成熟的工作基础。

1）试点城市建设思路

珠海在建设低碳生态城市的过程中制定了大量的相关配套政策包括《关于实施新型城镇化战略建设国际宜居城市的决定》《珠海建设国际宜居城市指标体系》《珠海建设国际宜居城市行动计划》一系列顶层战略政策和《关于加快推进珠海市绿色建筑发展的通知》《珠海市绿色建筑行动实施方案》等一系列的专项政策，有些项目被列入中欧重点示范项目的范畴。

在上述政策之下，珠海还配备了专项规划与标准在技术上给予支撑。在城市相关规划方面，城市紧凑发展和绿色交通领域的规划较为完备，覆盖了从 TOD 节点到全市域等不同空间层级；绿色产业则以新能源汽车产业为主；技术标准则集中于绿色建筑和城市更新两个相对强调可操作性的领域。

2）试点城市专项领域和示范项目

（1）九大专项领域

结合我国城镇化的客观特征，中欧低碳生态项目将合作领域聚焦到 9 个专项。即城市紧凑发展、清洁能源、绿色交通、绿色建筑、水资源与水系统、垃圾处理、城市更新、城市建设市政投融资、绿色产业。围绕着主要专项领域，珠海市政府做出了不同程度的探索，见表 9-6。

珠海低碳示范城市具体措施　　表 9–6

专项领域	具体措施
城市紧凑发展	城市建设始终坚持紧凑组团式发展模式，明确构建了“面向区域，生态间隔，多级组团式”的总体布局
绿色交通	初步构建了以公交枢纽为节点，以轨道交通和有轨电车为骨架，常规公交为主体，各种交通方式一体化的绿色交通体系
清洁能源	调整能源结构，提高减排潜力；在已有的多联供燃气能源站的基础上推进风能、潮汐能、太阳能建设
水资源和水系统	构建五大水资源体系：稳固可靠的水安全体系，健康畅达的水环境体系，和谐秀美的水生态体系，严格集约的水管理体系和彰显水乡特色的水文化体系
城市更新	主要更新方式以“拆建、改建、整治”相结合
绿色产业	形成以高端制造业，高新技术产业，高端服务业和特色海洋经济和生态农业为内筒的“三高一特”现代产业体系

（2）重点示范项目

珠海从绿色建筑、绿色交通、水资源和水系统领域、城市更新等四大专项领域选择了八个重点示范项目作为第一期启动项目，被选项目具有三个特征：良好的工作基础，明确的资金来源，以及清晰的合作方向。分别是前山河东岸既有建筑改造，佳能旧厂改造，现代有轨电车，南湾区绿色交通，前山河流域重点展开水环境整治和修复，西部生态新城“海绵城市”建设，情侣路香炉湾近岸水环境恢复，北山村更新。

（3）前山河东岸既有建筑改造

项目位于前山河东岸、前山大桥至昌盛大桥之间。总建筑面积 11514m^2，由 18 栋风格各异的建筑物组成。规划结合整体景观规划，拟对既有建筑按照绿色低碳要求进行改造升级，从而在前山河畔构建绿色建筑展示区、艺术展示平台与公共空间。欧方将主要提供建筑物改造方面的建筑设计以及既有建筑节能改造领域的绿色建筑技术。

（4）佳能旧厂改造

佳能旧厂交通发达，区位优势明显，基地总用地面积 9 万 m^2，场地现状多为 2~3 层的厂房及其配套设施共五栋，总建筑面积达 6 万 ~7 万 m^2。规划基于“文化艺术综合体、设计创意梦工厂”的理念，打造珠海的城市文化艺术新地标。主要规划要点包括：以国际大师工作坊为核心，培养创意人才、培育中小创意企业；将商业创意街坊和线上平台相结合，打造企业成长链与创意产业链，提高园区创意生产力；利用区位优势，发挥辐射作用，打造珠海城市文化艺术新地标。欧方将在旧城就厂区改造技术合作、文化政策与城市更新、建筑设计智库机构合作等方面提供经验和技术支持。

9.2.2 新能源城市

1. 新能源示范城市建设模式

为了应对气候变化和能源危机，在新能源城市概念提出之前我国已经在低碳和绿色概念下探索新能源和可再生能源与城市、交通、产业能源结合的具体利用形式。

近年来，中国积极推动新能源城市建设，出台了一些推动措施：2007 年国家发展改革委发布的《可再生能源中长期发展规划》提出建设绿色能源示范县，之后国家能源局在 2009 年 12 月组织并评选出 108 个国家绿色能源示范县；2010 年国家能源局颁布实施《新能源城市发展及相关政策研究》填补我国在建设标准和规划大纲上的空白；2011 年开始分两批发展了 5 个先行试点城市建设。2012 年国务院批复的“十二五能源发展规划”中提到“‘十二五’期间要建成 100 座新能源示范城市”。2014 年国家能源局根据新能源示范城市评价指标，确定了北京昌平区等 81 个城市和 8 个产业园区为第一批创新新能源示范城市和产业园区。

新能源示范城市是指以清洁高效，多能互补，分布利用，综合协调为基本原则，在城市区域能源发展中，充分利用当地丰富的太阳能、风能、地热能、生物质能等可再生能源，使可再生能源在能源消费中达到较高比例或较大利用规模的城市，为我们国家调整能源结构、应对气候变化和实现低碳绿色经济转型做出贡献。

如图 9-3 所示，81 个新能源城市分布在 27 个省级行政区，覆盖全国大部分省市，探索不同地理区域的可再生能源种类和储备不同的情况下，新能源如何替代传统化石能源满足城市能源需求，转变城市能源使用结构。部分省市已经通过太阳能、风能、生物质能的利用解决城市发展过程中遇到的难题，在城市中利用程度较高：新疆、云南太阳能资源充足，通过利用新能源和可再生能源可以解决偏远山区的能源利用问题；也有省市将新能源产业作为省市经济发展的主要增长点：河南、山东新能源产业和技术发展相对成熟，对新能源利用程度较高，并且已经通过建设示范项目和示范点推广可再生能源利用技术；在中国的大部分区可再生资源储备一般，能源的利用方式简单，通过新能源示范城市的建设有助于将新能源理念和应用技术在我国大范围推广。

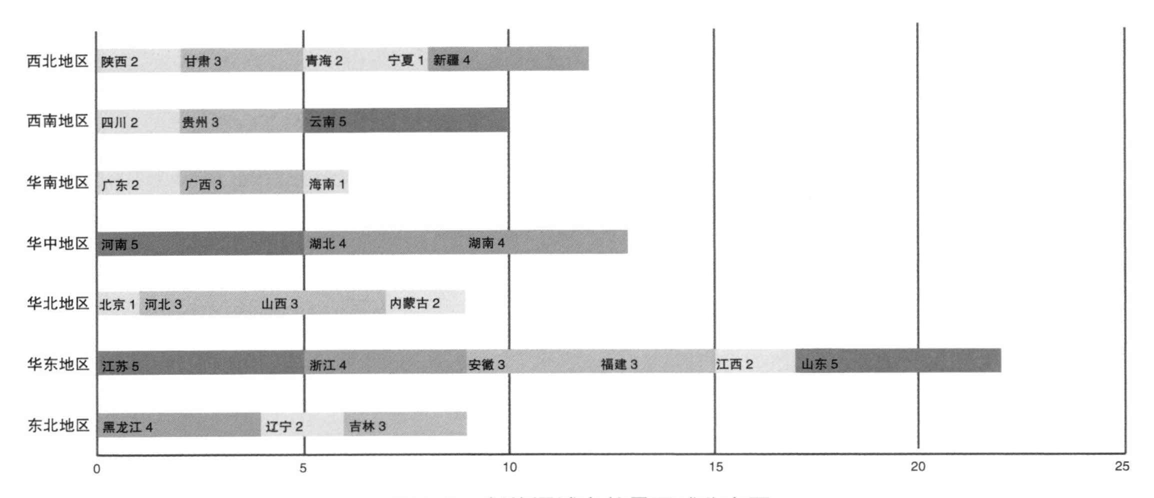

图 9-3　新能源城市数量区域分布图

1）建设模式

基于不同的分类标准对新能源城市进行分类，从新能源利用程度来分，可分为100%新能源城市，部分应用新能源城市；从新能源种类来分，可分为太阳能城市，风能城市，可再生能源电力城市等；从新能源开发角度来分，可分为新能源技术应用城市、新能源产业化城市等。

这些建设模式是不同城市在新能源城市评价标准的基础上针对本地区新能源资源储备，城市产业发展趋势等方面现状进行探索实践而形成的。多样的新能源建设模式给之后新能源城市的推广提供多样的参考。

2）实现路径

新能源城市的构建落点在城市，所以在城市的建设过程中需要将能源理论和城市理论二合一，借鉴城市的功能分区、土地利用等城市理论，结合城市新能源可利用量，新能源开发利用目标将能源规划与城市规划结合起来。传统城市从减少能源的使用量，用可再生能源替代传统能源，提高清洁能源和提高化石能源的利用效率等路径进行能源战略转型。新能源城市从重视开发当地可再生能源着手，这是新能源城市最大的特点，也是同传统能源城市最大的区别；对废弃能源再利用，提高能源利用效率；开发和使用新能源；通过关注新能源与社会、经济、环境等方面的协调发展思考如何建设新能源城市。

3）评价标准

新能源城市评价标准从能源、经济、社会、政治、环境等角度出发，主要从以下五个方面选择能有效反映新能源城市特点的作为评价指标：一是城市的能源使用以新能源为主；二是制定科学的新能源城市规划；三是有系统的政策及制度保障；四是有完善的公共服务平台及配套基础设施建设；五是城市的硬件设施及文化特质中的新能源元素是否突出。

从某种意义上说，目前阶段的新能源城市更多是一种示范效应，起到总结经验并激励更多的城市积极开发利用新能源的作用。因此，当新能源成为一个城市品牌与文化显著元素，这类城市就可被称为某类新能源城市。

2. 新能源示范城市建设经验与案例分析

1）新能源示范城市建设经验（表9-7）

新能源示范城市经验　　表9-7

城市	示范经验
吐鲁番	新区专门规划光伏产业园
德州	德州作为首个申报“新能源示范城市”的城市，为能源局出台相关政策、建立完善的新能源城市评价体系提供经验；按照中国太阳城的战略，实施全域新能源产业综合体打造；到2015年末新能源在德州市城区能源消费中的比例由目前的3%提高到7.8%
敦煌	敦煌市地处中国西部，常规能源极度匮乏，同时太阳能、风能的新能源资源优势明显，且境内有较大面积的荒漠，适宜发展大型风电、光伏发电设施，目前新能源发电量仅占城市电力消费总量的6%，规划期末新能源电力不仅能满足敦煌本地电力消费，还可实现年向外输出60亿kW·h的绿色电力
大同	大同市有着“共和国煤都”的美誉，作为“资源输出型”城市，付出了极其沉重的资源、环境代价，大同市以“新能源示范城市”建设为契机，积极探索黑色能源向绿色能源转移的可持续发展之路
芜湖	以高新区为产业引擎，在孵化产业的同时，面向市域强化产业辐射带动
湘潭	作为老工业基地，通过发展新能源汽车、分布式能源和风电产业项目建设新能源示范城市

2）新能源示范城市案例分析

（1）芜湖市

芜湖市地处长江下游、副热带北缘，属亚热带湿润季风气候，雨量充沛，四季分明，春秋季短，冬夏季长。2010 年芜湖市常住人口为 384.21 万人，其中市区常住人口为 123.8 万人。

①新能源资源情况和应用现状。

目前芜湖市已使用的新能源主要包括太阳能、浅层地热和生物质能等，新能源应用现状较好，具体新能源资源和应用情况见表 9-8，合计每年可替代约 10.05 万 tce。2010 年，芜湖市市区能源消耗总量 337.8 万 tce，新能源消费量占能源消费总量的比重约为 2.98%。

芜湖市新能源资源情况和应用状况 表 9–8

新能源类型	资源条件	应用现状	年替代能源量
太阳能资源	多年平均日照时数 1850h 左右，日照百分率为 42%；近 30 年太阳总辐射的总量平均为 4561.92 MJ/m^2，近 10 年太阳总辐射的总量平均为 $4557.82MJ/m^2$	截至 2010 年，芜湖市安装太阳能热水器的民用建筑面积约 1210 万 m^2，太阳能热水器普及率约为 22%，安装太阳能集热器面积约 32 万 m^2	3.87 万 tce
生物质能资源	生活垃圾资源较丰富	生活垃圾资源化应用：2010 年芜湖绿洲环保能源有限公司垃圾焚烧热电厂年发电量 16574 万 kW·h，年供热量 953964GJ，有效地实现了垃圾的资源化利用	5.11 万 tce
	农作物秸秆资源较丰富	农作物秸秆资源化应用：截至 2010 年，芜湖市恒久再生能源有限公司已在三山区联群村建成了一座中型秸秆气化集中供气站，被国家发展改革委定为秸秆气化项目示范点，为全村 1253 户居民提供炊事生活能源和部分农业生产用气	520tce
地热能资源	浅层地热资源分布广泛且储量较大，地下水资源具有水位高、土壤含水量丰富、热传导性高、地下岩石的含水率高等特点，可采资源量达 0.2434 亿 m^3	2009 年开始推广使用地源热泵技术来开发利用浅层地热能；截至 2010 年，芜湖市浅层地源热泵建筑应用面积 40.6 万 m^2	1.02 万 tce

②新能源应用重点领域及发展目标。

芜湖市在充分利用本地可再生能源资源的基础上积极探索各类新能源技术在城市供电、用热、供暖、制冷等方面的应用，减少本地化石能源消耗量，提高可再生能源在城市用能中的比重，促进城市节能减排目标的实现。

在具备应用条件的新建建筑中强制推广使用太阳能、地热能等新能源应用，具备条件的既有建筑在节能改造是鼓励优先选用新能源；通过餐厨废弃物资源化利用和无害化处理、生活垃圾焚烧发电等方式，探索生物质能在城市中的各种应用途径，加大生物质能资源化利用的力度；推进新能源汽车关键技术的研究和应用，加强充电站等配套设施建设，初步建立适应新能源汽车示范应用要求的配套设施体系、技术支撑体系和政策环境体系来促进新能源汽车在城市公共交通领域中的应用，新能源应用汇总情况见表 9-9。

芜湖市新能源应用汇总表

表 9-9

年份	市区能源消费量（万 tce）	新能源消费量（万 tce）			新能源消费占能源消费比重（%）
2010	337.8	新能源消费总量		10.05	3
		新能源	太阳能	3.87	
			地热	1.02	
			生活垃圾	5.11	
			秸秆	0.05	
2015	584	新能源消费总量		38.5	6.6
		新能源	太阳能	14.74	
			地热能	6.00	
			生活 / 餐厨垃圾	6.29	
			秸秆	11.1	
			污泥	0.37	

从表中对比数据可以看出，芜湖市通过新能源示范城市的建设新能源消费量由最初的 10.05 万 tce 增长至 38.5 万 tce，其中太阳能和地热能的能源消费增幅最大；在新能源利用方式上，通过建设污泥、垃圾混合焚烧发电示范项目开发新能源——污泥资源的资源化利用，丰富新能源消费结构。

③建设经验。

根据芜湖市新能源资源条件及经济发展的实际情况，建立以生物质能应用及新能源汽车为发展重点，太阳能和浅层地热能应用共同发展，并在工业园区探索建设智能电网的新能源城市体系。

（2）鄂州市

鄂州市地处我国中部地区，与全国新能源资源丰富的地区相比，资源总量相对偏低，但其分布均衡，生产的新能源可就地消纳，具有较大的开发利用潜力。

①新能源资源情况和应用现状。

2010 年，鄂州市已使用的新能源种类主要包括太阳能、生物质能、污水资源等，新能源的年消耗量已达到 16.94 万 tce，占全市能源消费总量的比重约为 2.86%，为今后鄂州调整能源消费结构，减少温室气体排放积累了良好的实践经验，具体新能源资源和应用情况见表 9-10。

鄂州市新能源资源情况和应用现状

表 9-10

新能源类型	资源条件	应用现状	年替代能源量
太阳能资源	多年年均辐射量为 4433.64MJ/m^2，全年日平均值为 12.52MJ/m^2，多年年均日照小时数约为 2000h；时间分布上较为集中，主要分布在 4 — 9 月份，与当地居民和公共建筑的热水需求及用电负荷高峰时间分布一致，可利用性较好	截至 2010 年，全市累计安装家用太阳能热水器 49341 台，折合集热面积约为 11 万 m^2；目前全市共有 8 处太阳能集中供热水工程，建筑应用面积为 11.8 万 m^2，折合集热器面积约为 1 万 m^2；全市累计安装太阳能路灯、景观灯 8760 盏，总功率约为 380kW，每年可节约用电 76 万 kW · h	1.47 万 tce
污水资源	由生活污水和工业有机废水两部分组成，年产生量约为 13623 万 m^3，污泥产量约为 10 万 t/ 年（含水率 80%）	鄂州电厂利用循环水落差水能资源，建设了循环水能电站，装机容量为 2 × 2000kW，年均发电量约为 2800 万 kW · h	0.94 万 tce

续表

新能源类型	资源条件	应用现状	年替代能源量
农业生物质资源	2010 年，鄂州市耕地面积 61.4 万亩，农作物播种面积 178.5 万亩，农业生物质资源总量约为 60 万 t，农业生物质资源现年利用率已达到 33.4% 左右	全市共有各种生产锅炉 102 台，其中 48 台改用稻壳燃料，年消耗量约为 11.4 万 t；6 家企业使用秸秆炭化棒燃料，年消耗量约为 9.46 万 t	10.43 万 tce
沼气资源	养殖业发达，2010 年全市畜禽出栏量达到 100 万头猪单位，年畜禽类便产生量约为 38 万 t，如全部发酵年产生的沼气量可达到 2500 万 m^3 左右	2010 年全市共有大中型沼气工程 4 处，中小型沼气工程 18 处，小型沼气工程 15 处，总容积 5850m^3，年产沼气约为 175 万 m^3；全市共有户用沼气池 4.5 万座，每座沼气池容积 10m^3，年产沼气量约 1832 万 m^3	1.95 万 tce
新能源交通	2010 年，鄂州市二甲醚产能达到 10 万 t/ 年；目前，二甲醚大部分用于供应城市瓶装燃气；此外，还有部分作为鄂州试点改造的公交车的车用燃料	到 2010 年，鄂州已有 2 条线路 34 辆公交车改用二甲醚。按每辆公交车每天二甲醚使用量为 200L（液体密度 0.668kg/L）计算，折合标准煤量约为 0.16 万 t。同时，还有 45 辆出租车改用二甲醚，年使用量约为 286.8 万 L	0.35 万 tce

②新能源应用重点领域及发展目标。

太阳能利用目标：通过太阳能光热建筑一体化、太阳能热水系统工程以及分散太阳能热水器等利用途径，加强太阳能热利用。在太阳能光伏发电方面，扩大太阳能光电项目装机规模，安装使用太阳能照明产品，节约电能使用。

生物质能利用目标：通过填埋场沼气发电项目和水泥窑协同处置生活垃圾工程对生活垃圾资源化利用；通过污水处理厂沼气发电对污泥资源化利用；鼓励工业企业进行加热炉、退火炉等各种炉型燃烧设备改造，并加大民用成型燃料锅炉推广比例等，增加生物质固体成型燃料的使用量；通过秸秆气化、大中型沼气工程和户用沼气等生产沼气，用以满足新农村社区居民炊事用能需求。

新能源公共交通目标：通过增加新能源公交线路和增加二甲醚出租汽车的保有量发展新能源公共交通。

地源热泵应用目标：在建筑节能及地理信息新技术开发中心办公大楼、沿江住宅区等 15 处，示范推广土壤源和地表水源热泵冷热联供系统；在鄂州大学、鄂州部分寄宿制中学、宾馆酒店、公立医院等，建设 20 处分布式空气源热泵供热项目。

其他可再生能源应用目标：通过建设梁子湖地区和长江戴家洲江心岛上试点风力发电项目和鄂州电厂三期工程配套尾水发电项目进行风力发电和电厂尾水发电，具体应用数量见表 9-11。

鄂州市新能源消费量汇总表　　表 9-11

技术类型		新能源消费量（万 tce）	合计（万 tce）
太阳能利用	太阳能热利用	7.2	8.32
	太阳能发电	1.07	
	太阳能照明	0.05	
生物质能利用	生活垃圾能源化利用	7.28	24.46
	污水和污泥资源化利用	0.36	
	生物质固体燃料	13.75	
	沼气利用	3.07	

续表

技术类型		新能源消费量（万 tce）	合计（万 tce）
新能源交通	电动汽车和二甲醚汽车	8.27	8.27
	空气源、土壤源和水源	9.64	9.64
其他	风力发电	6.7	9.51
	污水发电	2.81	
合 计		60.2	

③建设经验。

鄂州市在新能源示范城市遴选之前已经在城市应用太阳能、风能、生物质能，之后针对城市发展目标制定能源规划，通过对城市基础设施建设增加充电桩，提高新建建筑太阳能光热利用比例，废弃物循环利用等途径提高新能源在交通、建筑、资源利用等方面利用效率。

9.2.3 城市达峰

1. 城市达峰的成立与发展

据联合国政府间气候变化专门委员会（IPCC）报告，城市作为温室气体减排、履行国家减排承诺的载体，城市能源消耗排放的温室气体约占全球总排放的 70%。中国达峰先锋城市联盟的宗旨在于加强城市间的经验总结和分享，推广最佳低碳实践，常态化展示城市层面低碳发展成效，共创城市的绿色低碳未来。

2015 年 9 月 15 日—16 日，在美国洛杉矶召开的第一届“中美气候智慧型 / 低碳城市峰会”为支持中国在 2030 年前后 CO_2 排放达到峰值，中方参会的 11 个省市成立“中国达峰城市联盟”，北京、广州等地更承诺将提前 10 年达峰并确定了具有先进性的峰值目标和低碳发展路径。

中方参会省市提出的控制 CO_2 排放行动主要包括实施低碳发展规划，调整能源、经济和产业结构，推广清洁能源，提高能效，推进碳排放权交易，发展低碳技术，开展低碳交通、绿色建筑、低碳社区等试点示范，引导低碳生活消费，增加森林碳汇，完善低碳发展体制机制等。镇江提出了建设碳排放管理平台、实施区域碳考核、开展项目碳评估、推行企业碳管理的区域低碳发展模式，贵阳提出了加快构建以大数据为引领的现代产业体系，海南提出了加快发展以旅游业为龙头的现代服务业等特色低碳产业。

美国参加《中美气候领导宣言》的 18 个地区公布了各自分阶段的减排目标和行动，其中有 9 个地区提出了 2020 年的中期减排目标，14 个地区承诺了 2050 年的长期减排目标。这些地区提出的低碳行动主要集中在建筑、交通和能源等重点领域，建筑领域的措施主要包括“在公共建筑和新建居民区推广使用可再生能源，实施绿色建筑分区，对机场进行节能改造”；交通领域的措施主要包括“推广使用纯电车和混合动力电车，以可再生柴油代替石油提炼的柴油，优化城市路网”；能源领域的措施主要包括“发展太阳能、风能和海洋能等清洁能源，增加可再生资源发电比例、购买可再生能源”。加利福尼亚州提出了减少甲烷等短寿命期温室气体排放，康乃狄克州提出组建州长气候变化委员会等。

2016 年 6 月 7 日，在北京第二届中美气候智慧型 / 低碳城市峰会上，“市长公约”与“中国达峰先锋城市联盟”共同签署合作备忘录，意在加强行动以减少碳排放、提高气候变化适应性、共享经验、增进合作，促进低碳城市发展。作为世界最主要的经济体和碳排放大国，中美两国在地方层面采取的切实低碳行动，有助于推进全球绿色低碳转型进程。

目前，中国已有 23 个省区和城市试点提出 2030 年前（含 2030 年）达到 CO_2 排放峰值。其中，宁波、温州等 8 个城市提出在“十三五”期间（2016—2020 年）达到峰值，武汉、深圳等 7 个城市提出在“十四五”期间（2021—2025 年）达到峰值，延安、海南等 8 个省市提出在“十五五”期间（2026—2030 年）达到峰值（表 9-12）。

城市达峰计划时间表　　表 9–12

计划达峰时间	达峰城市
“十三五”期间（2016—2020 年）	宁波、温州、北京、苏州、镇江、南平、青岛、广州
“十四五”期间（2021—2025 年）	武汉、深圳、晋城、赣州、吉林、贵阳、金昌
“十五五”期间（2026—2030 年）	延安、海南、四川、池州、桂林、广元、遵义、乌鲁木齐

据不同城市达峰目标时间不同，第一批 8 个城市都位于东部地区，第二批武汉和赣州位于中部地区，晋城、贵阳、金昌位于西部地区，吉林位于东北地区，深圳位于东部地区，第三批仅池州和海南分为位于中部和东部地区，其余 6 个城市均位于西部地区。按照达峰先锋城市目标达峰时间地域分布分析，呈现由东部地区向西部地区逐渐过渡的趋势，东部沿海城市率先达峰，随着时间推移，中西部地区逐步推进绿色低碳转型，逐步完成达峰目标；按照覆盖范围和城市规模分析，呈现由超大城市逐步向中小城市过渡的趋势，达峰城市覆盖范围较大，跨越东、中、西部，城市规模从北京、广州等超大特大城市，逐渐向广元、遵义、延安等中小城市过渡。由于达峰城市覆盖范围广，类型多，对探索我国不同区域，不同城镇化水平，不同生态环境的低碳转型模式具有重要意义。

2. 城市达峰方案制定步骤

城市达峰方案是指为实现城市 CO_2 排放总量达到峰值目标、促进城市绿色低碳转型、提升城市低碳竞争力和宜居程度，因地制宜制订综合方案和行动计划。城市达峰方案涉及优化城市空间布局、调整产业结构、大幅提高能源利用效率、加强利用可再生能源、改善城市治理水平等多方面内容，通过分阶段、分领域制定发展目标、行动任务、支撑项目和保障措施，指导和帮助城市实现达峰目标。

城市达峰是一项涉及经济社会发展和能源转型的系统工程，并不仅仅指某一年 CO_2 排放达到峰值。只有城市经济社会发展真正实现绿色低碳转型，CO_2 排放出现持续稳定下降，才意味着城市实现达峰。城市达峰方案一般应包含宏观背景分析、排放现状梳理、达峰目标确定、政策路径制定、实施保障细化等内容及相应步骤。

3. 城市达峰的重点领域和减排措施

城市达峰是一项系统性艰巨任务，要与城市经济、社会、资源、环境各方面工作紧密地结合起来，涉及产业、交通、建筑、能源等重点领域。达峰先锋城市覆盖东中西部、大中小各类城市，区域、城乡发展阶段和水平存在明显差异，资源要素禀赋和生态环境条件也不相同，需要根据不同的情况探索不同的减排措施。

1）产业

（1）建设低碳工业园区

吸引和鼓励低碳排放、高附加值产业和企业集聚发展，带动区域产业结构调整和低碳转型。国家大力发展低碳产业园区，建设苏州工业园区、贵阳国家高新技术产业开发区等低碳工业园区，作为城市产业结构调整和低碳发展的方向。

（2）淘汰落后产能

有效降低产业能耗强度和碳排放强度，提高第二产业整体效率。“十二五”期间乌鲁木齐加速淘汰落后产能，共完成淘汰落后产能项目 81 项，涉及 16 个行业，其中淘汰电力产能 45.35 万 kW，炼钢产能 178 万 t，炼铁产能 186 万 t，再生铜产能 3 万 t，水泥产能 174 万 t，玻璃产能 126 万重量箱，造纸产能 32.3 万 t，电解铝产能 3 万 t 等，共节约 254 万 tce。

（3）控制高耗能产业投资

严格控制高耗能产业投资，避免高耗能产业重复投资和扩张，减少资本锁定，引导资源和劳动力向新型低碳工业产业和服务业倾斜。苏州 2004 年和 2007 年分别发布《苏州市当前限制和禁止发展产业导向目录》和《产业发展导向目录》，限制铁合金、电石、一次性发泡塑料餐具生产等高耗能行业投资，并将园区现有产业分为鼓励、限制、禁止、淘汰四大类方便进行产业投资分类管理。

（4）简化低碳第三产业审批流程，进行财政激励

高附加值产业必须在简化审批手续、便利融资和享受新型商务区、产业园区方面得到支持，以促进高附加值产业的繁荣发展。

（5）发展工业循环经济

循环经济基于“减量化、资源化、无害化”原则，推动对能源、材料和废弃物的重复、持续、资源化再利用，降低对原材料的需求以减少能源消耗和温室气体排放。利用工业产业园的项目集群特点，发展回收上游工厂废料作为下游工厂原材料的循环经济模式。

2）建筑

（1）减少不必要的建设和提高建筑材料产品寿命

停止“大拆大建”，反对拆除那些未达到使用年限且能效仍相对较好的建筑；降低不理性的建筑材料需求，作为降低能源密集型的建筑类重工业产品产量的重要途径；建筑物必须使用高质量的建筑材料提高建筑能效，延长建筑使用寿命。

（2）鼓励小型住宅和建筑再利用

居民对居住空间的需求随着生活方式的提升而提升，考虑通过旧宅更新改造、建立强制性最低建筑寿命标准、对选择使用小空间的建筑业主或者租客提供激励和降低小型住宅价格等措施来逐渐改变公众对生活方式的预期，减少消费者对更大空间的需求和对旧有建筑的不断拆除重建。

（3）强制性建筑节能标准

出台比国家标准更为严格的强制性建筑节能标准，要求建筑设计师遵守建筑标准，选择最具有成本效益的设计方案实现城市相应的能效目标，最后通过建筑整体能耗模拟来判断建筑是否能够达到能效目标。

（4）通过制定标准和补贴政策推广绿色建筑

低碳试点城市要求所有城市满足绿色建筑评级体系要求，通过建立示范区的方式来推广绿色建筑。

住房城乡建设部提出绿色建筑评价标识和建筑能效评估标识项目要求；深圳市出台的《深圳市绿色建筑促进办法》，秦皇岛市建立的北戴河新区“国家级绿色节能示范区”等来推广绿色建筑。

（5）既有建筑改造设计围护结构和区域能源供应系统

城市通过提出节能改造目标和提供政府激励等方式推动既有建筑节能改造。例如淮安市重点针对围护结构、外窗、屋顶、供热系统、排水系统等实施公共建筑节能改造工程，乌鲁木齐实施了既有居民建筑节能改造项目等。除了对围护结构等改造，很多建筑通过连接旧的区域供热系统，按面积支付固定的取暖费用，满足建筑室内的供热需求，这种供热方式与供热量无关。吉林市的“暖房子”供热计量改造工程，通过加装计量表对热计量进行改造，使集中供热提供商按能源供应量向客户收取费用，激励业主或住户减少能源消费。

3）交通

（1）公交系统基础设施建设

地铁线路建设，快速交通系统（BRT）规划与建设，优化和新增公交线路，打造“易达、低价、舒适”的向现代化公共交通体系；使用信息和通信技术（ICT）提供实时交通信息，帮助交通规划员重新分配交通流量并更好地预测未来交通需求，更好地进行交通管理。

（2）建设智慧城市，优化城市交通规划设计

智慧城市设计原则包括：创建密集的街道网络，投资公共交通以及自行车和步行基础设施建设，建立行人和公交专用区，打造城市绿道系统，采用混合设计以便共享基础设施和使商业建筑尽可能靠近住宅，使城市密度和运输能力相匹配，防止无计划扩张。

（3）提高交通能效

城市可以通过激励性措施、管制手段以及其他项目刺激新技术的突破，克服前期的高成本投入来推广新能源和清洁能源车辆的使用。新能源汽车是提升交通效率并减少排放的重要技术手段，积极推广充电桩建设有助于普及电动汽车。无人驾驶车辆未来技术重大突破，不仅能带来巨大的节能潜力，还可以提升车辆的安全性和便利性，减少交通拥堵；但无人驾驶汽车的未来存在不确定性，在实际使用过程中对现有的基础设施建设提出挑战，城市需要在无人驾驶车辆实际应用的过程中不断更新和磨合促进其发展。

4）能源

（1）设立非化石能源目标，提高可再生能源比例

①电力系统：在国家层面通过政策指导，采用自上而下的模式，设立非化石能源目标并将其进一步分解到各省加以落实，给各省（自治区、直辖市）的电网企业制定可再生能源电力配额指标，通过强制性政策促进可再生能源产业发展，使用集中式及分布式的可再生能源来代替火电。

②强制新建筑安装太阳能：在新建建筑和具备条件的既有建筑，例如公共建筑、住宅楼等建筑屋顶安装光电、光热系统；在风力资源较丰富的区域布局发展风力发电；沿海城市探索发展潮汐能、海上风电等海洋能源；此外，在安全选址、运行和管理的前提下发展核电也是发展非化石能源的一个重要方向。

（2）设置煤炭消费总量控制污染问题

针对二氧化硫、氮氧化物和颗粒物等污染物，要求严格标准执行率，同时设置有效的执行报告和监测系统来保障其政策实施效果。杭州市制定实施了《杭州市煤炭消费减量替代总体方案》，实施“无

燃煤区”建设、10 蒸吨以下锅炉淘汰或清洁化改造、落后燃煤机组关停等措施，杭州市主城区已基本建成无燃煤区。

（3）大力推广天然气

推广天然气使用是城市“绿色进程”的重要一步，中国达峰先锋城市积极推进“煤改气”和“气化城市”建设，一方面城市通过大力开展天然气基础设施如天然气管道、天然气汽车加气站等建设，保障和增加天然气来源；另一方面城市积极促进天然气在居民燃气供应、交通、发电、供热、工业等各个领域的应用，如推进工业燃煤、燃油锅炉的天然气改造。

（4）建设区域能源供应系统，是减少建筑部门碳排放的有效且经济的方法

①区域供暖系统的能效升级：中国城市正在逐步升级地区区域供暖系统，主要包括升级供热设备（如管道、隔热层、换热器），并将中央锅炉替换为更高效的设备。

②能源系统的燃料转换：城市能源系统中的燃煤逐步替换为天然气。

③参考和应用新兴项目：包括热点联产和电热冷三联产，间歇型新能源电力分布式供热，水资源制冷供热，生物质热电联产等项目。

9.3 在探索中形成的中国城市可持续发展道路

9.3.1 中国城市可持续发展道路探索历程

“城镇化”首次在 2000 年 10 月中共中央《关于制定国民经济和社会发展第十个五年计划的建议》中正式采用，在经历了高速、粗放式的城镇化发展后，中国的城市快速发展，但是在经济、社会、环境方面集聚了一系列不容忽视的问题。为探索解决城镇化发展中的问题，提高城镇发展质量，实现城市的可持续发展，2007 年党的十七大提出要走以人为本的新型城镇化道路。之后我国进行了包括全国发展改革试点小城镇、绿色低碳重点小城镇、低碳试点城市、新能源示范城市、达峰城市等一系列试点城市探索，在试点城市探索经验的基础上 2014 年《国家新型城镇化规划（2014—2020 年）》正式出台，标志着新型城镇化将进入全面科学的发展建设阶段，实现我国城市可持续发展道路。

1）全国发展改革试点小城镇

时间：2004—2012 年

部委：国家发展改革委

重点内容：“以人为本”，针对城镇化进程中与农民切身相关的户口、土地、社会保障、行政管理体制等问题，根据各地实际情况分三批、大范围的逐步探索解决居民在城镇工作学习居住生活中实际问题的具体方式，目的是打破城乡二元体制，增强城乡互动，实现城乡基本公共服务均等化。

2）绿色低碳重点小城镇

时间：2011 年

部委：国家财政部、住房城乡建设部、发展改革委

重点内容：绿色低碳重点小城镇通过基础设施建设、城区生态环境营造、污染整治、发展绿色建筑和应用可再生能源和新能源等方面的实际项目建设，解决小城镇建设过程中资源能源利用粗放、基础设施和公共服务配套不完善、人居生态环境治理不及时等问题，落实小城镇绿色低碳发展的建设目标，

对推进新型城镇化和特色小镇建设做好基础工作，积累建设经验。

3）低碳生态试点城市

时间：2010 年起

部委：国家住房城乡建设部、发展改革委

重点内容：与国际合作，借鉴国际有关生态建设方面的先进模式，以低碳、生态理念应对城市区域协调发展、城乡空间质量提升、管治体制改革等不断涌现的结构性问题，在交通、建筑、产业、规划、生态等各个方面结合试点城市具体情况进行低碳生态城市建设探索。

4）新能源试点城市

时间：2010 年起

部委：国家发展改革委、能源局

重点内容：新能源示范城市的建设重点集中在新能源利用方面，立足自身资源禀赋，因地制宜地开发利用太阳能、地热能、风能、海洋能、生物质能等新能源，优化能源结构，控制能耗总量，构建新型能源消费体系。

5）达峰城市

时间：2015 年起

重点内容：建设达峰城市目的减少城市温室气体排放，共 23 个省市确定峰值目标和达峰时间，依据目标和时间在建筑、交通、能源、产业方面确定城市达峰路径。在对达峰城市跟踪、评估之后根据政策背景摸清城市现状，编制温室气体清单，确定减排潜力和达峰目标，在对重点领域和政策措施优选之后，为确保达峰目标的顺利实现制定达峰行动方案，建立一套全面综合的减排措施。

我国地域辽阔，城市之间发展阶段不一致，地方政府在各部委的推动下在可持续发展道路上从绿色、低碳、生态、改革、资源消耗等不同角度进行实践探索，在实践探索的过程中既取得了一定的成效，也存在很多的不足。因此，在之后的城镇化的发展过程中，各地政府应注意总结梳理实践过程中的经验和不足，这有利于更好地促进我国新型城镇化建设，探索经济、社会、环境协调发展的城市发展模式。

9.3.2 从城镇化到新型城镇化

城镇化是指农村人口转化为城镇人口的过程，是人口持续向城镇集聚的过程。新型城镇化是以城乡统筹、城乡一体、产业互动、节约集约、生态宜居、和谐发展为基本特征，大中小城市、小城镇、新型农村社区协调发展、互促共进，人口向城镇集中的过程。从城镇化和新型城镇化的含义可以看出，新型城镇化聚焦生态环境，突出城市的发展质量和居民居住环境，是现在和未来我国可持续城市发展的方向和目标。从城镇化到新型城镇化不是一蹴而就的，是一个多层次、多角度的转变与发展。

通过解决城镇化过程中的问题，在重点领域做出不同的实地探索和实践，在探索中走向中国特色可持续发展道路——新型城镇化，具体内容如图 9-4 所示。

新型城镇化以“以人为本”为核心，通过产业转型带动经济结构优化、政策体制改革、能源结构优化等，实现生态文明绿色发展。

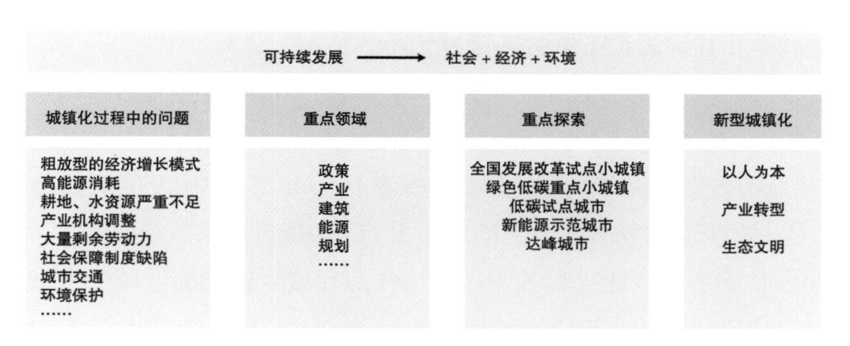

图 9–4 在探索中走向中国特色可持续发展道路——新型城镇化

本章参考文献

[1] 中华人民共和国财政部 . 关于绿色重点小城镇试点示范的实施意见 [J]. 建筑节能，2011（7）：2-3.

[2] 中华人民共和国住房和城乡建设部，中华人民共和国财政部，中华人民共和国国家发展和改革委员会 . 关于印发绿色低碳重点小城镇建设评价指标（试行）的通知 [EB/OL].2011. http：//www.mohurd.gov.cn/wjfb/201109/t20110928_206429.html.

[3] 中华人民共和国住房和城乡建设部，中华人民共和国财政部，中华人民共和国国家发展和改革委员会 . 关于开展第一批绿色低碳重点小城镇试点示范工作的通知 [EB/OL].2011. http：//www.gov.cn/zwgk/2011-10/28/content_1980272.htm.

[4] 《绿色低碳小城镇建设政策研究》课题组，陈玲，陈继军 . 大邱庄镇绿色低碳重点小城镇考察报告 [J]. 小城镇建设，2013（8）.

[5] 《绿色低碳小城镇建设政策研究》课题组，陈玲，陈继军 . 木洞镇镇绿色低碳重点小城镇考察报告 [J]. 小城镇建设，2013（8）：44-48.

[6] 灌口小城镇建设指挥部办公室，灌口镇人民政府 . 灌口镇绿色低碳重点小城镇试点示范建设工作情况 [J]. 小城镇建设，2014（1）.

[7] 中华人民共和国国家发展和改革委员会 . 国家发展改革委办公厅关于开展全国小城镇发展改革试点工作的通知 [Z]. 2004.

[8] 中华人民共和国国家发展和改革委员会 . 国家发展改革委办公厅关于开展第三批全国城镇发展改革试点工作的通知 [Z]. 2011.

[9] 中华人民共和国国家发展和改革委员会 . 国家发展改革委办公厅关于公布全国发展改革试点小城镇名单的通知 [Z]. 2005.

[10] 中华人民共和国国家发展和改革委员会 . 国家发展改革委办公厅关于公布第二批全国发展改革试点小城镇名单的通知 [Z]. 2008.

[11] 中华人民共和国国家发展和改革委员会 . 国家发展改革委办公厅关于公布第三批全国发展改革试点城镇名单的通知 [Z]. 2012.

[12] 中华人民共和国国务院办公厅 . 关于积极稳妥推进户籍管理制度改革的通知 [EB/OL]. 2012. http：//www.gov.cn/zwgk/2012-02/23/content_2075082.htm.

[13] 中华人民共和国国土资源部 . 关于在全国部分发展改革试点小城镇开展规范城镇建设用地增加与

农村建设用地减少相挂钩试点工作的通知 [Z]. 2005.

[14] 国家发改委城市和小城镇改革发展中心发展改革试点处 . 全国城镇发展改革试点经验总结 [R]. 2013.

[15] 乔润令 . 城乡建设用地增减钩挂与土地整治：政策和实践 [M]. 北京：中国发展出版社，2013.

[16] 沈迟，张国华 . 城市发展研究与城乡规划实践探索 [M]. 北京：中国发展出版社，2016.

[17] 李铁 . 城镇化是一次全面深刻的社会变革 [M]. 北京：中国发展出版社，2013.

[18] 中华人民共和国住房和城乡建设部关于印发《住房和城乡建设部低碳生态试点城（镇）申报管理暂行办法》的通知 [EB/OL].2011.http：//www.mohurd.gov.cn/wjfb/201107/t20110711-203738.html.

[19] 中欧低碳生态城市合作项目管理办公室 . 构建珠海国际生态宜居城市——中欧低碳生态城市合作项目综合试点工作 [J]. 建设科技：2015（7）：37-43.

[20] 中华人民共和国住房和城乡建设部 . 关于组织开展中加合作低碳生态城区试点和多高层木结构建筑技术应用工程示范的通知 [EB/OL]. 2017.http：//www.mohurd.gov.cn/wifb/201709/t20170930-233485.html.

[21] 薛秀春 . 中德低碳生态城市试点示范工作启动 [N]. 中国建设报 . 2014-12-23.

[22] 李沛淋 . 中新天津生态城：探索绿色、低碳新城发展之路 [J]. 低碳世界：2011（9）.

[23] 中国城市科学研究会 . 中国低碳生态城市发展报告 2014[R]. 北京：中国建筑工业出版社，2014.

[24] 中华人民共和国国家能源局 . 国家能源局关于申报新能源示范城市和产业园区的通知 [EB/OL]. 2012. http：//zfxxgk.nea.gov.cn/auto87/201207/t20120702_1493.htm.

[25] 中华人民共和国国家能源局 . 新能源示范城市评价指标体系及说明 [Z]. 2012.

[26] 中华人民共和国国家能源局 . 国家能源局关于公布创建新能源示范城市（产业园区）名单（第一批）的通知 [EB/OL]. 2014.http：//zfxxgk.nea.gov.cn/auto87/201402/t20140212-1762.htm.

[27] 娄伟 . 100% 新能源与可再生能源城市 [M]. 北京：社会科学文献出版社，2015.

[28] 中节能咨询有限公司，新能源示范城市评价指标体系及发展规划编制方法研究报告 [R]. 2012.

[29] 徐振强，王新宇 . 对我国新能源示范城市顶层设计的剖析和推进城市新能源利用的政策建议 [J]. 上海节能，2014（5）.

[30] 李文龙，吴天谋 . 新能源示范城市规划建设策略——以吐鲁番新区规划建设为例 [J]. 规划师，2015（S1）.

[31] 胡润青 . 中欧新能源城市发展思路对比研究和启示 [J]. 中国能源，2015（5）.

[32] 娄伟 . 新能源与可再生能源城市评价标准研究 [J]. 城市，2016（6）.

[33] 徐振强 ."十三五" 时期深化我国城市新能源试点示范的规划思考 [J]. 城市管理与科技，2015（1）.

[34] 田丹宇 . 中美低碳 / 气候智慧型城市峰会成果解读 [J]. 中国经贸导刊，2015（11）.

[35] 中国达峰先锋城市联盟秘书处 . 中国达峰先锋城市峰值目标及工作进展 [R]. 2016.

[36] 中国达峰先锋城市联盟秘书处 . 最佳城市达峰减排实践比较和分享 [R]. 2016.

[37] 中国达峰先锋城市联盟秘书处 . 城市达峰指导手册 [R]. 2017.

[38] 冯奎 . 中国城镇化转型研究 [M]. 北京：中国发展出版社，2013.

[39] 李铁 . 新型城镇化路径选择 [M]. 北京：中国发展出版社，2016.

[40] 陶良虎，张继久，孙报扑 . 美丽城市生态城市建设的理论实践与案例 [M]. 北京：人民出版社，2014.

[41] 推进新型城镇化明确八大重点 [J]. 小城镇建设，2016（2）：16.

[42] 中华人民共和国国务院 . 关于深入推进新型城镇化建设的若干意见 [EB/OL]. 2016.http：//www.gov.cn/zhengce/2016-02/06/content-5039987.htm.

[43] 诸大建，何芳，霍佳震，等 . 中国城市可持续发展绿皮书：2012 — 2013 中国 35 个大中城市和长三角 16 个城市可持续发展评估 [M]. 上海：同济大学出版社，2014.

[44] 付晓东 . 中国城镇化与可持续发展 [M]. 吉林：吉林出版集团股份有限责任公司，2016.

10

中国特色可持续城市发展道路——新型城镇化

可持续发展是中国城镇化的必然选择。传统的城镇化模式难以持续，中国的城镇化已到了必须转型的阶段，必须要走一条符合国情的可持续城市道路，这是关乎中国城市乃至全国的国家发展战略。这条道路就是中国特色可持续城市发展道路，即“以人为本”的新型城镇化道路。2007 年 10 月，党的十七大提出“要走中国特色城镇化道路”，即以人为本的新型城镇化道路。2013 年中央城镇化工作会议提出分析城镇化发展形势，明确推进新型城镇化的指导思想、主要目标、基本原则、重点任务。2014 年《国家新型城镇化规划（2014—2020 年）》正式出台，标志着新型城镇化将进入全面科学的发展建设阶段，其中第十八章明确指出推动新型城市建设，包括加快绿色城市建设，推进智慧城市建设以及注重人文城市建设；在规划的指导下进行了大量的具体实践，包括：特色小（城）镇、智慧城市、海绵城市。同时规划第二十二章明确指出建设社会主义新农村，坚持遵循自然规律和城乡空间差异化发展原则，科学规划县域村镇体系，统筹安排农村基础设施建设和社会事业发展，建设农民幸福生活的美好家园；建设田园综合体就是其中的具体实践之一。

特色小（城）镇是中国新型城镇化道路的重要探索和新趋势，已经成为促进城乡一体化的重要举措。自提出伊始，特色小（城）镇建设便被赋予了传统产业转型、新兴产业培育的重任，而在特色小（城）镇建设过程中的关键问题即是如何将产业发展与特色小镇建设深度融合。因此，建设过程将以“产城互动、产城融合”为主旨推动特色小镇发展，致力于建设一批新兴产业集聚、传统产业升级、体制机制灵活、人文气息浓厚、生态环境优美的特色小（城）镇。经过 2016 与 2017 两年的建设，住房城乡建设部已经公布了包括 403 个特色小（城）镇在内的两批全国小城镇试点名单。

智慧城市作为智慧地球的重要支撑，致力于通过城市科技与信息技术引发城市发展新动态，为居民提供美好的城市生活。因此，许多经济体纷纷开展了智慧城市建设，并作为城市发展的新模式。我国也开始实施智慧发展战略，走城市现代化道路。相比于传统扩张式的城市化建设，智慧城市建设是一种全新的方式，新型城镇化背景下，智慧城市建设是我国城市发展的重要模式，具有多元化特征与良好的发展趋势。目前，我国智慧城市建设处在示范、试点和规划设计初期。据有关统计，至今为止，住房城乡建设部两批智慧城市试点含 193 个地区、171 个城市。工业与信息化部启动了中欧智慧城市试点，开展常州、扬州等中小城市试点示范。科学技术部 863 项目支持开展了 20 个试点城市。各地积极推进智慧城市建设。

在城镇化快速发展过程中，由于城市面积的不合理规划和扩张，城市的地表径流大幅度增加，同时，下垫层发生了巨大的变化，进而导致了一系列的城市水问题，主要表现在水资源短缺、水资源污染严重、洪涝频发和水环境恶化等。为了改善城市水环境及周边水生态，通过对传统城市建设模式、排水方式进行深刻反思，基于城市化现状以及国外先进的城市水系统管理经验，我国将海绵城市作为新时期城市建设的核心理念之一，开始探索海绵城市的建设模式。海绵城市建设是解决我国城镇化快速发展弊端的一项重要手段，未来将成为我国城市化的重要内容。自 2015 年开始，我国启动了第一批海绵城市的试点建设，2016 年又公布了第二批试点城市。试点城市的海绵城市建设起到了示范作用，其建设模式为我国的海绵城市建设积累了重要发展经验。

随着城市化进程的推进，城乡间的差距日益凸显，为了满足全面发展的需要，我国制定了多项措施以促进农村发展。近年来，我国休闲农业和乡村旅游发展如火如荼，田园综合体发展是我国新型城镇化下弥合城乡差距的新型探索，其关键在于“综合性”，要展现农民生活、农村风情和农业特色，故其核心产业仍是农业。从业态上来看，田园综合体是“农业 + 文创 + 新农村”的综合发展模式。从构成机制上看，目前我国的田园综合体主要以企业和地方农村合作的方式进行综合规划、开发和运营：企业承接农业，农民组成合作社，以发展农业产业园区的方法提升农业产业。2017 年 5 月，财政部明确重点建设内容、立项条件及扶持政策，确定 18 个省份开展田园综合体建设试点，深入推进农业供给侧结构性改革，适应农村发展阶段性需要，遵循农村发展规律和市场经济规律，围绕农业增效、农民增收、农村增绿，支持有条件的乡村加强基础设施、产业支撑、公共服务、环境风貌建设，实现农村生产生活生态“三生同步”、一二三产业“三产融合”、农业文化旅游“三位一体”，积极探索推进农村经济社会全面发展的新模式、新业态、新路径。

我国的城镇化率已经接近 60%，但不可否认的是，农村资源向城市的过量流失，导致农业、农村的可持续发展面临后继乏力的现实问题。一方面，要继续推动城镇化建设；另一方面，乡村振兴也需要有生力军。城镇化、逆城镇化两个方面都要致力推动。逆城镇化的目的就是为了持续地保证农业的稳定、农村的繁荣和农民对美好生活的向往。在这一层面上，逆城镇化与党的十九大提出的“乡村振兴战略”有着共同的题中应有之义。

10.1 新型城镇化的提出背景

中华人民共和国成立以来，我国的城镇化发展大致经历了探索、快速发展和科学发展的过程。中华人民共和国成立初期，我国总人口 5.4167 亿，城镇居住的有 5765 万人，按人口计算的城镇化率只为 10.6%。1978 年以前，我国的人口城镇化缓慢增长，我国这一阶段城镇化用一系列政策人为地控制农村人口向城镇转移。1978 年实行改革开放后，伴随社会主义市场经济的快速发展和经济的高速增长，我国城镇化进程逐步加快、城镇化水平日益提高。我国城镇化历程进入了一个新的发展阶段。在 2000 年 10 月，中共中央《关于制定国民经济和社会发展第十个五年计划的建议》中，正式采用“城镇化”一词。2002 年 11 月，党的十六大报告提及城镇化。2007 年 10 月，党的十七大提出“要走中国特色城镇化道路”，即以人为本的新型城镇化道路。2013 年中央城镇化工作提出分析城镇化发展形势，明确推进新型城镇化的指导思想、主要目标、基本原则、重点任务。2014 年《国家新型城镇化规划（2014—2020 年）》正式出台，标志着新型城镇化将进入全面科学的发展建设阶段。

推进新型城镇化，在我国社会发展全局中具有重要意义。中共中央、国务院印发的《国家新型城镇化规划 2014—2020 年》，从规划背景、优化政策制度、新型城镇化建设方案、规划实施等方面明确了全国新型城镇化发展的战略性规划，新型城镇化的建设也不再是纸上谈兵。当今我国的城镇化与工业化、信息化和农业现代化同步发展，都是现代化建设的核心内容，彼此相辅相成。

2017 年我国常住人口城镇化率为 58.52%，户籍人口城镇化率只有 42.35% 左右，不仅远低于发达国家 80% 的平均水平，也低于人均收入与我国相近的发展中国家 60% 的平均水平，所以城镇化建设还有很大的发展空间。城镇化水平的提高，一方面有利于人们生活水平的提高。农民通过转移就业提高收入，城镇消费群体的扩大促进经济的发展。随着城镇经济的繁荣，城镇功能将不断完善，公共服务水平和生态环境质量将不断提升，人们的物质生活会更加殷实充裕；另一方面有利于产业创新。城镇化带来的创新要素集聚和知识传播扩散，增强了创新活力，驱动传统产业升级和新兴产业发展。产业经济的发展，会进一步增强以工促农、以城带乡能力，加快农村经济社会发展。

10.2 新型城镇化的科学内涵

新型城镇化是以城乡统筹、城乡一体、产业互动、节约集约、生态宜居、和谐发展为基本特征，大中小城市、小城镇、新型农村社区协调发展、互促共进，人口向城镇集中的过程。这个过程表现为两个方面，一方面是城镇数目的增多，另一方面是城市人口规模不断扩大。新型城镇化的核心在于不以牺牲农业和粮食、生态和环境为代价，着眼农民，涵盖农村，实现城乡基础设施一体化和公共服务均等化，促进经济社会发展，实现共同富裕。新型城镇化是实现人的城镇化，坚持以人为本，以新型产业化为动力，以统筹兼顾为原则，全面提升城镇化质量和水平，实现城乡统筹、节约集约、生态宜居、社会和谐的发展目标。

新型城镇化是立足于中国国情，具有中国特色的发展过程。新型城镇化的“新”也表现在以下三个方面。

1. 以人为本，人性化发展

新型城镇化建设本质强调的是人的城镇化，坚持以人为本，应把人的全面发展作为新型城镇化发展的根本出发点，形成人与社会的良性发展。新型城镇化发展要求在人口实现从农村向城镇的空间转移的基础上，真正实现农民到市民的户籍转化，使生活在城镇中的每一个人能够共同创造和公平分享新型城镇化发展成果。

随着新型城镇化进程的推进，大量农村人口选择离开农村进入城市。农村人口向城市的转移和聚集，使得他们的生活方式发生改变，逐步由农村生活方式向城市生活方式转变，开始依靠工资生活。由于收入形式的改变，一旦各种事故和风险发生将会减少他们的工资收入，威胁正常生活。社会保障作为一种手段，保证城乡居民公平享有社会福利，促进经济社会及城镇化的健康发展。新型城镇化不是简单的农民进城问题，而是保障农民在城市中井然有序生活的问题。

2. 产业转型，经济健康发展

新型城镇化发展是实现城镇经济的高速健康发展，重点发展高新技术产业，加快现代服务业。以新型工业和现代服务业的协调共进，通过城镇和产业联动发展来推进新型城镇化，从而实现经济集约高效发展，促进经济不断集聚，逐步向更高阶段转变，其中，产业的转型升级起着关键性作用。

当经济发展到一定程度时，必然引起产业结构、产业形态拐点的发生，进而引起从业人员及相关人员的聚集，从而产生了集镇进而发展为城镇，这是城镇的自然形成过程。中国特色的新型城镇化必须以产业的发展来引导城镇化，通过产业群、产业带带动城镇化，同时加快农业产业化、规模化的现代化发展步伐，即实现产业的科学转型。

3. 生态文明，绿色发展

2013 年 12 月，中央城镇化工作会议提出新型城镇化建设要“望得见山，看得见水，记得住乡愁”。城乡形态的转型升级需要以城乡统筹、产城融合、宜业宜居、集约高效、环境友好为方向，坚持走精致型、集约式、田园化的城镇化道路，不因为保护生态环境而影响新型城镇化进程，也不因为新型城镇化建设去破坏生态环境。

在新型城镇化发展中，加强污染防治力度。减少资源的使用量，最大限度地提高资源利用率，最大限度地减少废弃物排放量，走清洁化、无污染、无害化之路。优化生产方式，坚持走绿色、循环、可持续道路。倡导可持续的生产方式。发展绿色生态经济，构建生态文明社会。高效循环利用资源、严格保护生态环境，构建生态文明的新型城镇。在新型城镇化过程中树立绿色、低碳、节约的消费观念，转黑色消费为绿色消费，养成与社会经济发展和个人收入相适应的理性消费习惯，节约国家资源，保护城镇生态。

10.3 新型城镇化的发展现状

2017年10月，党的十九大报告在回顾过去5年工作和历史性变革时指出，我国城镇化率年均提高1.2个百分点。在城镇化率提高的背后，城镇化质量也在不断改进。国家统计局发布的《2017年国民经济和社会发展统计公报》显示，2017年末，我国人口逾13.9亿人，其中城镇常住人口81347万人，占总人口比重（常住人口城镇化率）为58.52%，比上年末提高1.17个百分点。户籍人口城镇化率也有所提高。2017年末，户籍人口城镇化率为42.35%，比上年末提高1.15个百分点，见表10-1。

2017年年末人口数及其构成　　表10-1

指标	年末数（万人）	比重（%）
总人口	139008	100.0
其中：城镇	81347	58.52
乡村	57661	41.48
其中：男性	71137	51.2
女性	67871	48.8
其中：0~15岁（含不满16周岁）	24719	17.8
16~59岁（含不满60周岁）	90199	64.9
60周岁及以上	24090	17.3
65周岁及以上	15831	11.4

城镇化的快速推进，吸纳了大量农村劳动力转移就业，提高了城乡生产要素配置效率，推动了国民经济持续快速发展，带来了社会结构深刻变革，促进了城乡居民生活水平全面提升。2017年末全国就业人员77640万人，其中城镇就业人员42462万人。2017年城镇新增就业1351万人，比上年增加37万人，如图10-1所示。年末城镇登记失业率为3.90%，比上年末下降0.12个百分点。全国农民工总量28652万人，比上年增长1.7%。其中，外出农民工17185万人，增长1.5%；本地农民工11467万人，增长2.0%。

目前中国常住人口城镇化率距离发达国家80%的平均水平仍有较大差距，这也意味着巨大的城镇化潜力将为经济发展持续释放动能。“十三五”规划纲要提出，到2020年，中国常住人口城镇化率要达到60%，户籍人口城镇化率要达到45%左右。联合国开发计划署此前预测，2030年，中国城镇化水平将达到70%，届时中国城市人口总数将超过10亿。

2018年3月，全国两会上的政府工作报告中指出：“五年来，我们坚持实施区域协调发展和新型城镇化战略，着力推动平衡发展，新的增长极增长带加快成长。城镇化水平持续提高，城市综合实力显著增强，城市公共服务能力明显提升，城市社会事业全面进步，城市居民生活质量进一步改善，向中国特色的新型城镇化道路又迈出了坚实一步。”为响应两会指示，经推进新型城镇化工作部际联席会议审议并报告国务院同意，国家发展改革委制定并实施2018年新型城镇化建设重点任务，并召开了 2018 年推动新型城镇化高质量发展电视电话会议。会议中指出，新型城镇化体制机制取得突破性进展，8000 多万农业转移人口成为城镇居民，以城市群为主体的城镇化格局持续完善，城市功能和宜居性稳步提升，综合试点成效明显，涉及十几亿人的新型城镇化取得了重大进展。

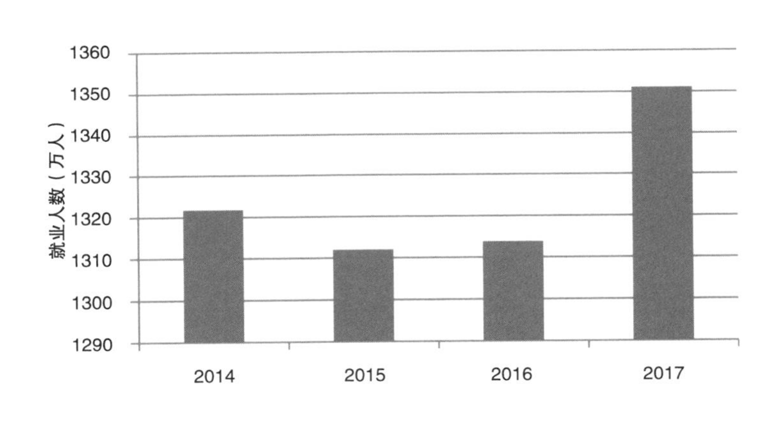

图 10-1　2014—2017 年城镇新增就业人数

现阶段关于新型城镇化研究逐步增多、逐渐深入。清华大学教授、政治经济学研究中心主任蔡继明分析了农村生活水平低在于农业劳动生产率较低，提出新型城镇化建设有利于解决“三农”问题。湖南大学谢锐等人利用 STIRPAT 模型，从人口城镇化、经济城镇化、空间城镇化和社会城镇化四个维度来构建新型城镇化指数，探讨城市环境污染强度和城市环境治理能力之间的作用机制和空间溢出效应。论证了新型城镇化有助于本地生态环境质量的改善，而且通过空间溢出效应也促进了周边城市生态环境质量的提升。Boqiang Lin 等人基于 EKC（环境库兹涅茨曲线）理论和 BMA（贝叶斯模型平均值）方法，研究城镇化阶段中国城市的空气质量问题，探讨了影响城市空气质量的主要因素并提出了政策建议。Libang Ma 等人从合理的人口转移、土地集约利用、机制改革等方面优化新型城镇化建设，提出适合中国城镇化发展模式，包括生态产业综合模式、文化旅游指导模式、城市产业整合模式、新农村社区发展模式、创新型城市建设模式等。

目前我国新型城镇化建设进展情况良好，相关政策也在不断完善。以创新、绿色、智慧、人文城市建设为方向，推动城镇创新建设，推广绿色交通和绿色建筑。结合不同地区不同特点，创新性地提出多种新型城镇化建设方案——特色小城镇、智慧城市、海绵城市、田园综合体等，并在新型城镇化综合试点中进行实践检验。如今新型城镇化综合试点已初见成效。11 个部门联合实施了两批新型城镇化试点，现在试点地区已经覆盖到 2 个省，135 个城市和镇，并且建立了纵横联动、协调推进的试点工作机制，创造了一批可复制的经验，正逐步在向全国推广。

10.4　新型城镇化的具体实践

10.4.1　产城融合的新型城镇化——特色小（城）镇

特色小（城）镇是中国新型城镇化道路的重要探索和新趋势，是促进城乡一体化的重要举措。特色小（城）镇建设肩负了传统产业转型、新兴产业培育的重任，其中的关键问题即是如何将产业发展与特色小镇建设深度融合。

特色小（城）镇建设以“产城互动、产城融合”为主旨推动发展，致力于建设一批新兴产业集聚、传统产业升级、体制机制灵活、人文气息浓厚、生态环境优美的特色小（城）镇。本节将分析“产城融合”的特色小（城）镇举措，并对特色小城镇的重要政策与具体实践进行梳理。

1. 政策梳理

我国特色小（城）镇建设起源于浙江省，2014—2015 年，浙江省将特色小镇建设作为促进创新发展的一项发展战略并取得了系列成效。2015 年底，习近平总书记等党和国家领导人先后对特色小镇和小城镇建设做出重要批示，要求各地学习浙江经验，重视特色小镇和小城镇的建设发展，着眼供给侧培育小镇经济，走出新型的小城镇之路。关于特色小（城）镇的概念与内涵，指导意见指出：特色小（城）镇包括特色小镇、小城镇两种形态。特色小镇主要指聚焦特色产业和新兴产业，集聚发展要素，不同于行政建制镇和产业园区的创新创业平台。特色小城镇是指以传统行政区划为单元，特色产业鲜明、具有一定人口和经济规模的建制镇。特色小镇和小城镇相得益彰、互为支撑。

2016 年是特色小（城）镇发展的重要开端，我国将特色小（城）镇作为中小城镇发展的新思路与政策重点，特色小（城）镇开始在新型城镇化建设中崭露头角。随着建设的开展与政策激励，特色小（城）镇很快进入了快速发展与试点评选阶段。同时，为了保障特色小（城）镇发展，指出了“政府引导、企业主体、市场化运作”的新型小（城）镇创建模式，通过政策引导社会资本参与美丽特色小（城）镇建设，促进镇企融合发展、共同成长。

2017 年，特色小（城）镇发展进入调整升级与规范发展阶段，政策指导内容更加明确。首先在支持举措，尤其是金融方面进一步提出了要求，其次，在倡导经济支持的基础上，相关部门制定了“特色”建设准则与方向方面的政策，见表 10-2。同时，制定政策以进一步促进特色小（城）镇建设的可持续发展，厘清发展现状。

特色小（城）镇起源、探索时期相关政策汇总　　表 10-2

时期	时间	文件名称	文号
起源时期	2016 年 2 月 6 日	《关于深入推进新型城镇化建设的若干意见》	国发〔2016〕8 号
	2016 年 3 月 16 日	《中华人民共和国国民经济和社会发展第十三个五年规划纲要》	
探索时期	2016 年 7 月 1 日	《关于开展特色小镇培育工作的通知》	建村〔2016〕147 号
	2016 年 8 月 3 日	《关于做好 2016 年特色小镇推荐工作的通知》	建村建函〔2016〕71 号
	2016 年 10 月 8 日	《关于加快美丽特色小（城）镇建设的指导意见》	发改规划〔2016〕2125 号
	2016 年 10 月 10 日	《关于推进政策性金融支持小城镇建设的通知》	建村〔2016〕220 号
	2016 年 10 月 11 日	《关于公布第一批中国特色小镇名单的通知》	建村〔2016〕221 号
	2016 年 12 月 12 日	《关于实施“千企千镇工程”推进美丽特色小（城）镇建设的通知》	发改规划〔2016〕2604 号
升级时期	2017 年 1 月 13 日	《关于开发性金融支持特色小（城）镇建设促进脱贫攻坚的意见》	发改规划〔2017〕102 号
	2017 年 5 月 9 日	《关于推动运动休闲特色小镇建设工作的通知》	体群字〔2017〕73 号
	2017 年 5 月 26 日	《关于做好第二批全国特色小镇推荐工作的通知》	建办村函〔2017〕357 号
	2017 年 6 月 9 日	《关于组织开展农业特色互联网小镇建设试点工作的通知》	农市便函〔2017〕114 号
	2017 年 7 月 4 日	《关于开展森林特色小镇建设试点工作的通知》	办场字〔2017〕110 号

续表

时期	时间	文件名称	文号
升级时期	2017 年 7 月 7 日	《关于保持和彰显特色小镇特色若干问题的通知》	建村〔2017〕144 号
	2017 年 8 月 22 日	《关于公布第二批全国特色小镇名单的通知》	建村〔2017〕178 号
	2017 年 12 月 4 日	《关于规范推进特色小镇和特色小城镇建设的若干意见》	

通过梳理我国这一系列促进特色小（城）镇建设的文件发文目的与效果，总体上可以将这些政策划分为三个发展阶段：起源时期、探索时期与升级时期。

通过以上对特色小（城）镇相关政策的梳理，可以看出在 2016—2017 年间，我国对特色小（城）镇的政策支持体系正在逐渐完善，内容也逐渐明晰。同时可以看出，围绕特色小（城）镇制定的一系列政策基本以促进小城镇经济可持续发展，体现产城融合特色为核心。可以预见，在国家政策的指引下，特色小（城）镇建设将会保持健康持续的发展，各地方政府及各专业部门也将会成为推动特色小（城）镇建设的中坚力量。

2. 建设类型

经过近两年的发展，我国的特色小（城）镇建设效果日趋提升，特色小（城）镇发展类型也较为多样。住房城乡建设部提供的特色小镇申报表中则将特色小镇划分为了商贸流通型、工业发展型、农业服务型、旅游发展型、历史文化型和民族聚居型。根据特色小（城）镇类型的具体特点，研究认为可进一步将其总结为三种类型：文旅型、产业型、创新型。文旅型特色小（城）镇关键要有非常稀缺、非常核心的旅游资源，可以是历史文化、自然资源等，为保证可持续性，特色产业向文创方向发展，并衍生出区域特色产品。产业型特色小（城）镇关键在于培育特色产业，在生产制造的同时发展提升产业文化，保证持久的发展软实力，创新型特色小（城）镇亦是如此。实际上看来，各类型的特色小（城）镇都紧扣产业、功能、形态和机制，目的均在于促进小城镇经济发展，强化小城镇产业支撑，促进产城融合。

3. 案例分析

经过 2016 年与 2017 年两年的建设，住房城乡建设部已经公布了包括 403 个特色小（城）镇在内的两批全国小城镇试点名单。两批特色小（城）镇的数量情况统计如图 10-2 所示。

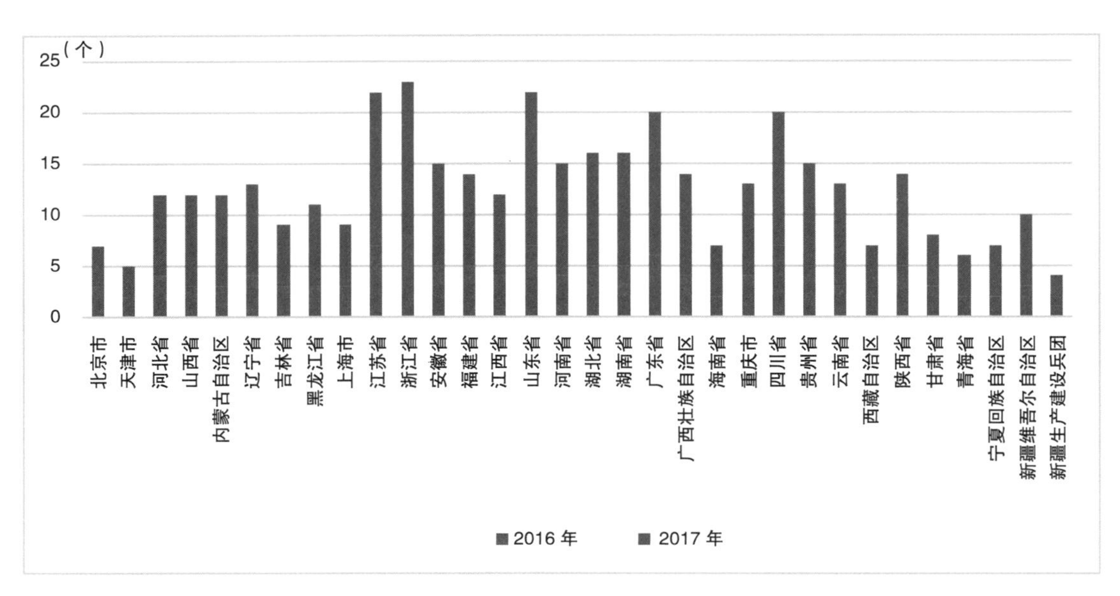

图 10-2　特色小（城）镇试点数量

2016年，我国提出要在2020年培育1000个左右特色小镇。随着各地蜂拥而上搞特色小（城）镇建设，社会资本纷纷涌入，而大量的特色小镇是依托旅游业和文化产业进行建设的，很容易产生同质化的现象。因此，分析一些不同类型的特色小（城）镇特征，发现新兴产业在特色小（城）镇的发力点，将为全国各地特色小（城）镇的建设提供借鉴，有助于提高特色小（城）镇建设的积极性，帮助一些基础优良的乡镇产业转型提升。同时，分析这些特色小（城）镇对政策的反馈机制，以期为政策制定提供具体实践依据。

1）文旅型特色小（城）镇

随着游客旅游体验要求的提升，以浏览观光为主的单一维度的小城镇旅游已经不能满足游客的普遍需要，多维度发展旅游，赋予其丰富的含义与形式成为小城镇的探索内容。文旅型特色小（城）镇依托当地特色突出的旅游资源，在建设中不仅体现了深厚的文化，还打造出更多维的创新旅游形式，包括体验、参与、教育与拓展等。本节将列举两个特色小城镇案例，分析其创新理念及发展特色。

（1）浙江丽水龙泉市上垟镇

上垟镇地处浙闽边境龙泉市西部，距市区36km，当地山水资源优越、瓷土资源丰富、民间制瓷盛行，历经百年不衰，是现代龙泉青瓷的发祥地，见证了现代龙泉青瓷的发展历史。2016年，上垟镇入选“首批中国特色小（城）镇”试点名单，上垟镇内充满深山小镇特色，大街小巷都洋溢着瓷风古韵。镇内至今仍保留着过去的上垟国营瓷厂办公大楼等建筑与场所，这也形成了上垟镇独特的青瓷文化历史。

在建设过程中，为体现“突出传统与特色”的指导思想，当地立足于独特的自然景观打造“龙泉青瓷小镇”，以上垟镇龙泉瓷厂旧址为核心，整合周边资源并深入挖掘龙泉青瓷文化内涵。同时，青瓷小镇还实施了系列方案以“完善设施，深化改革”。青瓷小镇空间上各区块相互交融，沿着八都溪展开延伸并连接南北两端的村落，其中突出生态、文化、健康传统的度假区设计，可供游客居住并深入体验青瓷文化，能够激发小镇的长期发展。青瓷小镇还通过建设措施构建了充满活力的机制与理念，当地的开放式人文景区以青瓷文化园为核心，集展览、体验与休闲于一体并推出特色产品，传播青瓷文化与制作工艺的同时给游客带来休闲体验，巧妙地将服务产业与青瓷制作产业结合。

截至2015年，龙泉青瓷小镇已吸引了89家青瓷企业和青瓷传统手工技艺作坊入驻，带动了当地4000多名农民就业创业。分析认为，龙泉青瓷小镇的成功发展与准确的政策解读及全面的方案实施密不可分，当地机制的积极反馈可以成为其中的重要因素。

（2）北京市密云区古北口镇

古北口镇位于北京市东北边陲，该镇历史悠久，文物古迹众多，交通便捷，背靠司马台长城，坐拥鸳鸯湖水库，镇内保存有精美的民国风格的山地合院建筑，是北方较为罕见的山、水、城结合的自然古村落。当地依托长城文化、御道文化、民俗文化、庙宇文化、抗战文化等文化资源，并将旅游业作为该镇的主导产业，制定了“一村一品”的村镇发展路线。2016年，古北口镇通过评选进入了“首批中国特色小（城）镇”试点名单。古北水镇国际旅游度假区项目是古北口镇建设的重要示范，该项目位于司马台村汤河流域的核心区域，本小节即着重对古北水镇项目进行特色分析。

首先，为了突出北方水镇的传统与特色，古北水镇建设决策定位为：展现民国时期的北方古镇风貌，要求充分挖掘“山”“水”“长城”“民俗文化”“北方建筑风格”等要素。其次，其功能规划围绕着“彰显特色”的主旨展开，为特色小（城）镇提供了发展基调。镇内包含景区主体和司马台长城两大板块：其景区主体的四大板块如民国街区、水街历史风情区、卧龙堡民俗文化区、汤河古寨区均以传统风俗文化为依托；司马台长城周边呈带状分布的度假区也营造了古朴的小镇风貌。此外，古北水镇还采取了一系列完善与更新基础设施的举措。制定改善方案时根据“修旧如旧、整修如故”的原则，古北水镇在基础设施、外部整治与内部设施改造等方面都进行了精心设计，最大化地保护了历史环境与氛围。

目前，古北水镇已经成为集观光游览、休闲度假、商务会展、创意文化等旅游业态为一体，游客参与性和体验性高的特色休闲度假目的地。同时还辐射带动了周边镇村的乡村旅游业发展，有效推动了古北口镇一、三产业的快速融合发展。分析认为，古北水镇案例的成功与其最初准确的发展定位有直接关系，而突出特色的规划方案则是点睛之笔，具体项目围绕主旨特色展开实施则是项目成功的重要保障。

2）产业型特色小（城）镇

产业型特色小（城）镇包括新兴产业型小（城）镇与传统特色产业型小（城）镇。新兴型产业小（城）镇要求有一定的新兴产业基础，以科技智能等新兴产业为主，科技和互联网产业尤其突出，且产业园区集聚效应突出。传统特色产业型小（城）镇以新、奇、特等产业为主，但小镇规模不宜过大，应是“小而美、小而精、小而特”的小镇。本节将就产业类型分别举一个特色小（城）镇案例，分析其特色以供具有类似发展需要的小城镇参考。

（1）吕梁市汾阳市杏花村镇

杏花村镇位于吕梁山东麓子夏山脚下，汾阳市东北部，该地交通便利，有夏汾高速、307 国道及太中银铁路从境内横穿而过。杏花村镇是中国历史上有名的白酒酿造地，酒已经成为杏花村的独特基因，酒城、酒产业以及酒文化一起造就了杏花村镇的特色。杏花村镇不仅历史文化悠久，而且旅游资源丰富，拥有数量众多的古建筑群，是国家特色景观旅游名镇。2016 年，杏花村镇入选“首批中国特色小（城）镇”试点名单。

为了顺应新型城镇化的发展趋势，杏花村镇进行了创新探索，整合传统文化资源，杏花村镇形成了“一座古镇、十里酒、百里杏花、千年文化、万里飘香”的发展格局。同时，杏花村镇坚持产业建镇，立足汾酒产业，围绕汾酒工业旅游开发，规划设计了宏伟的“中汾酒城”，其间为充满历史文化特色的生产车间及职工生活居住小区，这些建筑布局严整，融合了古代建筑风貌格局与现代建筑功能，与青砖城墙一起筑就了与周边自然环境协调的格局，彰显了传统文化特色与地域特色。此外，杏花村镇还以市场为主导走白酒业转型与国际化提质的专业之路，并“以文化为灵魂，以生产为基础，以旅游为载体，以销售为核心”，勾勒出“中国白酒第一城”的形象。

纵观以上几点，分析认为杏花村镇的特色之处有两方面：一方面体现在创新探索方面，即围绕传统酒业制定了“多元化”发展格局，实现了酒业的形象提升与国际化；另一方面体现在对市场主导的前瞻与了解，积极发展“互联网 +”项目，以酒类销售为基础，发展了 650 余家电子商务经销商，成为山西省最大的电商聚集地。这些“特而强”的举措使得杏花村镇能够保持优势，走在时代前列，成为特色小（城）镇的优秀实践。

（2）江苏省东台市安丰镇

安丰镇位于江苏沿海中部，处于上海 2h 经济圈，其独特地理位置使得安丰古镇有条件成为城市周边的重要卫星小城镇。据记载，安丰镇明清时盐业极盛，当时八方商贾云集，并建成了七里长街，景象恢弘，现在的安丰古街便是“七里长街”南段保留较为完好的一部分。因安丰镇盐韵文化闻名于世，又加之彰显“魅力古镇、宜居新城”的特色，安丰镇获选成为苏北首家中国历史文化名镇，于 2016 年入选“首批中国特色小（城）镇”试点。

安丰镇具有特色文化资源又位于大城市周边，发展机遇良多，该镇最终选择吸引高端要素的方式，围绕“生态乐居型智造小镇”开展建设，立足打造“智造强镇、商贸重镇、旅游名镇、生态美镇、乐居福镇”。其次，安丰镇制定了改善基础设施与功能计划，在修复老城区风貌的同时建设新镇区以引导新功能发展，且规划建设实施“多规合一”和“一张图”管理政策，保证整体风貌协调。此外，围绕工业名镇的打造，安丰镇培养一系列“智造+”产业，并围绕信息家电产业等发展建设园区：以安丰工业园区为龙头，以汽车配件、食品加工、纺织服装、机械铸造产业园为支撑，形成了一区多点、资源共享、相互促进、竞相发展的生动局面。

目前,安丰镇形成了制造产业引导、多元投入的格局,初步实现了产业兴镇的目标,有效地惠及民生、繁荣经济建设。分析认为，安丰镇的成功很大程度上源于其充分发挥地理优势与历史文化基础，通过发展智能制造来引进新兴产业，将小城镇建设与产业培育有机结合起来，进而激发城镇发展内生动力。通过安丰镇实践更加肯定“分类施策”的政策对特色小（城）镇发展至关重要。因此，小城镇谋发展的第一步便是认识自身的特色，其次才是将创新与特色结合，切不可盲目跟风搞建设。

3）创新型特色小（城）镇

创新型特色小（城）镇包括金融创新型与时尚创意型等，“创新”二字主要指主导产业方面，意味着小镇传统产业更新化或者完全选择新型产业。创新型特色小（城）镇与产业型特色小（城）镇的区别主要体现在产业类型方面，其以新型产业集聚为主，而不是传统的加工制造产业。为梳理创新型特色小城镇特征，本节选取一个典型实践进行分析，以期为类似的小（城）镇提供参考借鉴。

德源镇隶属于四川省成都市郫都区，地处川西平原腹心地带，北与郫都区城区相连，东连成都国家高新技术产业开发区（西区）。德源镇的新型城镇化过程主要经历了两次重大变革：第一次是由传统农业镇变为省内重大产业项目的生活配套区；第二次是由人去楼空的生活配套区变为青蓉镇创业小镇。因创新发展成效显著，2016 年德源镇入选“首批中国特色小（城）镇”试点名单。

如前所述，德源镇的发展有一定的历史渊源。2015 年时，为解决小镇“空心化”危机，德源镇便依托存量房源并结合周边高校富集的科教优势，发展定位为建设具有全球影响力的创新创业小镇，探索一条“空心小镇”到“创客乐园”的特色小（城）镇发展之路。其次，在规划建设时注重集聚高端要素，利用闲置楼宇等现有资源规划创客空间的系列功能。建设硬件设施的同时，德源还注重吸引创新创业团队入驻，吸收包括两院院士、“千人计划”专家等高层次人才，并建立创客导师团，进一步激励创客加入。

目前，德源镇作为全球创新中心西部中心、成都市 3 个众创空间引领区之一，坚持国际化标准、市场化运行、专业化服务，比肩光谷、对标硅谷，大力打造全球创新中心。分析认为，德源镇不仅能够发挥环境优势挖掘未来创新特色，还能够加强硬件建设与软实力提升，集中打造创客平台，促进小镇的蓬勃发展与实力。

关于特色小镇，国家现在大概已经批了 300 多个，第一批是 100 多个，第二批是 200 个。特色小镇的核心应该是特色。但是现在很多特色小城镇发展中经常会聚焦于旅游，其实相当于把产业定义于旅游。其实特色小镇的特色，旅游应该可能是一方面，更大的特色应该是在产业，不同的产业形成不同的特色小镇，可持续的特色小城镇一定会随着产业来发展的。小镇发展的可持续实际上就不仅是常规认为的生态角度，会和其自身产业的特点结合起来，包括产业集聚的特点结合起来，那么未来这样的小镇可能会更可持续。当然基本的生态基底的可持续都应该是一样的。生态是一个基底，特色要突出出来。

——任军，天津市天友建筑设计股份有限公司首席建筑师

10.4.2 以人为本的新型城镇化——智慧城市

智慧城市的核心是以一种更智慧的方法通过利用以物联网、云计算等为核心的新一代信息技术来改变政府、企业和人们相互交往的方式，对于包括民生、环保、公共安全、城市服务、工商业活动在内的各种需求做出快速、智能的响应，提高城市运行效率，为居民创造更美好的城市生活。

智慧城市理念最早来源于 IBM 于 2008 年提出的智慧地球理念，这一理念自提出便受到了世界范围内众多国家的关注，一些国家面临着不同的城市问题，智慧城市作为智慧地球的重要支撑，致力于通过城市科技与信息技术引发城市发展新动态，为居民提供美好的城市生活。因此，许多国家纷纷开展了智慧城市建设，并作为城市发展的新模式。我国也开始实施智慧发展战略，走城市现代化道路。相比于传统扩张式的城市化建设，智慧城市建设是一种全新的方式，新型城镇化背景下，智慧城市建设是我国城市发展的重要模式，具有多元化特征与良好的发展趋势。

1. 政策梳理

2013 年，住房城乡建设部召开了国家智慧城市试点创建工作会议，此次会议公布了首批国家智慧城市试点名单。此后我国的智慧城市建设开始崭露头角，为了促进智慧城市健康发展，2014 年，国务院办公厅印发了《关于促进智慧城市健康发展的指导意见》，这是我国关于智慧城市的首个国家级政策文件，具有里程碑意义。文件不仅首次明确厘清了智慧城市建设的指导思想、基本原则和主要目标，还提出了智慧城市建设顶层设计的具体要求与资源、技术、信息、管理等具体实施方面的指导性意见；此外，要求发展改革委等部门建立部际协调机制，协调解决智慧城市建设重大问题，加强对各地区的指导和监督，研究出台促进智慧城市健康发展的相关政策。该政策的发布为智慧城市的实践提供了重要指导意义。

2015 年，关于智慧城市发展的政策开始侧重于大众创新创业。国务院总理李克强在政府工作报告中提出实施“中国制造 2025”和“互联网 +”行动计划，要求坚持创新驱动，智能转型，把新兴产业和新兴业态作为竞争高地，壮大信息服务产业，加快培育消费增长点，打造大众创业、万众创新的新引擎。同年，3 月 2 日经国务院批准，国务院办公厅印发了《关于发展众创空间推进大众创新创业的指导意见》，为加快实施创新驱动发展战略，适应和引领经济发展新常态，就加快发展众创空间等新型创业服务平台，营造良好的创新创业生态环境，激发亿万群众创造活力，打造经济发展新引擎，做出了重要的部署。

2016 年，我国各个城市的智慧城市建设发展稳步进行，但仍处在示范、试点和规划设计初期。2017 年，党的十九大报告指出，要加快技术创新和体制机制创新，推动互联网、大数据、人工智能和实体经济深入融合，为建设科技强国、质量强国、航天强国、网络强国、交通强国、数字中国和智慧社会提供有力支撑。新型智慧城市是数字中国的重要内容，是智慧社会的发展基础，是实施科教兴国、人才强国、创新驱动发展、乡村振兴、区域协调发展、可持续发展、军民融合发展等战略的综合载体。加强新型智慧城市建设是事关国计民生的重大任务和长期工作。这一政策促进了我国新型智慧城市建设加速发展，相关部门也围绕智慧城市与技术发布了系列政策。2017 年新型智慧城市的相关政策文件汇总见表 10-3。

新型智慧城市相关文件　　表 10-3

时间	文件名称	文号
2017 年 8 月 17 日	关于印发住房城乡建设科技创新“十三五”专项规划的通知	建科〔2017〕166 号
2017 年 8 月 24 日	关于进一步扩大和升级信息消费持续释放内需潜力的指导意见	国发〔2017〕40 号
2017 年 8 月 18 日	关于印发《加快推进落实〈政务信息系统整合共享实施方案〉工作方案》的通知	发改高技〔2017〕1529 号
2017 年 9 月 1 日	关于印发《公共安全视频图像信息联网共享应用标准体系（2017 版）》和《公共安全视频图像信息交换共享体系 IP 地址规划》的通知	中综秘〔2017〕3 号
2017 年 9 月 6 日	关于印发《智慧城市时空大数据与云平台建设技术大纲（2017 版）》的通知	测办发〔2017〕29 号
2017 年 9 月 14 日	关于印发《智慧交通让出行更便捷行动方案（2017—2020 年）》的通知	交办科技〔2017〕134 号
2017 年 10 月 10 日	关于开展农业特色互联网小镇建设试点的指导意见	农办市〔2017〕27 号
2017 年 10 月 11 日	关于组织实施《2018 年“互联网 +”、人工智能创新发展和数字经济试点重大工程》的通知	发改办高技〔2017〕1668 号
2017 年 10 月 13 日	《关于积极推进供应链创新与应用的指导意见》	国办发〔2017〕84 号
2017 年 10 月 31 日	关于印发《高端智能再制造行动计划（2018—2020 年）》的通知	工信部节〔2017〕265 号
2017 年 11 月 14 日	关于印发《公共互联网网络安全突发事件应急预案》的通知	工信部网安〔2017〕281 号
2017 年 11 月 21 日	《关于组织实施 2018 年新一代信息基础设施建设工程的通知》	发改办高技〔2017〕1891 号
2017 年 11 月 27 日	《关于深化“互联网 + 先进制造业”发展工业互联网的指导意见》	
2017 年 12 月 11 日	《关于开展工程质量管理标准化工作的通知》	建质〔2017〕242 号
2017 年 12 月 14 日	关于《促进新一代人工智能产业发展三年行动计划（2018—2020 年）》的通知	工信部科〔2017〕315 号
2017 年 12 月 22 日	关于促进和规范民用无人机制造业发展的指导意见	工信部装〔2017〕310 号
2017 年 12 月 25 日	关于开展国家电子政务综合试点的通知	
2017 年 12 月 26 日	《推进互联网协议第六版 (IPv6) 规模部署行动计划》	
2017 年 12 月 29 日	关于印发《国家车联网产业标准体系建设指南（智能网联汽车）》的通知	工信部联科〔2017〕332 号

2. 案例分析

我国智慧城市产业发展迅速，智慧城市数量不断增长。2013—2015 年，住房城乡建设部公布了一、二、三批智慧城市试点（试点名单），之后发布的智慧城市政策进一步促进了智慧城市发展。自 2016 年起，我国的许多城市陆续开展相关工作，将自身现有发展和未来发展规划向智慧城市的方向靠拢，加入智慧城市的行列。发展至今，智慧城市的优秀实践众多，受篇幅限制，本节仅选取了上海市、眉山市及大连市作为智慧城市的案例，分别梳理其智慧城市建设的经验，以期为今后的智慧城市建设提供指导借鉴。

1）上海市

2009 年以来，上海市全面推进面向未来的智慧城市建设，城市数字化、网络化、智能化水平显著提升。为全面渗透保障民生，上海市实施并应用了信息化应用技术，从 2009 至今结合医改要求和智慧城市解决方案，打造促进患者与医务人员、医疗机构、医疗设备之间的互动的智慧医疗模式，并从感知、互联、智能、创新四个方面贯彻智慧城市建设（表 10-4）。之后，为加快推进上海智慧城市建设，让互联网更好地服务经济社会发展，上海市人民政府在 2016 年印发了《上海市推进智慧城市建设“十三五”规划》。

上海市智慧城市建设四个方面策略及内容　　表 10–4

策略方面	实施内容
感知	即通过更透彻的感知，全面及时地掌握医药卫生的信息
互联	通过更全面的互联互通，实现跨业务、跨机构、跨行业、跨区域的信息联动与整合
智能	通过更深入的智能化，为用户呈现更加便捷、高效、有价值的信息聚合
创新	贯穿全过程需要在体制、业务、管理、运营等方面进行创新，保障智慧医疗整体运作体系

上海市的智慧城市自建设伊始便与国家政策密切相关。2009 年 4 月 6 日，中共中央、国务院颁布了《关于深化医药卫生体制改革的意见》，上海市响应其中“医疗卫生体制改革”的总体目标，制定系列改革方案。具体包括：建立健全覆盖城乡居民的基本医疗卫生制度，为群众提供安全、有效、方便、价廉的医疗卫生服务；提高基本医疗卫生服务可及性，有效减轻居民就医费用负担；切实缓解“看病难、看病贵”问题；普遍建立比较完善的公共卫生服务体系和医疗服务体系，比较健全的医疗保障体系，比较规范的药品供应保障体系，比较科学的医疗卫生机构管理体制和运行机制，形成多元办医格局，人人享有基本医疗卫生服务，基本适应人民群众多层次的医疗卫生需求，人民群众健康水平进一步提高。

随着时代的发展，上海市仍坚持智慧城市建设步伐。按照 2020 年基本建成“四个中心”和社会主义现代化国际大都市、形成具有全球影响力的科技创新中心基本框架的规划要求，上海市以新理念引领智慧城市创新发展，把握中国（上海）自由贸易试验区建设契机，将智慧城市建设作为推进上海改革开放和创新发展的重要举措。分析发展，上海市智慧城市建设起步早，充分体现了以人为本的思想，从智慧医疗方面着手，把握发展机遇并转化为内生力量，启动智慧城市全面建设，其始终坚持智慧城市建设的发展主线，这一点是值得学习的重要经验。

2）四川省眉山市

眉山位于成都西南边缘，是“成都—乐山黄金走廊”的中段重点地区及“成都平原经济圈”的重要组成部分，其发展与成都间的关系不言而喻。2012 年 12 月，眉山市正式启动《数字眉山·智慧城市总体规划》，规划的总体目标是：推进成眉融合、产城融合、城市管理融合、民生服务融合“四大融合”，实现经济跨越、管理跨越、生活跨越、文化跨越、基础跨越“五大跨越”，打造“城市环境优美、产业环境优良、政务服务高效、城市管理创新、民生服务和谐、信息基础一流”的“美丽眉山”。可以说，眉山市智慧城市建设涵盖内容广，涉及人民生产、生活多方面，是推动眉山市经济和社会发展信息化的重要举措。

眉山市智慧城市建设响应“实事求是”的思想，在充分调研的基础上，总体规划基于本市特点和发展目标，制定了智慧城市规划的战略主旨、主题与目标。首先，该市制定了“现代工业新城、历史文化名城、生活品质之城”的整体战略。同时，眉山市围绕融入成都、产业发展及改善民生明确了发展主题。其次，结合发展主题，眉山市制定智慧城市规划需遵循的三大目标：第一，要助力产业联动，要解决信息化技术如何加速实现成眉同城，产城一体的战略举措的问题；第二，要加强民生服务，要解决如何利用信息化手段解决重点难点的民生问题；第三，要加强城市管理，解决如何通过信息化全面提升城市管理和可持续发展的问题。

未来，眉山市的发展方向将从“数字眉山”到“智慧眉山”迈进，力争到 2020 年，把本市打造为智慧城市典范。依托“数字眉山”促进建设“现代工业新城、历史文化名城、生活品质之城”的基础，进一步开展“智慧眉山”建设，推动提升城市管理效率和水平，加快转变经济发展方式、优化调整产业结构、加强社会管理创新。分析认为，眉山市明确并坚持智慧城市发展主线，结合实际，将发展目标进行阶段划分并制定一系列政策，是眉山市智慧城市建设的重要经验。

3）辽宁省大连市

大连市是我国首批90个智慧城市试点城市之一，其智慧城市建设起步较早，2012年，大连市委市政府便提出关于推进智慧化城市建设的构想。2013年，大连市为吸引创新力量，成立了由大连科研院所、企业、高校等60余家单位联合组成的大连智慧城市协同创新联盟与大连智慧城市技术研究院，以促进智慧产业发展与示范，加快推进创新2.0时代的智慧城市建设。

2014年，大连市人民政府印发了大连市城市智慧化建设总体规划（2014—2020年），提出了“政府引导，市场运作；以人为本，民生优先；资源共享，业务协同；自主可控，安全可靠；框架为先，由点及面”的基本原则。该原则奠定了大连市智慧城市发展的重要理论与政策基础。基于此规划，大连市智慧城市建设（措施）自上而下实施，城市管理方面将政府的导向性作用与市场配置资源的决定性作用相结合，鼓励和支持各类市场主体参与智慧化建设，营造有利于创新涌现的生态环境，探索建立可持续发展模式，形成政府、企业和公众合力进行城市智慧化建设的局面。同时，大连市为顺利建设智慧城市，出台了智慧城市标准体系以及促进经济发展和科技进步的相关政策，完善了总体框架。

截至目前，大连市已经建立了城市交通诱导系统，完善了城市宽带系统、信息消费系统与城市服务管理系统等，除此之外，在城市交通、基础设施、民生保障、节能环保、居民小区等领域进行了智能化项目试点。分析认为，大连市智慧城市的实践给我们提供了包括管理、政策与实施等多方面的经验，但其成功的主要原因可以归于其城市内部强烈的凝聚力，不是仅靠政府一方或企业一方，而是集多方力量，通过政府、企业与个人的合力实现城市建设。

从以上案例分析来看，我国智慧城市建设虽与国际同步推进，但观念普及与建设机制相较于国外先进经济体仍有差距，存在一些突出问题需要破解。一是缺乏顶层设计，各类城市规划中很少涉及智慧城市相关内容，已有的若干智慧城市规划中，也多为物理架构或技术架构设计，容易导致技术体系脱离于公众、企业和政府的实际需求；二是智慧城市理论体系仍未成熟，智慧城市研究更多停留在理念解读、非体系化的技术应用等层次上；三是部分城市未充分考虑自身特色，将智慧城市简单理解为“数字城市”“城市信息化”，盲目上马智慧城市项目，容易导致信息化资源浪费、信息平台闲置空转等问题；四是智慧城市项目尚缺少明确的收益时间、收益标准和商业模式，风险较大，不利于激活开发商和运营商的参与积极性；五是智慧城市特色不够鲜明，需要在个性化与标准化之间找到平衡；六是统一的基础数据库建设难度较大，各类数据仍分散在各部门中，难于整合到统一的数据信息平台、实现共享使用。

10.4.3 资源循环的新型城镇化——海绵城市

海绵城市是指城市能够像海绵一样，在适应环境变化和应对自然灾害等方面具有良好的“弹性”，下雨时吸水、蓄水、渗水、净水，需要时将蓄存的水“释放”并加以利用。

在城镇化快速发展过程中，由于城市面积的不合理规划和扩张，城市的地表径流大幅度增加，同时，下垫层发生了巨大的变化，进而导致了一系列的城市水问题，主要表现在水资源短缺、水资源污染严重、洪涝频发和水环境恶化等。为了改善城市水环境及周边水生态，通过对传统城市建设模式、排水方式进行深刻反思，基于城市化现状以及国外先进的城市水系统管理经验，我国将海绵城市作为新时期城市建设的核心理念之一，开始探索海绵城市的建设模式。

1. 政策梳理

2012 年 4 月，在《2012 低碳城市与区域发展科技论坛》中，“海绵城市”概念被首次提出。2013 年 12 月，中央城镇化工作会议中强调“在提升城市排水系统时要优先考虑把有限的雨水留下来，优先考虑更多利用自然力量排水，建设自然存积、自然渗透、自然净化的海绵城市”。这强调了利用生态方式加强城市雨水管理能力，体现了党中央对海绵城市建设工作的高度重视。2015 年 1 月，根据“加强海绵城市建设”和近期中央经济工作会要求，财政部颁布了《关于开展中央财政支持海绵城市建设试点工作的通知》，财政部、住房城乡建设部、水利部等各个部门开始推进海绵城市试点建设。围绕试点建设，我国有关部门亦颁布了海绵城市建设的指导、支持性政策。2017 年 3 月 5 日，“海绵城市”首次写进《政府工作报告》，成为我国政府重点工作之一。我国发布的一系列关于海绵城市的政策及相关文件见表 10-5。

海绵城市相关文件汇总　　表 10–5

时间	政策	主要内容
2014 年 2 月	住房城乡建设部城市建设司 2014 年工作要点	督促各地加快雨污分流改造，提高城市排水防涝水平，大力推行低影响开发建设模式，加快研究建设海绵型城市政策措施
2014 年 10 月	海绵城市建设技术指南——低影响开发雨水系统构建（试行）	提出了海绵城市建设——低影响开发雨水系统构建的基本原则，规划控制目标分解、落实及其构建技术框架，明确了城市规划、工程设计、建设、维护及管理过程中低影响开发雨水系统构建的内容、要求和方法，并提供了我国部分实践案例
2014 年 12 月	关于开展中央财政支持海绵城市建设试点工作的通知	中央财政对海绵城市建设试点给予专项资金补助，一定三年，具体补助数额按城市规模分档确定，直辖市每年 6 亿元，省会城市每年 5 亿元，其他城市每年 4 亿元
2015 年 4 月	2015 年海绵城市建设试点城市名单	根据竞争性评审得分，排名在前 16 位的城市进入 2015 年海绵城市建设试点范围。名单：迁安、白城、镇江、嘉兴、池州、厦门、萍乡、济南、鹤壁、武汉、常德、南宁、重庆、遂宁、贵安新区和西咸新区
2015 年 7 月	关于印发海绵城市建设绩效评价与考核办法（试行）的通知	海绵城市建设绩效评价与考核指标分为水生态、水环境、水资源、水安全、制度建设及执行情况、显示度六个方面
2015 年 10 月	国务院办公厅关于推进海绵城市建设的指导意见	海绵城市建设的总体要求，加强规划引领，统筹有序建设，完善支持政策，抓好组织落实
2015 年 12 月	关于推进开发性金融支持海绵城市建设的通知	建立健全海绵城市建设项目储备制度，加大对海绵城市建设项目的信贷支持力度
2016 年 4 月	2016 年海绵城市建设试点城市名单	确定福州、珠海、宁波、玉溪、大连、深圳、上海、庆阳、西宁、三亚、青岛、固原、天津、北京 14 个城市为海绵城市地第二批试点城市

梳理发现，目前我国的海绵城市政策提出经历了积累、实践及推进过程。同时，随着我国对海绵城市建设的日益重视，以及“绿水青山就是金山银山”理念的普及，城市化正在逐渐践行“坚持人与自然和谐共生”，“坚持节约资源和保护环境的基本国策”，海绵城市成为城市生态文明不可或缺的组成部分。可以预见，未来海绵城市将继续引领城市建设潮流，为绿色、低碳、生态的城市规划建设理念增砖添瓦。

2. 案例分析

海绵城市建设是解决我国城镇化快速发展弊端的一项重要手段，未来将成为我国城市化的重要内容。自 2015 年开始，我国启动了第一批海绵城市的试点建设，2016 年又公布了第二批试点城市。试点城市的海绵城市建设起到了示范作用，其建设模式为我国的海绵城市建设积累了重要发展经验。本节选取济南、厦门、武汉、天津四个城市作为海绵城市的案例，分析其实践中对政策的反馈及主要建设经验，期待为正在进行相关建设的城市提供参考借鉴意义。

1）济南

济南市境内泉水众多，被称为“泉城”，随着城市发展，济南市出现了雨天内涝、泉水污染等问题。2015 年，济南市入选了我国第一批海绵城市建设试点城市，为了推进海绵城市建设，济南市政府召开了建设推进会议，且办公厅印发了《关于贯彻落实鲁政办发〔2016〕5 号文件全面推进海绵城市建设的实施意见》《济南市建设项目雨水径流控制与利用管理办法》。目前，济南市已经完成海绵城市建设专项规划批复和 27 项制度编制，其制度建设走在全国前列，很大程度上得益于济南市政府发挥了良好的引导性作用，积极落实并全面推进海绵城市战略。

在海绵城市全面推进过程中，济南市将海绵城市建设规划控制目标分解，总体分为五大系统建设，分别为城市水系统建设、园林绿地系统建设、道路交通系统建设、建筑小区系统建设、能力建设与监测系统建设。五大系统建设均在 2016 年完工。为体现低影响开发与生态优先的主旨，济南市选定了大明湖兴隆片区作为试点区域，面积约 39km^2，共安排五大任务 43 项试点项目。在市区内，济南市也启动了一系列精品示范工程，包括历阳湖的补源与造景，凤凰路的古槐树雨水公园，旅游路西段的透水沥青快车道等。

目前，济南市试点区域内绿植生态元素明显增加，人居环境提升，内涝治理明显，下渗保泉效果显著，济南市海绵城市建设进入了攻坚阶段。分析认为，济南市的海绵城市建设能够成功有许多明显因素，包括政府的积极引导与政策体系的完善，由点及面制定建设措施，积极发挥示范效应等。

2）厦门

厦门市地处我国东南沿海地区，属于海滨城市，但是厦门市内仍长期面临着雨季内涝、水体污染、水生态退化等问题。2015 年，厦门市入选全国第一批海绵城市建设试点城市。之后，厦门市委市政府便将海绵城市建设作为全面落实绿色发展理念，完善城市功能，提升城市综合承载力，推进生态文明的重要举措。确定通过坚持规划引领，完善标准规范，统筹新老城区建设措施，在全市域范围全面推进海绵城市建设。成立了海绵城市工程技术研究中心与海绵城市建设工作领导小组，科学协商共同确定海绵城市建设路径。

为了明确海绵城市建设基本原则，在充分的现状调研与需求分析基础上，厦门市出台《厦门市海绵城市专项规划》，提出了“三不四有”的海绵城市建设目标，即水质不超标、城镇不受淹、河道不断流，绿色自然有弹性、生态和谐有特色、适游宜居有文化，管理有序有章法。规划还针对厦门市的不同区域（新建区与建设区外的区域）分别制定建设标准，例如新建区应以目标为导向，优先保护自然生态本底，合理控制开发强度。建设区外的区域则打造成为巨大的绿色“海绵体”，通过山区植被的复建，提高绿化率、植被覆盖率。此外，厦门市海绵城市建设试点选取具有代表性：选取典型环境特征的区域即湾区进行试点建设，包括海沧马銮湾片区、翔安南部新城片区。

2017 年 1 月，厦门市十五届人大一次会议通过的政府工作报告，把建成国家生态文明建设示范市、高标准建设海绵城市，列入今后五年工作的主要目标和任务。厦门市还成立了目前，厦门市部分项目已经能够经受强降雨的考验，顺利发挥出“海绵体”的重要作用。翔安洋唐保障房片区内部雨水形成了一个完整的闭合循环系统，项目成为国家海绵城市建设样板工程之一。分析认为，厦门市海绵城市建设成效显著，政府及相关政策在其中的作用不言而喻，而且技术与实施部门积极参与，共同保障海绵城市建设。

3）武汉

武汉市是水资源丰富的中原城市，城区内形成以长江为骨干的庞大水域网，当地降雨充沛，但是由于城市内过度硬化导致水体污染、暴雨时期内涝频发等问题。2015 年，武汉市入选全国首批 16 个海绵城市建设试点城市之一，同年武汉市就启动了海绵城市建设，并在青山和四新示范区首先试点，实施项目包括居住小区、公共建筑、公园绿地和道路海绵性改造。2016 年，武汉市人民政府发布了《武汉市海绵城市建设管理办法》，武汉市还编制完成《武汉市海绵城市专项规划（2016—2030 年）》明确了海绵城市的规划任务、规划范围为武汉市都市发展区，研究范围为武汉市域等系列内容。至此，武汉市形成了较完善的体制机制建设。

在具体实施过程中，试点片区坚持问题导向与目标导向相结合，根据各自特点采取了不同的策略。以南干渠生态示范区为代表的青山旧城改造试点区，着重点主要放在了将海绵城市改造与老旧社区改造二合一上，居住小区内除了透水铺装改造，将绿地改造成低凹下沉式绿地外，还结合居民需求，将更换管径大的污水管道，疏通居民家中的出水管，使得居民可以直接享受海绵城市建设的成果。武汉新城试点区四新则基于试点区功能建设和“三横三纵”骨干交通路网的全面构建，将海绵城市理念融入城市建设，包括海绵公园、海绵道路、海绵公建、海绵排涝泵站、海绵小区 5 个方面。

经过两年多的改造和建设，湖北武汉的青山区和汉阳四新片区两个试点片区共计 288 项工程主体完工，初步实现海绵城市的“呼吸吐纳”功能，试点面积占武汉市中心城区面积的 4.4%。按照武汉海绵城市建设三步走计划，至 2020 年，武汉中心城区 20% 的面积将实现海绵化。分析该实践认为，武汉市结合实际确定海绵城市试点片区涵盖新旧城区范围，奠定了和谐发展的基础，旧区海绵城市建设以低影响开发为主，新区建设中则从多个建设方面体现海绵城市理念。

4）天津

天津市于 2016 年 4 月入选全国第二批海绵城市建设试点名单，之后便启动了包括中新生态城和解放南路两个片区，建设试点面积达 39.5km^2。为了保障海绵城市建设顺利进行，天津市住房和城乡建设委员会发布了关于《天津市海绵城市建设技术导则》的通知，体现了天津市建设海绵城市建设的决心与信心。随后，天津市住房和城乡建设委员会、市财政局、市发展和改革委员会等部门研究制定了一系列配套文件和技术标准，要求海绵城市建设规划、设计、施工、验收“四同步”，为加快海绵城市建设提供了制度保障和技术支撑。

位于天津滨海新区的中新天津生态城由中国政府与新加坡政府合作共建，是我国首个绿色发展综合示范区所在地。在海绵城市试点建设中，中新生态城充分发挥中新合作优势，推进国际化海绵城市建设。一方面，生态城借鉴新加坡水资源利用的先进经验，确定了“规划引领，生态优先，过程控制，侧重实施，多元投资”的低影响开发和雨水利用理念，维持或恢复城市“海绵”功能；另一方面，生态城编制了《天津生态城海绵城市专项规划（2016—2030）》，确定海绵城市建设思路，重点加强雨水资源利用和雨水净化，根据地形情况，将整个城市划分为 6 个排水分区，并根据各汇水分区实际情况，分别制定建设目标和措施。此外，为了符合“低影响开发”与全面惠民的政策要求，天津市市区内采取“试点先行，学习推广”的方法，通过试点建设及时总结并形成可借鉴、可推广的经验，进一步在全市范围改造中推广应用。河西区解放南路地区作为试点区先试先行，在此基础上，天津市计划在全市范围内推广开展海绵城市建设工作，避免了大拆大建的局面。

目前，天津市在海绵城市的建设上取得了巨大的成就。在 2018 年 3 月中新海绵城市建设合作交流会上，生态城发布了海绵城市建设成果及相关数据。总体看来，天津市把握迫切需要解决的实际问题，将建筑与小区作为海绵城市控制目标的重要实现载体，注重近远期结合，为后续城市建设海绵城市提供了优秀的经验。

本节通过几个相关案例，分析了试点城市关于海绵城市的建设方式及建设成就，为后续中国其他城市建设海绵城市提供了一定的借鉴。相信在海绵城市相关政策的引领与支持下，中国的城市建设将会进入绿色、生态、健康的发展模式。在此机遇下，各个城市必须保持不断学习并深化执行海绵城市的相关政策，才能使中国的城市真正做到可持续发展。

10.4.4 弥合城乡差距的新型城镇化——田园综合体

田园综合体发展理念是在生态农业和休闲旅游基础上的延伸，能够推动新型城镇化、农村现代化、产业多元化，是一种实现社会经济全面发展的可持续模式。

随着城市化进程的推进，城乡间的差距日益凸显，为了满足全面发展的需要，我国制定了多项措施以促进农村发展。今年来，我国休闲农业和乡村旅游发展如火如荼，田园综合体发展是我国新型城镇化下弥合城乡差距的新型探索，其关键在于“综合性”，要展现农民生活、农村风情和农业特色，故其核心产业仍是农业。从业态上来看，田园综合体是“农业 + 文创 + 新农村”的综合发展模式。从构成机制上看，目前我国的田园综合体主要以企业和地方农村合作的方式进行综合规划、开发和运营：企业承接农业，农民组成合作社，以发展农业产业园区的方法提升农业产业。

1. 政策梳理

2016 年 12 月 31 日，“田园综合体”作为乡村新型产业发展的亮点措施写进了 2017 年中央一号文件，并指出开展试点示范。同时，在一号文件中还提出了田园综合体的内涵，即是农业产业基础上的经济、环境再开发，实施角色是农民与农民合作社。可以看出，其农业、农村、农民特色非常明显，这为田园综合体的具体实施奠定了基调。为贯彻落实好 2017 年中央一号文件要求，之后颁布的政策首先明确了重点建设内容、立项条件及扶持政策，确定在 18 个省份开展田园综合体建设试点，并进一步从组织领导、试点选择、建设内容、方案实施与立项评报六方面具体提出了试点工作的意见。之后，我国政府从深化农村改革和深入推进农业供给侧结构性改革的宏观角度提出农业综合开发及试点的要求，这些政策都进一步推进了以田园综合体为重要形式的农村发展方向。

关于支持与促进田园综合体发展的相关政策，见表 10-6。

田园综合体相关政策汇总　　表 10–6

时间	文件名称	文号
2016 年 12 月 31 日	关于深入推进农业供给侧结构性改革加快培育农业农村发展新动能的若干意见	
2017 年 5 月	关于田园综合体建设试点工作的通知	财办〔2017〕29 号
2017 年 6 月 1 日	关于做好 2017 年田园综合体试点工作的意见	财办农〔2017〕71 号
2017 年 6 月 5 日	关于印发《开展农村综合性改革试点试验实施方案》的通知	财农〔2017〕53 号
2017 年 6 月 13 日	关于开展田园综合体建设试点工作的补充通知	国农办〔2017〕18 号

建设田园综合体是我国引领“三农”改革发展的重大政策创新，但其主要目的不是建设新农村社区，让农民“住楼房”，而是对农村生产生活方式进行全局性变革，建设宜居宜业的新农村。通过梳理政策发现，2017 年内历时 7 个月就完成了从田园综合体的提出到国家级田园综合体试点及实施方案的出台。政策颁发的目标都非常清晰并逐渐深入骨髓，这与田园综合体发展的背景优势密切相关：一方面是我国农村地区长期发展的传统模式受到了环境与经济压力，另一方面是我国社会资本对农业的关注与发展期望。同时还可以看出农村地区的发展对于我国城乡二元结构的平衡有深刻意义，每一步探索都应当以农村地区的发展利益作为重要衡量指标。

2. 案例分析

2017 年 5 月，财政部决定按照三年规划、分年实施的方式在河北、山西、江苏、浙江、福建等 18 个省、自治区、直辖市开展田园综合体建设试点，各省可根据实际情况确定试点项目的数量。之后，按照财政部的统一部署和要求，经过项目申报与集中评议工作，目前这些省市已经基本公布了国家级田园综合体试点项目名单，见表 10-7。

18 个试点省、自治区、直辖市的国家级田园综合体试点项目名单　　表 10–7

序号	省市	试点名称
1	河北省	迁西县花乡果巷田园综合体
2	山西省	临汾市襄汾县田园综合体
3	内蒙古自治区	四子王旗
4	内蒙古自治区	土默特右旗
5	江苏省	南京市溪田田园综合体
6	江苏省	兴化市千垛田园综合体
7	浙江省	湖州安吉“田园鲁家”田园综合体
8	浙江省	绍兴柯桥区漓渚镇“花香漓渚”田园综合体
9	福建省	武夷山市五夫镇田园综合体
10	江西省	高安田园综合体
11	山东省	临沂市沂南县朱家林田园综合体
12	河南省	鹤壁浚县
13	河南省	洛阳孟津县
14	湖南省	浏阳市衡山萱洲田园综合体
15	广东省	珠海斗门区岭南大地田园综合体
16	广西壮族自治区	南宁市西乡塘区美丽南方
17	海南省	海口市田园综合体
18	重庆市	忠县三峡橘乡田园综合体
19	四川省	成都市都江堰国家农业综合开发田园综合体
20	云南省	保山市隆阳区田园综合体
21	陕西省	铜川市耀州区田园综合体
22	甘肃省	兰州市榆中县田园综合体建设试点

有研究将我国的田园综合体发展模式可分为四类：优势特色农业产业园区模式，文化创意带动一二三产业融合发展模式，都市近郊型现代农业观光园模式以及农业创意和农事体验模式。结合这些

类型，本节将选择一些有特点的田园综合体实践案例进行分析，例如发挥优质基础产业优势的广西南宁美丽南方，金融创新促进发展的四川省都江堰市“天府源田园综合体”，公司企业文创引领的山东临沂市朱家林，农村合作社带领下的创新创造的河北省唐山花乡果巷。通过案例解读，发现其规律及对政策的响应方式，以期为尚处于决策困惑期的田园综合体项目提供一定的借鉴。

1）广西南宁美丽南方田园综合体

美丽南方田园综合体位于南宁市西乡塘区石埠半岛，规划面积 70km^2，分三期建设（2017—2019 年）。该田园综合体地处大都市郊区，区位优势明显；当地农业资源丰富，农业基础较强；传统民俗文化特色突出。因此，其总体规划时便以当地丰富的农业资源、产业基础、特色文化为依托，通过农业综合开发项目，建设集聚化的田园综合体。

首先，结合当地的农业产业优势，美丽南方着力打造规模高效的种植养殖业，包括上千亩的优质水稻，产量达 1.2 万 t/ 年的罗非鱼等，保持了当地良好的生态环境。其次，依托当地的传统文化，美丽南方发展了文旅产业，打造广西五星级乡村旅游区。同时，美丽南方实行了特色的投融资机制，积极整合各级涉农资金和社会资本，一方面促进水利、道路、电力系统等基础设施完善，提升了农业体系的抗风险能力；另一方面为农业相关产业发展提供了良好机遇。

围绕“农业 + 产业 + 旅游”发展，南宁美丽南方规划将建设成“一轴两翼三带八区”的总体发展格局，进一步实现了综合体内农业生产体系质的提升。分析该实践发现其最突出的特点便是供给侧结构改革，不仅选择最具优势的方面充分挖掘，做到了优化产品产业结构，还适度融入休闲农业形式以及绿色产业形式，丰富了田园综合体的发展内容。

2）四川省都江堰市“天府源田园综合体”

天府源田园综合体地域范围较广，包含胥家镇和天马镇在内的 13 个村，其中胥家镇近年坚持以“三产融合”为导向，运用大数据、云计算、物联网、虚拟现实等手段在农业工业化、信息化、人性化、艺术化等方向实现新拓展。而胥家镇绿色、有机、无公害农产品（基地）已形成规模化，培育了多个国家绿色、有机认证农业产品，其中 6000 亩红阳猕猴桃生产基地还获得了多项认证。可见，天府源田园综合体已经具备优异的农业基础条件。

为进一步谋求该区域发展，都江堰市人民政府牵头建设天府源田园综合体试点项目，可见当地政策措施的有力支持。同时，政府对当地进行了统一规划，制定出“四园、三区、一中心”的布局方案，立志打造出美丽乡村展示区、都市现代农业示范区、农业农村改革先行区和绿色农业典范区。为了响应引入“旅游 +”产业的政策并补齐农村发展的短板，天府源打造了一些休闲农业特色项目，发展第三产业。值得肯定的是，在农房改造过程中，为了引入资金投资，该田园综合体先发展部分农村外围的农业产业，在具备一定实力的条件下，又对村内面貌实施了设施升级与民房改造项目。

天府源田园综合体能够全面发展农村农业与农民，与政府、企业的支持密不可分，而且其发展还得益于深入学习其他地方的经验，尤其是投融资方式。分析认为，该田园综合体发展成功得益于其发展方式，能够自上而下真正响应“三农”政策，为农民谋福祉，通过农业发展带动农村复苏，为农村注入了新动力。

3）山东临沂市朱家林田园综合体

朱家林田园综合体位于山东省沂南县岸堤镇，距沂南县城约 32km，辖 10 个行政村，23 个村民大组。其最初的发展形态是朱家林创意小镇，并获批山东省第二批特色小镇，小镇于 2016 年 7 月动工建设，是在朱家林生态艺术社区基础上发展而来。2017 年，随着田园综合体政策的落实，沂南县把培育田园综合体作为新旧动能转换、农业供给侧结构性改革的新动力、新平台、新模式。

朱家林田园综合体的特色在于最初的核心功能定位明确，即以传统村落景观以及乡村旅游作为亮点。该田园综合体起源于朱家林村，村子三面环山，村内民风朴素，有石墙、石屋元素，最初为发展乡村旅游、创新乡村建设理念，便创意规划了朱家林生态艺术社区项目。之后在规划中引进新产业新形态，探索“文创 + 旅游 + 生态建筑”的融合。在此基础上，朱家林田园综合体项目的发展有了更大的可能性。一方面规划了“二带二园三区”功能布局，包括有机农业、创意农业园、农事体验园、田园社区、乡建培训区和电商物流区等；另一方面着力构建了配套完善的生产、产业、经营、生态、服务和运行等支撑体系。

发展至今，朱家林田园综合体已经吸引了许多创意农业项目入驻及众多人员参观旅游。该田园综合体的成功得益于其创新创意，原有基础上翻建的村庄，原有优势产业上的优势利导，都是在所及范围内将创意力量最大化。此外，分析认为该实践颇具厚积薄发的性质，其自身发展已经充分发挥“三农”环境优势，田园综合体的政策则给该区域带来了更大的发展机遇，建议具有农业农村资源优势的地方能够稳定发展不发，摒弃急于求成的心态。

4）河北省花乡果巷田园综合体

花乡果巷田园综合体项目位于以“花果之乡”著称的迁西县东莲花院乡，涵盖 12 个行政村。该田园综合体依托燕山独特的山区自然风光，以“山水田园，花香果巷，诗画乡居”为规划定位，以农业产业为特色，未来将建设成宜居宜业、惠及各方的国家级田园综合体。

本节将对其创新性的体现及与政策的关联进行分析。首先，“花乡果巷”的发展基础条件深厚，规划的第一步便是优化产品产业结构，选择油用牡丹、猕猴桃、小杂粮产业作为农业特色，并进行规模化种植形成产业基础。其次，强化科技创新驱动，统筹了“农旅＋”“智慧物联”等八大系统模式，形成科学合理、简洁完整的经济结构体系，并成为项目整体开发建设运营的指导思想和行为指南。在此基础上，进行了规划格局设计与体制更新，引领农村农民发展。花乡果巷田园综合体项目区不仅将健康养生与休闲体验理念融入区块规划，而且成立东莲花院乡供销社农民专业合作社联合社，构建了“市、县、乡、村”四级农民合作组织体系，制定多项惠农政策，切实带动农民致富与农村发展。

目前，花乡果巷该田园综合体成为“智慧集约型农旅一体化产业集群”与“农旅＋建设运营发展创新模式”的实践示范样板。分析发现，其成功的因素主要包括：在优化产品产业结构的基础上加以科技创新，指导产业更科学的发展；创新管理结构，通过合作社加强农民与企业之间的联系，企业为农村农业发展提供创意。

本节通过分析实践，期待为发展田园综合体的农村区域提供一定的启示作用。相信在田园综合体相关政策的引领与支持下，农村发展已经进入了新时代，在此机遇下，农村必须保持生态环境、保有创新理念，才能坚持可持续发展，真正弥合城乡差距。

本章参考文献

[1] 侯捷 . 中国城乡发展报告 [M]. 北京：中国城市出版社，1997：122.

[2] 中华人民共和国国家发展和改革委员会 . 国家新型城镇化规划（2014—2020 年）[R]. 2014.

[3] 中国新型城镇化理论探讨 [J]. 区域发展，2017（1）：26-34.

[4] 陆启光 . 新型城镇化特点辨析 [J]. 前沿，2014（9）：80-82.

[5] 杨仪青 . 新型城镇化进程中的我国生态文明建设路径探析 [J]. 生态经济，2017，33（10）：221-225.

[6] 中华人民共和国国家统计局 . 2017 年国民经济和社会发展统计公报 [R]. 2018.

[7] 蔡继明 . 乡村振兴离不开新型城镇化 [N]. 建筑时报，2018-02-05（008）.

[8] 谢锐 . 新型城镇化对城市生态环境质量的影响及时空效应 [J]. 管理评论，2018，30（1）：230-241.

[9] 中华人民共和国国家发展和改革委员会 . 关于加快美丽特色小（城）镇建设的指导意见 [EB/OL]. 2016.http：//www.ndrc.gov.cn/zcfb/zcfbtz/201610/t20161031-824855.html.

[10] 中华人民共和国国务院 . 关于深入推进新型城镇化建设的若干意见 [Z]. 2016.

[11] 第十二届全国人民代表大会第四次会议 . 中华人民共和国国民经济和社会发展第十三个五年规划纲要 [R]. 2016.

[12] 中华人民共和国住房和城乡建设部，中华人民共和国国家发展和改革委员会，中华人民共和国财政部 . 关于开展特色小镇培育工作的通知 . 建村〔2016〕147 号 [Z]. 2016.7.

[13] 中华人民共和国住房和城乡建设部 . 关于做好 2016 年特色小镇推荐工作的通知 . 建村建函〔2016〕71 号 [Z]. 2016.

[14] 中华人民共和国住房和城乡建设部 . 关于公布第一批中国特色小镇名单的通知 . 建村〔2016〕221 号 [Z]. 2016.10.

[15] 中华人民共和国住房和城乡建设部，中国农业发展银行 . 关于推进政策性金融支持小城镇建设的通知 . 建村〔2016〕220 号 [Z]. 2016.

[16] 中华人民共和国国家发展和改革委员会，国家开发银行，中国城镇化促进会等机构 . 关于实施“千企千镇工程”推进美丽特色小（城）镇建设的通知 . 发改规划〔2016〕2604 号 [Z]. 2016.

[17] 中华人民共和国国家发展和改革委员会，国家开发银行 . 关于开发性金融支持特色小（城）镇建设促进脱贫攻坚的意见 . 发改规划〔2017〕102 号 [Z]. 2017.

[18] 中华人民共和国国家体育总局办公厅 . 关于推动运动休闲特色小镇建设工作的通知 . 体群字〔2017〕73 号 [Z]. 2017.

[19] 中华人民共和国农业部市场与经济信息司 . 关于组织开展农业特色互联网小镇建设试点工作的通知 . 农市便函〔2017〕114 号 [Z]. 2017.

[20] 中华人民共和国国家林业局办公室 . 关于开展森林特色小镇建设试点工作的通知 . 办场字〔2017〕110 号 [Z]. 2017.

[21] 中华人民共和国国家发展和改革委员会，中华人民共和国国土资源部，中华人民共和国环境保护部，中华人民共和国住房和城乡建设部 . 关于规范推进特色小镇和特色小城镇建设的若干意见 [Z]. 2017.12.

[22] 中华人民共和国住房和城乡建设部 . 关于公布第二批中国特色小镇名单的通知 . 建村〔2017〕99 号 [Z]. 2017.8.

[23] 中华人民共和国住房和城乡建设部 . 住房城乡建设部关于公布第一批中国特色小镇名单的通知 . 建村〔2016〕221 号 [Z]. 2016.

[24] 北京市密云县古北口镇镇政府 . 绿色国际休闲之都——古北口镇 [J]. 中国科技投资，2012（5）：

34-35.

[25] 邢瑶 . 小城市试点镇规划引导途径探析——以兴化市安丰镇为例 [C]//2012 中国城市规划年会论文集 . 江苏省住房和城乡建设厅，2012：1-10.

[26] 兴化市新闻信息中心 . 安丰镇明确今后五年发展定位 [R]. 2016.6.

[27] 东台市安丰镇政府 . 千年古镇展风貌 [R]. 2016.

[28] 胡榆奇 . 中国特色小镇——青蓉镇 [J]. 财讯，2017（13）.

[29] 巫细波，杨再高 . 智慧城市理念与未来城市发展 [J]. 城市发展研究，2010，17（11）：56-60，40.

[30] 本刊编辑 . 智慧城市政策法规体系建设进展 [J]. 智能建筑与智慧城市，2015（5）：38-45.

[31] 段瑞春 . 智慧城市：创新驱动、政策协同与法律保障的思考 [J]. 科技与法律，2015，7（6）：1250-1264.

[32] 王兆进，王凯，冯东雷 . 智慧城市发展趋势及案例 [J]. 软件产业与工程，2012（2）：18-24.

[33] 张国政 .《数字眉山· 智慧城市总体规划》案例分析 [J]. 数字化用户，2017，23（38）.

[34] 中华人民共和国住房和城乡建设部. 海绵城市建设技术指南——低影响开发雨水系统构建(试行). 建城函 [2014]275 号 [Z]. 2014.

[35] 中央城镇化工作会议：推进以人为核心的城镇化 [J]. 实践（党的教育版），2014（1）：7.

[36] 2016 年中央财政支持海绵城市建设试点城市发布 [J]. 墙材革新与建筑节能，2016（5）：7.

[37] 国务院办公厅印发《关于推进海绵城市建设的指导意见》[N]. 人民日报，2015-10-17（006）.

[38] 住房城乡建设部、国家开发银行下发通知推进开发性金融支持海绵城市建设 [J]. 城市规划通讯，2016（1）：8.

[39] 谭术魁，张南 . 中国海绵城市建设现状评估——以中国 16 个海绵城市为例 [J]. 城市问题，2016（6）：98-103.

[40] 杨柳 . 济南市水生态环境健康评价研究 [D]. 济南：济南大学，2016.

[41] 济南市人民政府办公厅关于贯彻落实鲁政办发〔2016〕5 号文件全面推进海绵城市建设的实施意见 [N]. 济南日报，2016-09-05（A04）.

[42] 佚名 . 厦门市海绵城市试点逐步凸显成效 [J]. 北方建筑，2016，1（1）：86.

[43] 厦门市人民政府 . 厦门市海绵城市专项规划（2015121008-001）[R].2015.

[44] 谢雨航 . 基于 PSIR 框架的海绵城市规划指标体系构建 [D]. 武汉：武汉大学，2017.

[45] 程远州 . 武汉推进海绵城市建设 [N]. 人民日报，2018-02-23（023）.

[46] 天津市滨海新区人民政府 . 生态城全力推进海绵城市建设 [N]. 2017-07-19（023）.

[47] 毛振华 . 中新天津生态城启动 65 个海绵城市试点项目建设 [EB/OL]. 新华网，2018-03-25.http：//www.xinhuanet.com/2018-03/25/c-1122587003.htmt.

[48] 乔金亮 . 建设田园综合体的核心是“为农”[N]. 经济日报 . 2017-08-08（ 13）.

[49] 陈李萍 . 我国田园综合体发展模式探讨 [J]. 农村经济与科技，2017，28（21）：219-220.

[50] 中共中央国务院 . 关于深入推进农业供给侧结构性改革 加快培育农业农村发展新动能的若干意见 [Z]. 2017.

[51] 中华人民共和国财政部 . 关于田园综合体建设试点工作的通知 . 财办〔2017〕29 号 [Z]. 2017.

[52] 中华人民共和国财政部 . 关于做好 2017 年田园综合体试点工作的意见 . 财办农〔2017〕71 号 [Z].

2017.

[53] 中华人民共和国财政部．关于印发《开展农村综合性改革试点试验实施方案》的通知．财办农〔2017〕53号[Z]. 2017.

[54] 国家农业综合开发办公室．关于开展田园综合体建设试点工作的补充通知．国农办〔2017〕18号[Z]. 2017.

[55] 卢贵敏．田园综合体试点：理念、模式与推进思路[J]. 地方财政研究，2017（7）：8-13.

[56] 西乡塘区人民政府．西乡塘区财政局积极推进“美丽南方”田园综合体试点项目建设[Z]. 2017.

[57] 党立斌，侯巍巍，惠梦．美丽南方的美丽行动——关于广西南宁农业综合开发田园综合体试点的调研报告[R]. 中华人民共和国财政部国家农业综合开发办公室．2018.2.1.

[58] 刘晓，赵兴亮．胥家镇：夯实生态农业基础建设绿色有机小镇[EB/OL]. 每日都江堰.2017-08-23. http：//m.sohu.com/a/166775164-716878. 2017.

[59] 四川省财政厅．都江堰将建设四川省首个国家级田园综合体试点项目[R]. 2017.

[60] 郑智维．国家样本：迁西“花乡果巷”[J]. 民生周刊，2017（20）.

结束语：走向可持续城市

20 世纪中期以来，人类逐渐认识到人类与环境，人类与资源之间的相互关系，环境问题成为全球性的问题，人类的现代生态意识和可持续发展意识开始觉醒。人们都已经感觉到思想先驱者们对工业文明的种种无奈和对可持续发展的渴望，感觉到人类生存所面临的空前危机和挑战。历史在昭示着我们：人类社会的发展到了紧要关头，未来城市必须接受生态革命的洗礼，进而建立起一种新的以可持续发展为理念的生态文明，惟其如此，人类社会才能迎来新的曙光。可以说，寻求城市的可持续发展是在人类生存和发展受到严重威胁，使得人们不得不回过头来认真审视人类过去的行为和关于发展的观念的情况下提出来的，是人类对发展模式进行反思的结果。

当今中国已经迈入城市时代。城市既给人带来了繁荣和便利，也带来了交通拥堵、资源紧缺、城市贫困、文化冲突等诸多挑战。随着城市化的高速发展，城市在环境、公平、效率等方面已面临巨大挑战。经济与环境不和谐、经济与社会不和谐、社会与环境不和谐、政府治理能力跟不上等多重挑战都是未来中国城市发展需要克服的挑战。科学应对这些影响可持续发展的挑战，需要我们的城市携手合作、互相借鉴，探索科学合理的城市可持续发展之路。不可置疑，未来二十年将是中国实现可持续发展的关键时期，中国的发展模式和消费模式上的选择与转型将决定中国能否在城市生态环境的承载范围内可持续发展。

可持续城市发展对于中国社会和经济的发展具有十分重要的意义，要从中国人民的根本利益上来认识这个问题。城市化是人类社会发展和国家现代化的规律。城市化与可持续发展，是事关中国每一个人的利益，是国家、民族的战略选择。城市是最能体现中国先进生产力的，也是最能标志先进文化的发达地方。人口进入城市，是反映了中国最大多数人的根本利益的，而可持续性则决定着城市的兴衰。可持续城市发展不仅是我们必须从现在开始大力推进的一项事业，而且是今后相当长一段时期内推进中国经济增长和社会发展的一个中心环节，抓住这个中心环节，我们就可以有就业的增长、工业竞争力的提高、国内需求的扩大、教育水平的提高、健康保健、环境保护的改善，使经济社会的发展进入良性循环、和谐发展。城市化是人类文明的方向，可持续发展是城市不断追求的目标。

"可持续"理念是世界的潮流。中国善于学习借鉴世界上优秀的文明成果，中国新型城镇化的建设，也需要学习借鉴各经济体的先进经验。总结全球框架下可持续城市发展历程和理念，结合 APEC 可持续城市建设案例，将优秀的理论与经验注入到中国可持续城市建设当中。不过，学习借鉴绝不等于简单的"拿来主义"，不等于盲目的复制与盲从的追随。这一点对"后来者"尤为重要。我们需要坚持从中国的实际出发，不搞"全面移植"，不原路原样照搬照抄。因此，中国在城镇化中特别强调"新型"二字，并以此表现出了"中国特色"，以此实现中国人的全面发展。在已有试点工作基础上进一步强化、提炼和升华，顺应中国国情的发展制定更完善的政策、动员更丰富的资源、采取更有效的行动进行新型城镇化的建设。新型城镇化应该坚持"以人为本"立足现阶段中国发展的基本国情，在科学发展观的指导下通过对传统城镇化道路的反思，总结中国城镇化发展实践，汲取国内外城镇化的经验，将中国可持续城市建设与发展推向一个新的高峰。

可持续城市不是一个静止的概念，而是一个动态概念，可持续城市建设是一项系统性艰巨任务，需要与城市经济、社会、资源、环境、文化各方面工作更紧密地结合起来。应该站在新的历史起点上，推进新的城镇化，需要超越城市本身、重新发现城市。超越地域范畴，从文明的历史高度重新审视城市，会发现，城市是现代文明的结晶，一个良好舒适的生态城市，必能反过来哺育人类文明的持续进步。一个不可持续的城市，只会带来阻断文明进步的结局。超越功利思维，以长远眼光谋划城市的可持续发展，应该看到，建设城市不要搞一哄而上、图高图大。已进入发展新阶段的中国，要有足够的定力、耐心和信心，让城市走上绿色、生态、可持续发展之路。以超越国境线的思维去看待可持续城市建设，我们也有自信，中国的探索和创新或将影响世界。中国把城市规划好、发展好、建设好，是对整个人类文明的贡献，要将可持续城市建设中优秀“中国故事”推向 APEC 区域，推向全世界。

附录　缩写简称

ADB	亚洲开发银行
AIT	亚洲技术学院
APEC	亚太经合组织
APERC	亚太能源研究中心
APSEC	APEC 可持续能源中心
ASEAN	东南亚国家联盟
BRE	英国建筑研究所
CEC	欧共体委员会
CNSC	APEC 可持续城市合作网络
CNU	新城市主义协会
CSD	联合国可持续发展委员会
CSTB	法国建筑科学技术中心
ESCI	能源智慧社区倡议
EWG	APEC 能源工作组
GEF	全球环境基金
ICLEI	地方环境倡议国际理事会
ICCT	清洁交通国际委员会
IEA	国际能源署
IMF	国际货币基金组织
ISO	国际标准化组织
IULA	地方政府国际联盟
JaGBC	日本绿色建筑委员会
JICA	日本国际协力机构
JSBC	日本可持续建筑联合会
LCMT	低碳示范城镇
NRDC	美国自然资源保护委员会
OECD	经济合作与发展组织
SOM FotC	高官会主席之友
UCLG	世界城市和地方政府联合组织
UN	联合国
UNCED	联合国环境与发展会议（或地球峰会）
UNDP	联合国开发计划署

UNEP	联合国环境规划署
UN-ESCAP	联合国亚太经济与社会委员会
UN-HABITAT	联合国人居署
USGBC	美国绿色建筑委员会
UTO	联合城镇组织（也称为世界双子城联合会 WFTC）
WCED	世界环境与发展委员会
WEC	世界能源理事会